高职高专计算机教学改革 新体系 教材

C语言程序设计任务教程

蒋腾旭 主 编
何立富 万权性 副主编

清华大学出版社
北京

内 容 简 介

本书是高职高专学生学习 C 语言程序设计的理想教材。全书共分 12 章，主要内容包括：C 语言概述、C 语言程序数据描述与计算、顺序结构程序设计、选择结构程序设计、循环结构程序设计、数组、函数、指针、结构体与共用体、预处理命令、文件、位运算。全书以 ANSI C 语言标准为基础，以培养学生 C 语言程序设计能力为主线，介绍了程序设计的基本概念、C 语言的语法规则和常用的 C 语言程序设计技术。

本书结合实际应用，在编者多年 C 语言教学经验积累的基础上，采用任务驱动式的编写方法，以 Visual C++ 6.0 为开发环境，强调算法与计算思维的培养，力图提供给初学者一个良好的程序设计入门知识体系。为方便教学，在每章最后均安排了一定数量的习题。

本书既可作为高等职业院校计算机程序设计的入门教材，也可作为全国计算机等级考试（二级 C 语言）培训用的参考教材，还可作为科技人员自学 C 语言的参考书。

本书封面贴有清华大学出版社防伪标签，无标签者不得销售。
版权所有，侵权必究。举报：010-62782989，beiqinquan@tup.tsinghua.edu.cn。

图书在版编目(CIP)数据

C语言程序设计任务教程/蒋腾旭主编. —北京：清华大学出版社，2020.12（2024.8 重印）
高职高专计算机教学改革新体系教材
ISBN 978-7-302-56173-6

Ⅰ. ①C… Ⅱ. ①蒋… Ⅲ. ①C语言－程序设计－高等职业教育－教材 Ⅳ. ①TP312.8

中国版本图书馆 CIP 数据核字(2020)第 143475 号

责任编辑：颜廷芳
封面设计：常雪影
责任校对：袁　芳
责任印制：刘海龙

出版发行：清华大学出版社
网　　址：https://www.tup.com.cn, https://www.wqxuetang.com
地　　址：北京清华大学学研大厦 A 座　　　　邮　编：100084
社 总 机：010-83470000　　　　　　　　　邮　购：010-62786544
投稿与读者服务：010-62776969, c-service@tup.tsinghua.edu.cn
质量反馈：010-62772015, zhiliang@tup.tsinghua.edu.cn
课件下载：https://www.tup.com.cn, 010-83470410

印 装 者：三河市龙大印装有限公司
经　　销：全国新华书店
开　　本：185mm×260mm　　印　张：17.5　　字　数：442 千字
版　　次：2020 年 12 月第 1 版　　　　　　印　次：2024 年 8 月第 6 次印刷
定　　价：49.00 元

产品编号：078906-01

前言

FOREWORD

C语言作为国际上广泛流行的通用程序设计语言,在计算机的研究和应用领域发挥着重要作用。C语言是一种典型的结构化程序设计语言,它处理能力强、使用灵活、应用范围广,具有良好的可移植性,既适合于计算机专业人员编写系统软件,又适合于开发人员编写应用软件,是广大计算机应用人员应掌握的基本软件语言。

本书在编者多年C语言教学经验积累的基础上,采用任务驱动式的编写方法,强调任务的目标性和教学情境的创建,让学生带着真实的任务在探索中学习。每个章节主要由任务提出、任务分析、任务实现、知识讲解、知识小结等模块构成。每个任务都包含C语言的若干个知识点,如数据类型、输入/输出函数、顺序结构、选择语句、循环语句、数组、函数、指针、结构体、文件等。

本书较好地处理了算法和语法的关系,使初学者通过本门课程的学习,既能掌握C语言的基本概念、基本知识,又能培养逻辑思维能力、编程意识和思想,为后续课程的学习打下坚实的基础。

本书注重培养学生的实践能力,理论知识传授遵循"实用为主、必需和够用为度"的原则,基本知识广而不深、点到为止,基本技能贯穿教学的始终。C语言程序设计是一门实践性很强的课程,初学者一定要重视培养自己动手编程和上机调试运行程序的能力。

本书结合实际应用,以Visual C++ 6.0为开发环境,深入浅出地讲解用计算机解决问题的方法;本书内容编排体系合理、逻辑清晰、任务及例题丰富、通俗易懂,覆盖了《全国计算机等级考试考试大纲》(二级C语言)的程序设计考试要求。全书各章最后配有一定量的习题和程序设计计题,方便读者课后复习,强化掌握所学知识点及技能点。

本书既可以作为高职学生的教学用书,又可以作为计算机爱好者的自学参考书和计算机培训班的教材。本书能满足分层次教学需求。对于非计算机专业的学生,可只学习前10章内容;对于计算机专业的学生,可学习全部12章内容,其中,第12章可根据需要选学。

本书由蒋腾旭任主编,何立富、万权性任副主编。其中第1、3章由金春花编写,第2章由郭坤编写,第4章、附录C以及常见错误分析与程序调试(见二维码)由何立富编写,第 5 章由万权性编写,第 6、11 章由李昂编写,第 7、10 章由主福洋编写,第 8、9 章由周建军编写,第 12 章、附录 A、附录 B 由蒋腾旭编写。全书由蒋腾旭负责统稿和校稿。

  本书在编写过程中参阅了大量的参考文献,在此对文献的作者表示衷心的感谢。由于编者水平有限,书中难免有错误和疏漏之处,恳请广大读者批评、指正。

编　者

2020 年 4 月

常见错误分析与程序调试.pdf

目录

第 1 章　C 语言概述 ··· 1
1.1　C 语言简介 ··· 1
1.2　C 程序简介 ··· 4
1.3　C 程序的开发过程 ·· 8
本章总结 ·· 15
习题 1 ··· 15

第 2 章　C 语言程序数据描述与计算 ···················· 17
2.1　常量及其类型 ··· 17
2.2　变量的定义及初始化 ·································· 23
2.3　C 语言的运算符和表达式 ··························· 28
　　2.3.1　运算符的优先级和结合性 ················· 28
　　2.3.2　算术运算符与算术表达式 ················· 30
　　2.3.3　赋值运算符与赋值表达式 ················· 32
　　2.3.4　自增、自减运算符与表达式 ············· 34
　　2.3.5　关系运算符与关系表达式 ················· 35
　　2.3.6　逻辑运算符与逻辑表达式 ················· 37
　　2.3.7　条件运算符与条件表达式 ················· 39
　　2.3.8　逗号运算符与逗号表达式 ················· 41
　　2.3.9　不同类型数据间的混合运算 ············· 42
本章总结 ·· 44
习题 2 ··· 45

第 3 章　顺序结构程序设计 ···································· 48
3.1　程序设计基础 ··· 48
3.2　输入与输出函数的使用 ······························ 54
　　3.2.1　格式输出函数 printf() ······················· 55
　　3.2.2　格式输入函数 scanf() ······················· 60
　　3.2.3　单个字符输入函数 getchar()和输出函数 putchar() ······ 64
3.3　顺序结构程序设计举例 ······························ 66
本章总结 ·· 69

习题 3 ·········· 69

第 4 章 选择结构程序设计 ·········· 74

4.1 if 语句 ·········· 74
    4.1.1 单分支 if 语句 ·········· 74
    4.1.2 双分支 if 语句 ·········· 77
    4.1.3 多分支 if 语句 ·········· 80
    4.1.4 if 语句的嵌套 ·········· 82
4.2 switch 语句 ·········· 85
本章总结 ·········· 89
习题 4 ·········· 89

第 5 章 循环结构程序设计 ·········· 95

5.1 while 语句 ·········· 95
5.2 do-while 语句 ·········· 98
5.3 for 语句 ·········· 101
5.4 循环嵌套 ·········· 105
5.5 break 语句和 continue 语句 ·········· 108
本章总结 ·········· 110
习题 5 ·········· 111

第 6 章 数组 ·········· 116

6.1 一维数组 ·········· 116
6.2 二维数组 ·········· 120
6.3 字符数组和字符串 ·········· 126
本章总结 ·········· 133
习题 6 ·········· 134

第 7 章 函数 ·········· 136

7.1 函数概述 ·········· 136
7.2 函数的定义和返回值 ·········· 139
7.3 函数的声明和调用 ·········· 145
7.4 函数的嵌套调用和递归调用 ·········· 149
7.5 变量的作用域和生存期 ·········· 155
7.6 内部函数和外部函数 ·········· 162
本章总结 ·········· 164
习题 7 ·········· 165

第 8 章 指针 ·········· 167

8.1 指针与指针变量 ·········· 167

8.2 指针与数组 …… 173
8.3 字符串与指针 …… 181
8.4 指针与函数 …… 185
本章总结 …… 193
习题 8 …… 193

第 9 章 结构体与共用体 …… 196

9.1 结构体 …… 196
9.2 共用体 …… 204
本章总结 …… 207
习题 9 …… 207

第 10 章 预处理命令 …… 210

10.1 概述 …… 210
10.2 宏定义 …… 210
10.3 文件包含 …… 214
10.4 条件编译 …… 217
本章总结 …… 219
习题 10 …… 219

第 11 章 文件 …… 223

11.1 C 文件概述 …… 223
11.2 文件的打开与关闭 …… 224
11.3 文件的顺序读/写 …… 227
11.4 文件的随机读/写与检测 …… 232
本章总结 …… 236
习题 11 …… 236

第 12 章 位运算 …… 240

12.1 位运算概述 …… 240
12.2 位运算符 …… 240
    12.2.1 按位"与"运算 …… 241
    12.2.2 按位"或"运算 …… 242
    12.2.3 按位"异或"运算 …… 244
    12.2.4 按位"取反"运算 …… 246
    12.2.5 左移运算 …… 247
    12.2.6 右移运算 …… 250
12.3 位段 …… 252
本章总结 …… 257
习题 12 …… 257

参考文献 ……………………………………………………………………… 260

附录 A　常用字符与 7 位 ASCII 码对照表 ……………………………… 261

附录 B　运算符的优先级和结合性 ………………………………………… 262

附录 C　常用库函数 ………………………………………………………… 264

第 1 章

C 语言概述

Chapter 1

计算机语言是为了完成人与计算机之间交流而诞生的一种语言,也称为程序设计语言,是指一个能完整、准确和规则地表达人们的意图,并用以指挥或控制计算机工作的"符号系统",它经历了从机器语言、汇编语言到高级语言的发展历程。本书中介绍的 C 语言就是计算机语言发展到高级语言的一种产物,是一种应用范围非常广泛的程序设计语言,它有着丰富的运算符、表达式和数据结构,具有表达能力强、目标程序效率高、语言简单灵活、容易移植等优点。本章主要介绍 C 语言的发展历史、特点以及 C 程序的基本结构和 C 程序的开发过程。

学习目标	(1) 了解计算机语言和 C 语言的发展历史和特点。 (2) 理解 C 程序的结构特点。 (3) 掌握 C 程序的开发过程。 (4) 掌握 Visual C++ 6.0 调试 C 程序的方法。

1.1 C 语言简介

C 语言是一种面向过程的计算机程序设计语言,是举世公认的优秀结构化程序设计语言之一。本节详细介绍了计算机语言及 C 语言的发展历程,并阐述了 C 语言的主要特点。

本节学习目标:
- 了解计算机语言的相关概念。
- 了解 C 语言的发展历程。
- 理解 C 语言的主要特点。

【任务提出】

任务 1.1:分别写出用机器语言、汇编语言和高级语言实现对两数求和(例如求 2+3)的核心代码。

【任务分析】

本任务提出的目的在于比较三种语言编程特点,学习者可通过网络查找资料等方法了解机器语言、汇编语言的加法指令和指令格式以及高级语言中加法运算符的用法,再写出相应的核心代码即可。

【任务实现】

1. 机器语言

机器语言是用二进制代码表示的计算机能直接识别和执行的一种机器指令的集合。它的一条指令包括操作码和地址码,操作码用来表示该指令所要完成的操作(如加、减、乘、除、数据传送等),其长度取决于指令系统中的指令条数。地址码用来描述该指令的操作对象,它可以是操作数,也可以是操作数的存储器地址或寄存器地址(即寄存器名)。不同型号的计算机具有不同的指令系统,以 8086/8088 兼容机为例,用机器语言完成计算 2+3 的核心代码如下:

```
10110000   00000010      ;将 2 放进累加器 acc 中
00101100   00000011      ;累加器的值与 3 相加,结果仍然在累加器中
```

2. 汇编语言

汇编语言指令是机器指令的一种符号表示,它最典型的一种指令格式如下:

标号: 功能助记符   目的操作数,源操作数   ;注释

以 MCS-51 为例,用汇编语言完成计算 2+3 的核心代码如下:

```
MOV   A,#02H           ;将 2 放进累加器 A 中
ADD   A,#03H           ;累加器的值与 3 相加,结果仍然在累加器中
```

3. 高级语言

高级语言是以人类的日常语言为基础的一种编程语言,允许人们用熟悉的自然语言和数学语言编写程序代码。高级语言并不是特指某一种具体的语言,而是包括很多编程语言。以其中的 C 语言为例,完成计算 2+3 的核心代码如下:

```
int a;                 //定义整型变量a
a = 2 + 3;             //将 2 与 3 相加,结果存放在变量 a 中
```

【知识讲解】

1. 计算机语言的发展

计算机语言也称为程序设计语言,即编写计算机程序所用的语言。计算机语言种类较多,伴随着计算机技术的发展而不断变化,总的来说,可分为机器语言、汇编语言和高级语言三大类。

(1) 机器语言

机器语言是计算机诞生和发展初期使用的语言。它是由 0 和 1 组成的机器指令的集合,是一种最低级的计算机语言。计算机发明之初,人们只能用计算机能直接"听"懂的语言去命令计算机干这干那,也就是需要写出一串串由 0 和 1 组成的指令序列交由计算机执行,这种计算机能够直接识别的语言就是机器语言。机器语言直接面向硬件,所以执行速度快,但不同机型间不能通用,因此可移植性差,编程效率低;另外,对使用计算机的人来说,这也是十分难懂的语言,它难读、难写、难记,容易出错。

(2) 汇编语言

汇编语言是人们为了降低使用机器语言编程的困难,进行了有益改进的语言。汇编语言用一些简洁的英文字母、符号串来替代一个特定的二进制串指令,比如,用 ADD 代表加法,

MOV代表数据传递等,这样一来,人们很容易读懂并理解程序在干什么,纠错及维护都变得方便了。汇编语言使程序设计工作前进了一大步,它拥有机器语言的全部优点,且比机器语言更容易理解,易于调试和修改。但是它对计算机硬件的依赖性还是很强,可移植性较差,大部分语句还是和机器指令一一对应,语句功能不强,程序一般比较冗长、复杂,容易出错,因此编写较大的程序时仍然很烦琐。在今天的实际应用中,它通常被应用在底层,往往用于硬件操作和高要求的程序优化的场合。驱动程序、嵌入式操作系统和实时运行程序往往需要用到汇编语言。

(3) 高级语言

高级语言是一种比较接近自然语言和数学语言的程序设计语言。由表达不同意义的"关键字"和"表达式"按照一定的语法语义规则组成,完全不依赖机器的指令系统,因此,编程者不需要具备太多的专业知识,也不必了解机器的内部结构和工作原理。和汇编语言相比,高级语言通用性好、易学易用、可移植性好且易于交流和推广。目前使用较多的高级语言有FORTRAN、VB、VC、FoxPro、C、C++、PASCAL等,这些语言的语法、命令格式各不相同。

2. C语言的发展历史

在C语言诞生以前,系统软件主要是用汇编语言编写的,应用汇编语言进行编程可以实现对计算机硬件的直接操作,但是由于它依赖于计算机硬件,其代码可读性和可移植性都很差。而一般的高级语言又难以实现对计算机硬件的直接操作,所以人们希望有一种计算机语言既能有高级语言的优点,同时又能实现低级语言的功能,C语言就是在这种背景下产生的。

C语言的原型为ALGOL 60语言(简称为A语言)。1963年,剑桥大学将ALGOL 60语言发展成为CPL语言。1967年,剑桥大学的Martin Richards对CPL语言进行了简化,产生了BCPL(Basic Combined Programming Language)语言。1970年,美国贝尔实验室的Ken Thompson以BCPL语言为基础,设计出很简单且很接近硬件的B语言(取BCPL的首字母),并且他用B语言写了第一个UNIX操作系统。1972年,美国贝尔实验室的D. M. Ritchie在B语言的基础上最终设计出了一种新的语言,他取了BCPL的第二个字母作为这种语言的名字,这就是C语言。

1973年年初,C语言的主体完成。1983年,美国国家标准化协会(ANSI)根据C语言问世以来的各种版本对C语言的发展和扩充制定了ANSI C标准。1990年,C语言成为国际标准化协会(ISO)通过的标准语言。

3. C语言的主要特点

C语言的发展如此迅速且经久不衰,成了最受程序设计者欢迎的语言之一,主要是由于它的功能十分强大,许多操作系统和应用软件都是用C语言编写。归纳起来C语言具有下列特点。

(1) 简洁紧凑,灵活方便

C语言一共只有32个关键字和9种控制语句,程序书写形式自由,其代码区分大小写。

(2) 运算符丰富

C语言的运算符包含的范围很广泛,共有34种运算符。C语言把括号、赋值、强制类型转换等都作为运算符处理。从而使C语言的运算类型极其丰富,表达式类型多样化。灵活使用各种运算符可以实现在其他高级语言中难以实现的运算。

(3) 数据类型丰富

C语言的数据类型有整型、实型、字符型、数组类型、指针类型、结构体类型、共用体类型等，能用来实现各种复杂的数据结构的运算。并引入了指针概念，从而使程序效率更高。

(4) 表达方式灵活实用，程序设计自由度大

C语言提供多种运算符和表达式值的方法，对问题的表达可通过多种途径实现，其程序设计更主动、灵活。它的语法限制不太严格，程序设计自由度大，如整型数据与字符型数据及逻辑型数据有时可以通用等。

(5) 允许直接访问物理地址，对硬件进行操作

由于用C语言可以直接访问物理地址，进而实现直接对硬件进行操作，因此它既具有高级语言的优点，又具有低级语言的许多功能，能够像汇编语言一样对位(bit)、字节和地址进行操作，而这三者是计算机最基本的工作单元，可用来开发系统软件。

(6) 生成目标代码质量高，程序执行效率高

C语言描述问题比汇编语言迅速，程序员工作量小且代码可读性好，易于调试、修改和移植，而代码质量与汇编语言相当。

(7) 可移植性好

在一个环境中用C语言编写的程序，不改动或稍加改动就可移植到另一个完全不同的环境中运行。

(8) 具有结构化的控制语句

用函数作为程序单元便于实现程序的模块化。C语言是理想的结构化程序设计语言，符合现代编程风格的要求。

【知识小结】

(1) 计算机语言经历了从机器语言、汇编语言到高级语言的发展历程。其发展过程是功能不断完善、描述问题的方法越来越贴近人类思维方式的过程。

(2) C语言是一种结构化的程序设计语言，兼有高级语言和低级语言的许多优点。它既可用来编写系统软件，又可用来开发应用软件，已成为一种通用程序设计语言。

1.2 C程序简介

由C语言编写的程序称为C程序，所有的C程序都是由一个或多个文件组成的，一个文件又可以由一个或多个函数组成。

本节学习目标：
- 了解C程序的基本结构。
- 掌握C程序的结构特点和书写规则。

【任务提出】

任务1.2：制作一张自己的名片，内容包括姓名、性别、职务。

【任务分析】

本任务要求在屏幕上输出个人信息，其解题思路是在主函数main()中调用输出函数printf()

输出要显示的内容。

【任务实现】

参考代码如下：

```
1  /*This is the first C program */
2  # include < stdio.h >
3  int main()
4  {
5     printf("********************\n");
6     printf("姓名：张三\n");
7     printf("性别：男\n");
8     printf("职务：班长\n");
9     printf("********************\n");
10    return 0;
11 }
```

程序运行结果如图 1.1 所示。

图 1.1　任务 1.2 程序运行结果

程序分析：

（1）程序第 1 行是注释信息，用于说明程序的功能和目的，编译系统会跳过注释行不对其进行处理。在 C 程序中，注释由"/*"开始并由"*/"结束，可以实现多行注释；由"//"可以实现单行注释。

（2）程序第 2 行是预处理命令，C 语言的预处理命令都是以符号"#"开头。其中 stdio.h 是一个头文件，也可写成#include "stdio.h"。

（3）程序第 3 行的 main 是主函数名，int 是函数类型，表示返回值为一个整型数据。一个 C 语言程序有且仅有一个 main()函数。用{}括起来的部分是一个程序模块，在 C 语言中也称为分程序。每个函数中都至少有一个分程序。程序执行时就是从 main()函数开始，具体讲就是从"{"开始到"}"结束。

（4）程序第 5~10 行是函数体部分，其中 printf 是 C 语言的内部函数名，其功能是将指定的字符或数据显示在计算机的屏幕上（双引号不显示，"\n"表示回车换行）。return 是 C 语言中返回语句的关键字，用于函数内部，此处的含义是返回一个整型数据并退出函数。

（5）分号";"是 C 语言的执行语句和声明语句的结束符。

【知识讲解】

1. C 程序的基本结构

一个完整的 C 程序是由多个模块组成的，每个模块可由一至多个源程序文件组成。C 程序的结构示意图如图 1.2 所示。

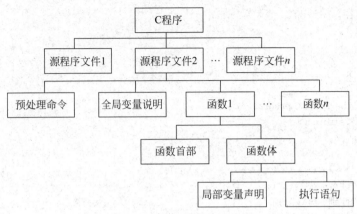

图 1.2　C 程序的结构示意图

2．C 语言程序的结构特点

（1）组成 C 语言程序的基本单位是函数。每一个 C 程序都是由一个或多个函数构成的，其中有且仅有一个 main() 函数。

（2）C 程序没有行号，每条语句都是以";"作为语句结束符。当一条语句没有结束时，一定不要加分号。

（3）C 语言源程序的执行总是由 main() 函数的第一个可执行语句开始，到 main() 函数的最后一个可执行的语句结束；而其他函数都是在 main() 函数开始执行以后，通过函数的调用才得以运行。

（4）C 语言本身没有输入/输出语句，执行输入/输出操作需要调用标准库函数来完成。引用这些标准库函数时，必须要用预处理命令将其头文件包含进来。预处理命令通常应放在源程序的最前面。

（5）一个完整的函数由函数首部和函数体两部分组成。函数体即为函数首部下面的大括号({})内的部分，它一般包含两个部分：声明部分和执行部分。基本结构如下：

{
　声明部分：在这部分声明本函数所使用的变量
　执行部分：由若干条语句组成
}

在 C 程序中，声明部分在前，执行部分在后，这两部分的顺序不能颠倒，也不能有交叉。

（6）C 程序书写格式自由。一行内可以写几个语句，一个语句也可分写在多行上。

3．C 程序的书写规则

在学习 C 语言编程的入门阶段，养成良好的书写习惯相当重要，需要按照人们的约定和习惯来书写 C 语言程序，这样有助于提高程序的可读性。一个 C 语言程序如果书写不规范，虽然可以通过编译并能输出正确结果，但是阅读程序很困难，有时会因为书写不规范而引起误解，使程序可读性变差，甚至造成分析上的错误。所以，我们在书写程序时应遵循以下规则以养成良好的编程风格。

（1）C 程序格式常用锯齿形书写格式。用{}括起来的部分，通常表示了程序的某一层次结构。{}一般与该结构语句的第一个字母对齐，并单独占一行。每一组{}对齐。建议初学者书写代码时,一行只写一条语句。

(2) 低一层次的语句或注释可比高一层次的语句或注释缩进若干格后书写。以便看起来更加清晰,增加程序的可读性。

(3) C程序中可适当添加注释和空行,注释可用来增强程序的可读性。注释部分的格式如下:

/*注释内容*/

或

//注释内容

(4) 输入引号、括号等符号时应成对输入,然后再在中间添加内容。

(5) 变量名一般用小写字母表示,符号常量一般用大写字母表示。

【知识拓展】

拓展任务 1.1:庐山门票 120 元一张,某班级有 52 人,编写程序计算该班需要花多少元钱才能给每个人买一张门票,并在屏幕上显示计算结果。

参考代码如下:

```
1     #include "stdio.h"
2     int main ( )
3     {
4         /*声明部分*/
5         int count,sum;                      //定义两个整型变量
6         /*执行部分*/
7         count = 52;                         //将 52 赋值给 count
8         sum = count *120;                   //将计算结果赋给 sum
9         printf("总共需要花%d元钱\n",sum);    //显示计算结果
10        return 0;
11    }
```

程序运行结果如图 1.3 所示。

图 1.3　拓展任务 1.1 程序运行结果

本任务着重说明一般函数体由两部分组成,一部分为用来声明变量,如代码的第 5 行;另一部分为进行相关操作的执行部分,即函数体中除声明之外的语句。

拓展任务 1.2:现有两个班需要购买门票,软件班 48 人,计应班 58 人,通过调用自定义函数计算并在屏幕上输出两个班级各需要多少元钱?

参考代码如下:

```
1     #include "stdio.h"
2     int fun_sum(int x);          //声明一个整型函数,且有一个参数
3     int main ( )
4     {
5       printf("软件班总共需要花%d元钱\n",fun_sum(48));
6       printf("计应班总共需要花%d元钱\n",fun_sum(58));
7       return 0;
8     }
```

```
 9      int fun_sum(int x)              //自定义函数 fun_sum
10    {
11        int sum;
12        sum = x *120;
13        return sum;
14    }
```

程序运行结果如图 1.4 所示。

图 1.4 拓展任务 1.2 程序运行结果

本任务强调的是 C 语言中除主函数以外,程序员还可以自定义其他函数,这些函数可像 printf()函数一样在程序中被调用。

【知识小结】

(1) 函数是组成 C 语言结构化程序的最小模块。

(2) C 程序是由一个或多个函数构成的,其中有且仅有一个 main()函数。无论 main()函数出现在哪个位置,程序都是从 main()函数开始执行。

(3) 每个 C 程序中的函数体一般包含两个部分,即声明部分和执行部分。在 C 程序中,声明部分在前,执行部分在后,这两部分的顺序不能颠倒,也不能有交叉。

1.3 C 程序的开发过程

C 语言是高级程序设计语言,不是计算机能识别和执行的由 0 和 1 组成的二进制指令,因此 C 语言程序是不能被计算机直接执行的,需要一种称为"编译程序"的软件将它翻译成二进制形式的"目标程序",然后再将该目标程序与系统的函数库以及其他目标程序连接起来,形成"可执行程序"。本节主要介绍 C 程序的实现过程和开发环境。

本节学习目标:
- 了解 C 程序的开发过程。
- 掌握 Visual C++ 6.0 环境下调试 C 程序的方法和步骤。

【任务提出】

任务 1.3:在 Visual C++ 6.0 环境下调试运行实现任务 1.2 的源代码。

【任务分析】

掌握 C 程序的实现过程和 Visual C++ 6.0 调试 C 程序的步骤方法是解决本任务的关键。Visual C++ 6.0 环境下调试运行程序主要分为创建工程、新建文件、源代码编辑和编译并调试运行程序等步骤。

【任务实现】

1. 创建工程

(1) 启动 Visual C++ 6.0,进入如图 1.5 所示的主界面。

图 1.5 Visual C++ 6.0 的启动界面

（2）选择"文件"菜单中的"新建"命令，新建一个 Win32 Console Application 控制台应用工程，并给新建工程命名，选择工程保存路径，单击"确定"按钮。如图 1.6 所示，本任务的工程名为 exam，保存路径为 E:\DEBUG。

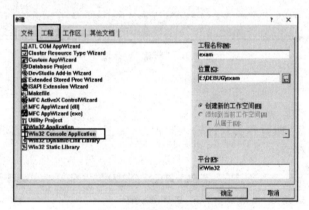

图 1.6 "新建"对话框中的"工程"选项卡

（3）单击"确定"按钮后，会弹出如图 1.7 所示的对话框，选择建立"一个空工程"，单击"完成"按钮，返回到 Visual C++ 6.0 的主窗口。

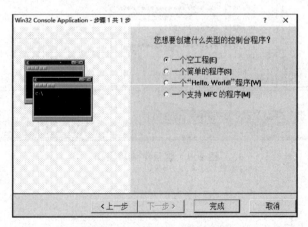

图 1.7 选择控制台程序类型

2. 创建源程序文件

在主窗口界面中选择"文件"菜单中的"新建"命令,打开如图 1.8 所示的"新建"对话框,选择 C++ Source File,在文件名中输入扩展名为.c 的源文件名。

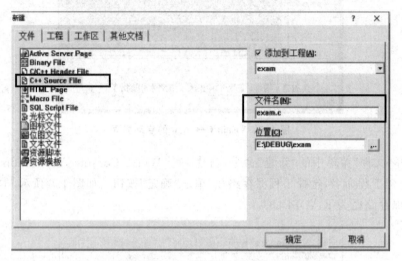

图 1.8 "新建"对话框

3. 编辑源程序

单击"确定"按钮后,即可在编辑区输入源程序,如图 1.9 所示,在编辑窗口中输入实现任务 1.2 的源代码并保存。

图 1.9 源程序编辑窗口

4. 编译

源代码编辑完成后,单击工具栏中的 Compile 按钮进行编译。如果没有错误,则会生成目标文件 exam.obj;如果出现错误,会在输出区提示错误内容,如图 1.10 所示。根据提示的错误信息检查并修改源程序,经过反复修改和编译,直到程序编译无错误,再进行下一步操作。

图 1.10 编译错误界面

5．连接

编译完成并生成扩展名为.obj 文件后,单击工具栏中的 Build 按钮进行连接。如果没有错误,则会生成可执行文件 exam.exe。

6．执行

连接完成并生成扩展名为.exe 文件后,单击工具栏中的 Execute Program 按钮运行程序,运行结果如图 1.11 所示。

图 1.11 运行输出正确结果界面

【知识讲解】

1．C 程序的实现过程

C 程序的开发要经过"源程序"到"目标程序",再到"可执行程序"的过程,具体步骤如图 1.12 所示。

（1）编辑

编辑就是编写源程序的过程,是指 C 语言源程序的输入和修改,其扩展名为.c。C 语言源程序本质上是一个文本文件,因此常见的文件编辑软件都可以用来编辑 C 程序,但一般都在集成开发环境下进行编辑。

（2）编译

编译就是将已编辑好的源程序翻译成二进制的目标程序,完成翻译工作的程序就是所谓的编译程序。在编译时,会对源程序进行语法检查,如发现错误,则显示出错信息,此时应重新进入编辑状态修改源程序,然后再重新编译。编译成功后,将生成扩展名为.obj 的同名目标文件。

(3) 链接

链接就是将编译后生成的目标程序和程序中用到的库函数链接装配在一起,形成可执行程序。完成链接工作的程序称为链接程序,经过链接处理后,生成扩展名为.exe 的同名可执行文件。

(4) 执行

源程序经过编译、连接成为可执行文件后,一般存于计算机系统的外存中。所谓执行程序,就是把可执行文件从外存调入计算机内存,并由计算机完成该程序预定的功能,如完成输入数据、处理数据和输出结果等任务。可执行文件可以在操作系统下直接运行。

如果在运行程序的过程中得到的不是预期的结果,那么就需重复进行编辑、编译、链接和执行四个步骤,如图 1.12 所示。

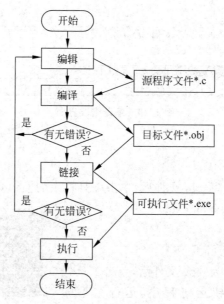

图 1.12 C 程序开发过程

2. Visual C++ 6.0 集成开发环境

Visual C++ 6.0 简称 VC 6.0,是微软于 1998 年推出的一款 C++编译器,能将高级语言翻译为机器语言。由于 C++是由 C 语言发展起来的,故也支持 C 语言的开发。目前 VC 6.0 版本是使用最多、最经典的编译器。

采用 VC 6.0 进行 C 语言程序开发的具体步骤如下。

(1) 启动 VC 6.0

安装完之后从"开始"菜单中可以启动 VC 6.0,启动之后的界面如图 1.13 所示,左侧窗口为工程资源管理器,用于从不同角度对工程资源进行查看和快速定位;下侧为信息输出窗口,调试信息、查找信息等都会从该窗口输出;中间部分为主要显示区,显示程序代码或者资源。

(2) 建立新工程

从"文件"菜单中选择"新建"命令,在打开的对话框中选择"工程"标签,工程类型及说明如表 1.1 所示,在这里选择 Win32 控制台应用程序 Win32 Console Application,如图 1.6 所

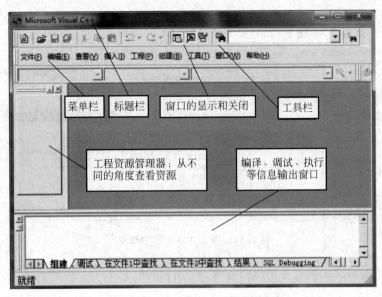

图 1.13　Visual C++ 6.0 启动界面

示。单击"确定"按钮后,会弹出如图 1.7 所示的对话框,选择建立"一个空工程",单击"完成"按钮。

表 1.1　VC 6.0 新建工程类型及说明

工程类型	说　　明	工程类型	说　　明
ATL COM AppWizard	ATL 应用程序	Cluster Resource Type Wizard	群集资源类型向导
Custom AppWizard	自定义的应用程序向导	Database Project	数据库项目
DevStudio Add-in Wizard	用于微软的 Visual 系列工具做插件的向导	Extended Stored Proc Wizard	扩展存储过程向导
ISAPI Extension Wizard	Internet 服务器或过滤器	Makefile	Make 文件
MFC ActiveX Control Wizard	ActiveX 控件程序	MFC AppWizard(dll)	MFC 动态链接库
MFC AppWizard(exe)	MFC 可执行文件	New Database Wizard	新数据库(新建)向导
Utility Project	实用工程	Win32 Application	Win32 应用程序
Win32 Console Application	Win32 控制台应用程序	Win32 Dynamic-Link Library	Win32 动态链接库
Win32 Static Library	Win32 静态库		

(3) 为工程添加代码文件

在图 1.8 所示的"新建"对话框中选择 C++ Source File,在文件名中输入扩展名为.c 的源文件名,单击"确定"按钮后即可在编辑区输入源程序,如图 1.9 所示。如果硬盘上已有代码文件,则可以通过"工程"菜单将现有资源文件添加到当前工程。在 FileView 页面的对应文件上按 Del 键,则可以将文件从工程中移除(**注意**:仅从工程中移除,并非从硬盘上删除文件),如图 1.14 所示。

(4) 编译程序

方法一:选择菜单栏"组建(Build)"下的"编译(Compile)"命令。

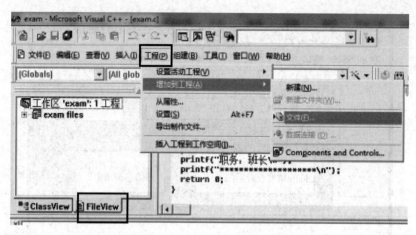

图 1.14 将文件从工程中删除

方法二：单击组建工具栏中的编译按钮 进行编译。

方法三：按 Ctrl+F7 组合键。

编译完成时，窗口下方的调试信息输出区会显示发现的错误和警告，如图 1.10 所示。编译过程中系统如发现程序有语法错误或是不严谨，会在调试信息输出区窗口中给出相应的提示信息。此时用户双击某一提示信息，则编辑区窗口左侧会出现一个蓝色箭头，指示出该错误或警告所在的程序行。用户可以根据给出的提示信息和位置对源程序进行修改，然后重新编译，直到编译成功为止。

（5）链接程序

方法一：选择菜单栏"组建(Build)"下的"组建(Build)"命令。

方法二：单击组建工具栏中的组建按钮 进行链接。

方法三：按 F7 快捷键。

链接完成时，窗口下方的调试信息输出区也会显示发现的错误和警告。用户可以根据给出的提示信息和位置对源程序进行修改，然后重新组建，直到通过为止。

（6）运行程序

方法一：选择菜单栏"组建(Build)"下的"执行(Execute)"命令。

方法二：单击组建工具栏中的执行按钮 运行程序。

方法三：按 Ctrl+F5 快捷键。

程序运行成功时，屏幕上将会显示执行结果，并在其后添加一句提示信息 Press any key to continue。此时按任意键返回 VC 6.0 主窗口。运行完后，如要进行下一个程序的编写，需关闭当前工作空间，否则链接下一个程序时会出现错误。

【知识小结】

（1）C 语言程序的开发步骤分为编辑、编译、链接和执行四个步骤。C 程序先由源文件经编译生成目标文件，然后经过链接生成可执行文件，源程序的扩展名为 .c，目标文件的扩展名为 .obj，可执行程序的扩展名为 .exe。

（2）在用 Visual C++ 6.0 进行 C 语言程序开发时，新建源程序文件要选择 C++ Source File，在文件名中输入源文件名时加上扩展名 .c，否则会生成扩展名为 .cpp 的 C++ 源文件。

(3) 在 Visual C++ 6.0 中实现 C 程序时,也可直接创建源程序文件,然后进行编辑、编译、链接和执行等操作步骤。

本 章 总 结

本章主要对计算机语言和 C 程序设计的基本知识作了简单介绍。讲述了 C 语言出现的历史背景、发展过程及其结构特点,用实际工程项目作为驱动,演示了基于 VC++ 6.0 编程环境的 C 语言程序开发过程。

习 题 1

1. 选择题

(1) 一个 C 程序的执行是从( )。
　　A. 本程序的 main() 函数开始,到 main() 函数结束
　　B. 本程序文件的第一个函数开始,到本程序文件的最后一个函数结束
　　C. 本程序的 main() 函数开始,到本程序文件的最后一个函数结束
　　D. 本程序文件的第一个函数开始,到本程序的 main() 函数结束

(2) 以下叙述正确的是( )。
　　A. 在 C 程序中,main() 函数必须位于程序的最前面
　　B. C 程序的每行中只能写一条语句
　　C. C 语言本身没有输入/输出语句
　　D. 在对一个 C 程序进行编译的过程中,可发现注释中的拼写错误

(3) 以下叙述不正确的是( )。
　　A. 一个 C 源程序可由一个或多个函数组成
　　B. 一个 C 源程序必须包含一个 main() 函数
　　C. C 程序的基本组成单位是函数
　　D. 在 C 程序中,注释说明只能位于一条语句的后面

(4) C 语言规定,在一个源程序中,main() 函数的位置( )。
　　A. 必须在最开始　　　　　　　　　B. 必须在系统调用的库函数的后面
　　C. 可以任意　　　　　　　　　　　D. 必须在最后

(5) 一个 C 语言源程序是由( )。
　　A. 一个主程序和若干子程序组成　　B. 函数组成
　　C. 若干过程组成　　　　　　　　　D. 若干子程序组成

2. 填空题

(1) C 源程序的基本单位是_____。
(2) 一个 C 源程序中至少应包括一个_____。
(3) 在一个 C 源程序中,注释部分两侧的分界符分别为_____和_____。
(4) 一个函数是由两部分组成的,它们分别是_____和_____。
(5) 在 C 语言中,一个函数的函数体一般包括_____和_____。

(6) 在每个 C 语句和数据定义的最后必须有一个_____。

(7) C 语言本身没有输入/输出语句,其输入/输出是由_____来完成。

(8) 目标程序文件的扩展名为_____。

(9) 可执行程序文件的扩展名为_____。

3. 程序设计题

(1) 在 VC++ 6.0 中调试运行下列程序,阐述 VC++ 6.0 的使用方法和调试 C 程序的步骤。

```
#include <stdio.h>
int main ()
{
    printf("\n Hello world!\n");
    return 0;
}
```

(2) 仿照任务 1.2 和任务 1.3 的实现过程,编写一个 C 程序,要求显示以下界面,并在 VC++ 6.0 环境下调试运行输出结果。

请输入您的学号:
_____

请输入您的密码:
_____

(3) 试编写一个 C 程序,输出如下图形。

```
*
***
*****
*******
```

第 2 章
C 语言程序数据描述与计算

数据是程序的必要组成部分,也是程序处理的对象。C 语言规则要求在程序处理数据之前需明确其数据类型。数据类型是指数据的内部表示形式,包括数据的存储方式和数据的运算方式两个方面,对属于不同数据类型的数据可进行不同的操作。在 C 语言中主要有字符型、整型、单精度实型、双精度实型和空类型五种基本数据类型,以及数组、指针、结构体、共用体、位和枚举六种复合数据类型。本章主要介绍 C 语言基本数据类型的变量和常量,以及不同类型数据之间的转换,并介绍运算符及其表达式的概念和使用。

学习目标	(1) 熟悉 C 语言的数据类型。 (2) 掌握各类数据的混合运算。 (3) 熟悉 C 语言的运算符与表达式。 (4) 掌握各种运算符和表达式的混合运算。

2.1 常量及其类型

所谓常量,就是指在程序运行时其值不能被改变的量,常量也有数据类型。在 C 语言中,根据常量的不同取值形式,有整型常量、实型常量、字符型常量、字符串型常量和符号常量等。如 100、0 为整型常量,2.4、0.0 都是实型常量,整型常量不带小数点,实型常量带小数点。由此可见,常量的类型从字面上是可以区分的。

本节学习目标:
- 掌握常量的含义。
- 掌握不同类型常量的表示形式。

【任务提出】

任务 2.1:使用 C 语言计算半径为 3、3.0、3.09 的圆的面积,并在屏幕上输出,效果如图 2.1 所示。

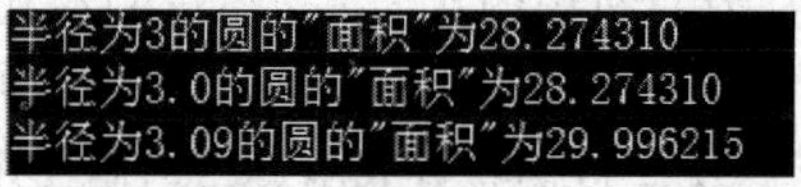

半径为3的圆的"面积"为28.274310
半径为3.0的圆的"面积"为28.274310
半径为3.09的圆的"面积"为29.996215

图 2.1 面积计算

【任务分析】

根据圆的面积公式可知,半径为 3 的圆的面积值为 $\pi \times 3^2$,半径为 3.0 的圆的面积值为 $\pi \times 3.0^2$,半径为 3.09 的圆的面积值为 $\pi \times 3.09^2$。从程序执行效果看,半径 3 和 3.0 的面积值是一样的,并且在上述计算过程中 π 又需要多次使用,而在输出结果中包含有双引号。若要实现上述效果,需了解 C 语言中各种不同数据类型的表达形式及含义。

【任务实现】

参考代码如下：

```
1    #include<stdio.h>
2    #define PI 3.14159   /*用符号常量PI来代表π的数值3.14*/
3    int main()
4    {
5        printf("半径为3的圆的\"面积\"为%f\n", 3*3*PI);
6        printf("半径为3.0的圆的\"面积\"为%f\n", 3.0*3.0*PI);
7        printf("半径为3.09的圆的\"面积\"为%f\n", 3.09*3.09*PI);
8        return 0;
9    }
```

程序运行结果如图2.2所示。

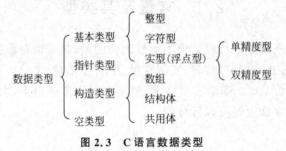

图2.2　任务2.1程序运行结果

【知识讲解】

C语言中提供了丰富的数据类型，如图2.3所示。

```
                    ┌ 整型
          ┌ 基本类型 ┤ 字符型       ┌ 单精度型
          │         └ 实型(浮点型) ┤
数据类型 ┤ 指针类型                 └ 双精度型
          │         ┌ 数组
          │ 构造类型 ┤ 结构体
          │         └ 共用体
          └ 空类型
```

图2.3　C语言数据类型

1. 整型常量

（1）整型常量的表达形式

计算机中的数据都以二进制形式存储。在C语言中，为了便于表示和使用，整型数据可以用以下几种形式表示，编译系统会自动将其转换为二进制形式存储。

① 二进制整数表示。二进制使用0和1来表示数值。例如：100、1010。

② 十进制整数表示。十进制使用0~9来表示数值。例如：4、0、－47。

③ 八进制整数表示。八进制使用0~7来表示数值。但在C语言中八进制整数书写应以数字0开头。例如：047，代表八进制整数47，即$(47)_8$，经过按权展开计算：$4×8^1+7×8^0$，等价于十进制数39。－011表示八进制－11，即十进制数－9。

④ 十六进制整数表示。十六进制使用0~9、A~F来表示数值。十六进制整常数的前缀为0x或0X。例如：0x47，代表十六进制数47，即$(47)_{16}$，经过计算：$4×16^1+7×16^0$，等价于十进制数71。

(2) 整型常量在内存中的存储形式

在计算机系统中,信息的最小存储单位称为"位"(bit),每一位中存放一个 0 或 1,因此称为二进制位。8 个二进制位组成一个"字节"(byte),并给每个字节分配一个地址。若干个字节组成一个"字"(word),用一个字来存放一条机器指令或一个数据。在 C 语言中,一个 int 整型通常用两个字节表示,其中最高位用来存放整数的符号,若是正整数,最高位放置 0;若是负整数,最高位放置 1。

① 正整数。当用 2 字节存储一个正整数时,例如正整数 8,其在内存中的二进制码为 0000000000001000,对于正整数的这种存储形式称为用"原码形式"存放。因此,最大整数为 0111111111111111,它的值为 32767。

② 负整数。负整数在内存中以"补码形式"存在,实际上,数值都是以补码形式存储,只不过正整数的补码和其原码形式相同,而负数求补码的方法是"取反加 1"。例如,求 −21 的补码如下。

步骤 1:求出 −21 绝对值的二进制码　　0000000000010101
步骤 2:求原码的反码　　　　　　　　　1111111111101010
步骤 3:把反码加 1　　　　　　　　　　 1111111111101011

通过以上分析得知: −21 在计算机内存中存在的二进制码是 1111111111101011。

2. 实型常量

(1) 实型常量的表达形式

① 常规小数形式。由正负号、数字和小数点组成。正号和小数点后的 0 可以省略,但小数点是不能省略的。如 1.12、−12.、0.、0.0 都是正确的十进制小数形式。

例如:1.0 写法是常规的十进制小数写法。

1. 写法是把小数点后的数值进行了省略,系统会默认为 1.0。

注意:1 写法的绝对数值和 1.0 写法等价,但是在 C 语言系统中 1 会被识别为整数型,而 1.0 则会被识别为实型(小数),类型不同。

② 指数形式。在小数的基础上,后面加阶码标志(e 或 E)以及阶码组成。其一般形式如下:

$a\,E\,n$ 或 $a\,e\,n$

其中的 a 为十进制数,E 或 e 为阶码标志,n 为十进制整数。如 123e4 或 123E4 都代表 $123×10^4$。需要注意的是,字母 e 或 E 之前必须有数字,且 e 后面的指数必须为整数,如 e3、2.21e1.2、e 等都是不合法的指数形式。

一个实数可以有多种指数表示形式。如 234.123,可以表示为 23.4123e1、2.34123e2、0.234123e3、2341.23e−1 等。把其中的 2.34123e2 称为"规范化的指数形式",即在字母 e(或 E)之前的小数部分中,小数点左边有且只有一位非零的数字。例如 2.34123e2、1.234e2 都属于规范化的指数形式,23.456e2、0.123e4 则不属于规范化的指数形式。一个实数用指数形式输出时,是按规范化的指数形式输出的。如 234.123 按指数形式输出时,其结果是 2.34123e+002,既不是 23.4123e+001,也不是 0.234123e+003。

(2) 实型常量在内存中的存储形式

一个实型数据一般在内存中占 4 字节,与整型数据的存储方式不一样,是按指数形式存储的。系统把实数分为小数部分和指数部分分别存放,在 4 字节中,究竟多少位表示小数部分,多少位表示指数部分,由各 C 编译系统自定,不少 C 编译系统以 24 位表示小数部分(包括符号位),以 8 位表示指数部分(包括指数的符号)。小数部分占的位数多,表明精度高,指数部分占的位数多,表明表示的数值范围大。

3. 字符常量

(1) 普通字符常量

用一对单引号括起来的单个字符称为字符常量。如'a'、'8'、'Z'、'='、'+'、'?'都是合法的字符常量。单引号中的大写字母和小写字母由于 ASCII 码值不同,分别代表不同的字符常量,如'a'和'A'是不同的字符常量;字符常量只能用单引号括起来,不能用双引号或其他符号。例如"a"不是字符常量,而是一个字符串;字符常量只能是单个字符,不能是字符串。例如'abcd'是错误的字符常量。

字符常量在内存中占 1 字节,以 ASCII 码形式存储(ASCII 码是美国信息标准代码,是现今最通用的单字节编码系统)。它的存储形式与整数的存储形式类似,在数值上也有映射关系(ASCII 码对照值表请见附录)。例如十进制的 85 表示大写字母'U',八进制数 0102 表示大写字母'B',大写字母 C 的 ASCII 码值为 67,'C'-2 的值为 65,即对应的是大写字符'A'的 ASCII 码值。

(2) 转义字符

除了以上形式的字符常量外,C 语言中还允许使用一种特殊形式的字符常量,就是以反斜杠开头的转义字符。对于无法显示的字符(主要指控制字符,如回车符、换行符、制表符等)以及一些有特殊含义和用途的字符(如单引号、双引号、反斜杠线等),只能用转义字符表示。转义字符具有特定的含义,它不同于字符原有的意义,所以称"转义"字符。常用的转义字符及其含义见表 2.1。

表 2.1 转义字符及其含义

转义字符	含义	ASCII 码值
\n	换行,把当前位置移到下一行开头	10
\r	回车,把当前位置移到本行开头	13
\f	换页,把当前位置移到下页开头	12
\t	水平制表(Tab)	9
\v	垂直制表	11
\b	退格,把当前位置移到前一列	8
\\	反斜杠符"\"	92
\'	单引号符	39
\"	双引号符	34
\ddd	1~3 位八进制数所代表的字符	
\xhh	1 或 2 位十六进制数所代表的字符	

说明:表中列出的字符称为"转义字符",意思是将反斜杠(\)后面的字符转化成另外的意思。如'\n'代表的意思是换行。C 语言字符集中的任何一个字符均可用转义字符来表示。表

中的\ddd 和\xhh 正是为此而提出的。ddd 和 hh 分别为八进制和十六进制的 ASCII 代码。如\101 表示字母'A',\102 表示字母'B',\x0A 表示换行符等。

在 C 语言中'a'代表一个英文字符 a；而"a"代表一个字符串,它由字符'a'与'\0'两个字符共同构成,所以两者不等价。

'A'在 C 语言中代表一个大写英文字符 A,对应的 ASCII 码值为 65,而\101 在 C 语言中是一种转义字符,表示的是八进制数 101 所代表的字符,八进制数 101 对应的十进制数为 65,其 ASCII 码值上与'A'等同。

4. 字符串常量

字符串常量是用双引号括起来的字符序列。例如："hello"、"12345"等都是字符串常量。不要将字符常量与字符串常量混淆,'a'是字符常量,"a"是字符串常量。当字符串中包含像单引号、双引号或反斜杠线这类有特定用途的字符时,应该分别用转义字符\'、\"、\\表示。例如：

printf("He said:\ "How are you?\ "");

代表的英文句子是：He said："How are you?"

一个字符串中所有字符的个数称为该字符串的长度,其中每个转义字符只当作一个字符。例如,"1234567"、"xyz"、"\\ABCD\\"、"\101\102\x43\x44"的长度分别为 7、3、6、4。C 语言规定,在每个字符串的结尾加一个"字符串结束标志",以便系统判断字符串是否结束,C 语言规定用转义字符'\0'来表示。每个字符串在内存中占用的字节数等于字符串的长度加 1,例如字符串"MN"和"M"的长度分别为 2 和 1,它们在内存中分别占用 3 字节和 2 字节。'a'是字符常量,在内存中占 1 字节,"a"是字符串常量,在内存中占 2 字节,所以它们是不同的。需要注意的是,C 语言中允许空字符串""。

5. 符号常量

在 C 语言中,可以用一个标识符代表一个常量,称为符号常量。注意符号常量不同于变量,它的值在其作用域内不能改变,也不能再赋值。符号常量一般用大写字母表示。

符号常量一般形式如下：

♯define 标识符 字符串

例如,请用 C 语言实现求圆的周长问题,已知半径 r 的值为 1。
参考代码如下：

```
1    #include<stdio.h>
2    #define PI 3.14 /*用符号常量 PI 来代表 π 的数值 3.14*/
3    int main()
4    {
5        printf("圆的周长为%f\n", 2*PI*1);
6        return 0;
7    }
```

程序运行结果如图 2.4 所示。

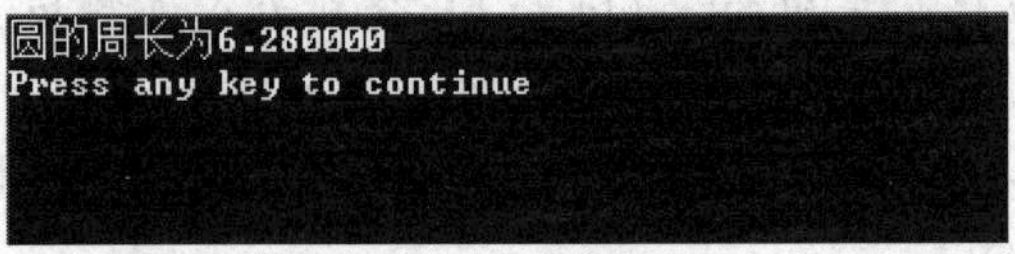

图 2.4 圆周长问题程序运行结果

【知识拓展】

拓展任务 2.1：使用 C 语言把小写字母 b 转化成大写字符输出到屏幕。

任务分析：字符之间的大小写转换一般可通过改变 ASCII 码值大小,然后按照字符格式输出来实现,如小写字母 b 对应的 ASCII 码值为 98,大写字母 B 对应的码值为 66,两者 ASCII 码值相差 32。即可得出映射关系：大写字母 ASCII 码值＋32＝小写字母 ASCII 码值,以此关系实现大小写转换。

参考代码如下：

```
1    #include<stdio.h>
2    int main()
3    {
4        printf("b\n 大写字符为: %c\n", 'b'-32);
         /*ASCII 码值做差值换算输出大写字符*/
5        return 0;
6    }
```

程序运行结果如图 2.5 所示。

图 2.5 拓展任务 2.1 程序运行结果

【知识小结】

(1) 整型常量

合法的常量要注意不同进制间表现形式的差别。数值上,整数在计算机中以补码形式存储,正数的原码与补码相同,而负数的补码是对原码进行取反加一操作。

(2) 实型常量

实型有小数型和指数型两种表现形式,其书写形式在 C 语言里有明确规定。小数型小数点不能省,指数型 e 后面必须为整数,且 e 前后都不能省。

(3) 字符与字符串常量

① 字符常量由单引号括起来,字符串常量由双引号括起来。

② 字符常量只能是单个字符,字符串常量则可以含一个或多个字符。

③ 可以把一个字符常量赋予一个字符变量,但不能把一个字符串常量赋予一个字符变量。

④ 字符常量占 1 字节的内存空间。字符串常量占的内存字节数等于字符串中字符数加 1。增加的 1 字节用来存放字符串结束符'\0'。

(4) 符号常量

① 用符号常量可以清晰地看出常量所代表的含义。

② 如果一个程序中多次出现某一个常量(例如,3.14159265),就要多次书写,使用符号常量就可以用较短的符号代替较长的数字,从而可以有效地避免多次书写同一个常量,并减少出错的概率。

③ 当程序中多次出现同一个常量需要修改时,必须逐个修改,很可能漏改或错改。用符号常量能做到"一改全改"。

2.2 变量的定义及初始化

变量是指在程序运行过程中其值可以发生变化的量。变量有两个属性,即变量名和变量值。变量名实际上代表内存中的某个存储单元,是一个符号地址;变量值是指变量名所在的存储单元中的数值。例如,给变量赋值实质上是把数据存入到该变量所代表的存储单元中。一般情况下,变量用来保存程序运行过程中输入的数据、计算获得的中间结果以及程序的最终结果。变量属于标识符,故命名规则遵从标识符命名规则。

本节学习目标:
- 掌握变量的含义及定义形式。
- 掌握不同类型变量的表示形式。

【任务提出】

任务 2.2:从键盘输入两个圆的半径数值为 3 和 3.0,编写程序分别计算出对应的圆面积,并输出到屏幕。

【任务分析】

根据圆的面积公式可知,半径为 3 的圆的面积值为 $\pi \times 3^2$,半径为 3.0 的圆的面积值为 $\pi \times 3.0^2$。从程序执行效果看,半径 3 和 3.0 的面积值是一样的,但程序在处理过程中,对于 3 和 3.0,一个作为整型数值处理,而另一个则作为实型数值处理,从键盘输入进来后它该如何被存储并参与运算呢?若要搞清楚这个问题并用程序实现,需了解 C 语言中变量的定义和使用方式,并学会使用不同类型变量来存储不同类型的数据。

【任务实现】

参考代码如下:

```
1    #include<stdio.h>
2    #define PI 3.14  /*使用PI代替π值3.14*/
3    int main()
4    {
5        int r1; float r2;
6        scanf("%d,%f", &r1, &r2);
         /*从键盘输入3和3.0两个半径值*/
7        printf("s1=%f,s2=%f\n", r1*r1*PI, r2*r2*PI);
         /*输出两个圆的面积*/
```

```
8        return 0;
9    }
```

程序运行结果如图2.6所示。

```
3, 3.0
s1=28.260000,s2=36201730929071984.000000
Press any key to continue
```

图 2.6 任务 2.2 程序运行结果

【知识讲解】

变量的定义格式如下：

类型说明符 变量名列表;

其中，类型说明符包括 int、float、double、char 等，用来指定变量的数据类型，类型说明符与变量名之间至少用一个空格间隔，变量名表如果有多个变量，则彼此间要用逗号分隔开，最后一个变量名之后必须以分号结束。

1. 标识符

C语言规定变量的命名要遵循标识符的命名规则。标识符是用来标识变量名、常量名、函数名、类型名、文件名等名称的有效序列。

(1) 标识符命名规则

① 只能由字母、数字和下画线三种字符组成，且第一个字母必须为字母或下画线。

② C语言大小写敏感，字母 i 和 I 在 C 语言中被认为是不同的标识符。

③ 用户自定义的标识符不能与关键字同名。

(2) 标识符的分类

C语言系统定义的标识符分为三类：关键字、预定义标识符和用户标识符。

① 关键字。C语言已经预先规定了一些标识符，它们在程序中已经代表了固定的含义，不能另作他用，这些标识符称为关键字。最早 C 语言系统的关键字见表 2.2。

表 2.2 早期 C 语言关键字

auto	break	case	char	const	continue	default	do
double	else	enum	extern	float	for	goto	if
int	long	register	return	short	signed	sizeof	static
struct	switch	typedef	union	unsigned	void	volatile	while

1999年12月16日，ISO(国际标准化组织)推出了C99标准，该标准新增了5个C语言关键字，见表2.3。

表 2.3 C 语言 C99 标准增加的关键字

inline	restrict	_Bool	_Complex	_Imaginary

2011年12月8日，ISO发布C语言的新标准C11，该标准新增了7个C语言关键字，见表2.4。

表 2.4 C 语言 C11 标准增加的关键字

_Alignas	_Alignof	_Atomic	_Static_assert
_Noreturn	_Thread_local	_Generic	

② 预定义标识符。和关键字类似，预定义标识符是指在C语言中预先定义并含有特定意义的标识符，如C语言的库函数名printf、预定义命令define等，但不同的是，C语言允许把这类标识符重新定义用作其他用途，但它将失去预先定义的意义。鉴于各种编译系统都一致把这些标识符作为固定的库函数名和预处理中的专用命令使用，一般不建议把这类预定义标识符重定义。

③ 用户标识符。由用户根据需要定义的标识符称为用户标识符。一般用来定义变量名、函数名和数组名等。

如果用户标识符与关键字相同，则在编译时编译器会给出错误信息；如果用户标识符与预定义标识符相同，系统并不报错，只是该预定义标识符将失去原意，代之以用户定义的含义，但这样有可能引发一系列错误。

2. 整型变量

整型变量的基本类型符为int。可以根据数值的范围将整型变量定义为基本整型、短整型、长整型、无符号型，如果以16位系统为例，具体如下所述。

（1）基本整型。类型说明符为int，在内存中占2字节。

（2）短整型。类型说明符为short int或short，所占字节和取值范围均与基本型相同。

（3）长整型。类型说明符为long int或long，在内存中占4字节。

（4）无符号型。类型说明符为unsigned。其中，无符号型又可与上述三种类型匹配而构成以下三种类型。

① 无符号基本型。类型说明符为unsigned int或unsigned。

② 无符号短整型。类型说明符为unsigned short。

③ 无符号长整型。类型说明符为unsigned long。

说明：各种无符号型的变量所占的内存空间字节数与相应的有符号型的变量相同。但由于省去了符号位，所以不能表示负数。例如，有符号整型变量的最大取值为32767，而无符号整型变量的最大取值为65535。表2.5所示为ANSI标准定义的整数类型。

表 2.5 ANSI 标准定义的整数类型

类　型	字节数	取值范围
[signed] int	2	−32768～32767
Unsigned [int]	2	0～65535
[signed] short [int]	2	−32768～32767
unsigned short [int]	2	0～65535
long [int]	4	−2147483648～2147483647
unsigned long [int]	4	0～4294967295

前面已提到,C语言规定在程序中所用到的变量必须在程序中先声明,一般放在函数的声明部分(也可放在函数体分支代码内,但作用域只限于它所在的分支代码)。

3. 实型变量

(1) 实型数据在内存中的存放形式

实型数据一般占 4 字节(32 位)内存空间,按指数形式存储。实数 1.2345 在内存中的存放形式如下:

+	.12345	1
数符	小数部分	指数

小数部分占的位(bit)数越多,数的有效数字越多,精度越高。指数部分占的位数越多,则能表示的数值范围越大。

(2) 实型变量的分类

在 C 语言中,实型变量分为单精度(float)、双精度(double)和长双精度(long double)三类。见表 2.6 列出的是常用的编译系统的实型数据情况,各类型的区别主要是有效位数。特别指出 long double 是 C99 标准修订时新增的关键字,ANSI C 并未规定其精度,在不同平台上有可能会有不同的实现。实型变量定义方式如下:

```
float m,n;         /*定义两个单精度实型变量 x 和 y */
double a,b,c;      /*指定 a、b、c 为双精度实型变量*/
```

表 2.6 实型数据

类 型	字 节 数	有 效 数 字	数 值 范 围
float	4	6~7	$10^{-37} \sim 10^{38}$
double	8	15~16	$10^{-307} \sim 10^{308}$
long double	对于不同平台可能有不同的实现。有的是 8 字节,有的是 10 字节,有的是 12 字节或 16 字节。但规定 long double 的精度不少于 double 的精度,可以使用 sizeof(long double)计算得知		

4. 字符型变量

字符型变量用来存放字符常量,由于字符型变量一般在内存中只占 1 字节,所以只能存放 1 个字符,无法存放字符串。

字符变量的类型说明形式如下:

```
char 变量名;
```

例如:

```
char x,y,z;        /*定义 x、y、z 为字符型变量名*/
char m1,m2,m3;     /*定义 m1、m2、m3 为字符型变量名*/
```

上述语句将 x、y、z、m1、m2 和 m3 定义为字符型变量,其内可以各放 1 个字符,下面给 m1、m2 和 m3 这 3 个字符变量分别赋值 a、b、c。

```
m1 = 'a', m2 = 'b', m3 = 'c';
```

【知识拓展】

拓展任务 2.2：使用 C 语言实现从键盘输入一个字符,将其按整数输出。

任务分析：从键盘输入一个字符,可根据字符对应的 ASCII 码值将其按整型数据输出。

参考代码如下：

```
1    #include<stdio.h>
2    int main()
3    {
4        char c;
5        scanf("%c",&c);         /*从键盘输入一个字符*/
6        printf("%d\n",c);       /*将字符 ASCII 码值按整型格式输出*/
7        return 0;
8    }
```

程序运行结果如图 2.7 所示。

图 2.7　拓展任务 2.2 程序运行结果

【知识小结】

(1) 变量命名

① 大小写字母被认为是两个不同的字符,所以 xy 和 XY 是不同的变量名。

② 在取名时,尽量做到"见名知义"。

③ 变量名长度由 C 语言编译系统决定,但至少前 8 个字符有效,所以取名时应了解所用系统的具体规定。

④ 在 C 语言中,变量一定要"先声明,后使用",一般放在函数体的开头部分。每个变量在定义时要指定一个类型,在编译时系统会给其分配相应数量的存储单元,便于在编译时检查该变量所进行的运算是否合法。例如整型变量 a 和 b,可以进行求余运算,即 a％b,如果 a 和 b 有一个是实型变量,则不允许进行求余运算,编译时会给出有关错误信息。

⑤ 在定义部分对变量进行初始化时,不能连续赋值,如"int a=b=1;"。

(2) 整型变量

① 可以在一个类型说明符后定义多个整型变量。类型说明符与第一个变量名之间至少用一个空格分隔。各变量名之间用逗号分隔。

② 最后一个变量名之后必须以";"号结尾。

(3) 实型变量

① 实型数据与整型数据在计算机中存储的形式是不同的。实型按指数形式存储,而整型按二进制补码形式存储。

② 实型变量按照精度不同保留的有效数位也不同,一般只显示 6 个有效数位。

(4) 字符型变量

在内存中,字符数据以 ASCII 码形式存储与整数值可以形成映射关系,这样在字符型数据和整型数据之间可以互相转换,一个字符数据既可以以字符形式输出,也可以以整数形式输出。以字符形式输出时,需先将存储单元中的 ASCII 码转换成相应字符,然后输出。以整数形式输出时,可以直接将 ASCII 码值输出,也可以对字符型数据进行算术运算,此时相当于对它们的 ASCII 码进行算术运算。

2.3 C 语言的运算符和表达式

在 C 程序中运算符是用来完成各种操作的操作码,而通过运算符和操作数可组合成各种表达式,通过表达式来表现程序逻辑。

运算是对数据进行加工的过程,用来表示各种不同运算的符号称为运算符,参加运算的数据称为运算对象或操作数。C 语言的运算符很丰富,应用范围也很广泛,可完成 C 语言中除了控制语句和输入/输出语句以外几乎所有的基本操作。

将同类型的数据(如常量、变量、函数等)用运算符号按一定的规则连接起来的有意义的式子称为表达式。表达式按照运算符的运算规则进行运算可以获得一个值,称为表达式的值。当然,只有表达式的构成具有一定的意义时,才能产生期望的结果。

C 语言中,在一个表达式的后面加上分号";"就构成了表达式语句,即简单语句。有的表达式语句是有意义的简单语句,例如:

x = x + 1;   x++;

都表示使 x 变量加 1。而有的表达式语句是无意义的,例如:

3++;

之所以说是无意义的表达式语句,因为这条语句没有引起任何存储单元中数据的变化。
本节学习目标:
- 掌握各种运算符的含义及其用法。
- 掌握不同类型运算符的优先级和常用运算符的结合。
- 会使用运算符构成各类表达式。

2.3.1 运算符的优先级和结合性

【任务提出】

任务 2.3:已知变量 $a=1, b=4$,使用 C 语言求解算式 $a \times 3 - b$ 的值。

【任务分析】

这是一个同时具有乘法、减法两种运算的混合运算算式。在 C 语言中对于混合运算一般要区分表达式的优先级,乘号的优先级高于减号,所以此算式等价于 $(a \times 3) - b$。

【任务实现】

参考代码如下:

```
1    #include<stdio.h>
```

```
2    int main()
3    {
4        int a = 1, b = 4;
5        printf("%d\n",a*3-b);
6        return 0;
7    }
```

程序运行结果如图 2.8 所示。

图 2.8　任务 2.3 程序运行结果

【知识讲解】

所谓优先级,是指不同优先级的操作符总是先做优先级高的操作。例如:

　　d=a+b*c;　　//乘法优先级比加法高.先做 b*c,其结果再与 a 相加

C 语言中,运算符的运算优先级共分为 15 级。1 级最高,15 级最低(所有运算符优先级和结合性特征请见本书附录)。

在表达式中,优先级较高的先于优先级较低的进行运算。而当运算符优先级相同时,则按运算符的结合性所规定的结合方向处理。

一般而言,单目运算符优先级较高,赋值运算符优先级低;算术运算符优先级较高,关系和逻辑运算符优先级较低。多数运算符具有左结合性,单目运算符、三目运算符、赋值运算符具有右结合性。

所谓结合性,是指表达式中出现同等优先级的操作符时,应该先进行什么操作的规定。C 语言中各运算符的结合性分为两种,即左结合性(自左至右)和右结合性(自右至左)。

例如算术运算符的结合性是自左至右,即运算对象先与左面运算符结合。如有表达式 x-y+z,则 y 应先与"-"号结合,执行 x-y 运算,然后再执行+z 的运算。这种自左至右的结合方式就称为"左结合性"。而自右至左的结合方式称为"右结合性"。最典型的右结合性运算符是赋值运算符。如 x=y=z,由于"="的右结合性,应先执行 y=z 再执行 x=(y=z)运算。C 语言运算符中有不少为右结合性,应注意区别,以避免发生错误。

【知识拓展】

拓展任务 2.3:已知变量 a=1,b=4,使用 C 语言求解算式 a×3-b÷2 的值。

任务分析:这是一个同时具有乘法、除法、减法三种运算的混合运算式。在 C 语言中对于混合运算一般是要区分表达式的优先级,当运算符号优先级相同的时候再根据符号的结合性来判断结合顺序。乘号和除号的优先级高于减号,所以此算式等价于(a×3)-(b÷2)。

参考代码如下:

```
1    #include<stdio.h>
2    int main()
3    {
4        int a = 1, b = 4;
5        printf("%d\n",a*3-b/2);
```

```
6        return 0;
7    }
```

程序运行结果如图2.9所示。

图2.9 拓展任务2.3程序运行结果

【知识小结】

（1）优先级决定表达式中各种不同的运算符起作用的优先次序，而结合性则在相邻的两个运算符具有同等优先级时，决定表达式的结合方向。

（2）准确来讲，优先级和结合性确定了表达式的语义结构，不能跟求值次序混为一谈。

2.3.2 算术运算符与算术表达式

【任务提出】

任务2.4：如何用C语言实现一个首项为1、公差为1、项数为100的等差数列的求和？

【任务分析】

等差数列的前 n 项求和 s 的求和公式是首项加末项的和乘以项数除以2，设首项为 a，末项为 b，公差为 d，项数为 n，则 $b=a+(n-1)\times d$。

【任务实现】

参考代码如下：

```
1    #include<stdio.h>
2    int main()
3    {
4        int a=1, d=1, n=100, b, s;
5        b=a+d*(n-1);
6        s=(a+b)*n/2;
7        printf("等差数列的和为%d\n",s);
8        return 0;
9    }
```

程序运行结果如图2.10所示。

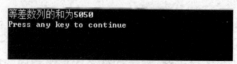

图2.10 任务2.4程序运行结果

【知识讲解】

1. C语言中常见的算术运算符与表达式

（1）加法运算符

加法运算符"+"使得两边的值加在一起。加法运算符为双目运算符，即应有两个操作数参与加法运算,可以是变量或常量,具有左结合性。如 a+b、4+8 等。

(2)减法运算符

减法运算符"−"使得符号"−"前的数减去符号"−"后的数。减法运算符为双目运算符。如 b−1、c−b 等。

注意:"+"和"−"也可以用于指明或改变一个值的代数符号,此时为单目运算,如−x、+5 等具有右结合性。

(3)乘法运算符

乘法运算符"*"使得两边的值做乘法运算。乘法运算符为双目运算,具有左结合性。如 1.5*a、3*4。C 语言没有平方函数,以乘法来计算平方。

(4)除法运算符

除法运算符"/"使得其左边的数除以其右边的数。除法运算符为双目运算,具有左结合性。参与运算量均为整型时,结果也为整型,舍去小数。如果运算量中有一个是实型,则结果为双精度实型。

(5)求余运算符(模运算符)

求余运算符"%"用于整数运算。该运算符左边的数除以其右边的数,余下的那部分被称为余数。

求余运算符(模运算符)为双目运算,具有左结合性。要求参与运算的数据均为整型。如 13%5,运算结果为 3。

2. 算术运算符的优先级与结合性

算术运算符的优先级与结合性见表 2.7。

表 2.7 算术运算符的优先级与结合性

运算符	操作对象数	优先级	结合性
*、/、%	2(双目)	3	自左至右
+、−	2(双目)	4	自左至右

【知识拓展】

拓展任务 2.4:若有代数表达式 $\dfrac{2ab}{3dc}$,在 C 语言中如何表示。

任务分析:主要是搞清楚 C 语言中多项式如何正确地表达,数学代数公式中乘号可以省略,而 C 语言中不能省略。其中一种正确的书写形式为:(2*a*b)/(3*d*c)。

【知识小结】

C 语言中的算术运算方式与代数形式一致,关键掌握在 C 语言中使用算术运算与普通代数使用符号的区别。例如:乘号(*)、除号(/)和求余数(%)。

2.3.3 赋值运算符与赋值表达式

【任务提出】

任务 2.5：已知变量 a=1，使用 C 语言计算 a+=5 表达式的值。

【任务分析】

这个问题的关键是搞清楚题设的"="和"+="在 C 语言中的含义，+=是一种符合赋值运算符，a+=5 代表 a=a+5。

【任务实现】

参考代码如下：

```
1    #include<stdio.h>
2    int main()
3    {
4        int a = 1;
5        a += 5;
6        printf("a = %d\n",a);
7        return 0;
8    }
```

程序运行结果如图 2.11 所示。

图 2.11 任务 2.5 程序运行结果

【知识讲解】

1. 简单赋值运算符和表达式

简单赋值运算符记为"="。由"="连接的式子称为赋值表达式。其一般形式如下：

变量 = 表达式

例如：

x = a + b; w = sin(a) + sin(b);

赋值表达式的功能是先计算表达式的值再赋给左边的变量。赋值运算符具有右结合性。因此，"a=b=c=2;"可理解为"a=(b=(c=2));"，即运算对象先与右边运算符结合。

在其他高级语言中，赋值构成了一个语句，称为赋值语句。而在 C 语言中，把"="定义为运算符，从而组成赋值表达式。凡是表达式可以出现的地方均可出现赋值表达式。例如，式子 x=(a=6)+(b=7)是合法的。它的意义是把 6 赋给 a，7 赋给 b，再把 a 和 b 相加，其和赋给 x，故 x 应等于 13。

在C语言中也可以组成赋值语句,按照C语言规定,任何表达式在其末尾加上分号就构成为语句。因此如"x=8;""a=b=c=5;"都是赋值语句。

2. 复合赋值符及表达式

在赋值符"="之前加上其他二目运算符可构成复合赋值符。例如:
+=、-=、*=、/=、%=、<<=、>>=、&=、^=、|=。
构成复合赋值表达式的一般形式如下:

变量 双目运算符 = 表达式

它等效于:

变量 = 变量 运算符 表达式

例如:a+=5 等价于 a=a+5,x*=y+7 等价于 x=x*(y+7),r%=p 等价于 r=r%p。复合赋值符这种写法对初学者可能不习惯,但十分有利于编译处理,能提高编译效率并产生质量较高的目标代码。

3. 赋值运算符的优先级与结合性

赋值运算符的优先级与结合性见表2.8。

表2.8 赋值运算符的优先级与结合性

运算符	操作对象数	优先级	结合性
=	2(双目)	14	自左至右
+=、-=、*=、/=、%=、>>=、<<=、&=、^=、|=	2(双目)	14	自左至右

【知识拓展】

拓展任务2.5:已知变量 a=1,b=2,经过表达式 b-=a+=5 运算后,a 和 b 的值分别是多少?

任务分析:此任务关键是搞清楚多个运算符联合运算时运算符之间的运算顺序,先判断优先级,-=和+=都为赋值运算符,优先级相同;再判断结合性,赋值运算符结合性为从右往左,则+=先算,-=后算。

参考代码如下:

```
1   #include<stdio.h>
2   int main()
3   {
4       int a=1,b=2;
5       b-=a+=5;
6       printf("a=%d,b=%d\n",a, b);
7       return 0;
8   }
```

程序运行结果如图 2.12 所示。

图 2.12　拓展任务 2.5 程序运行结果

【知识小结】

赋值运算符起到把等号右边的常量赋值给等号左边的变量的作用,对于复合赋值运算符需重点搞清楚相应的含义。

2.3.4　自增、自减运算符与表达式

【任务提出】

任务 2.6：已知变量 i＝1,求解 C 语言表达式＋＋i、i＋＋值分别为多少？

【任务分析】

这个问题首先要弄明白自增运算符"＋＋"的含义,然后区分清楚当运算符作为前缀和作为后缀时的区别。

【任务实现】

参考代码如下:

```
1    #include<stdio.h>
2    int main()
3    {
4        int i=1;
5        printf("++i=%d,i++=%d\n",++i,i++);
6        return 0;
7    }
```

程序运行结果如图 2.13 所示。

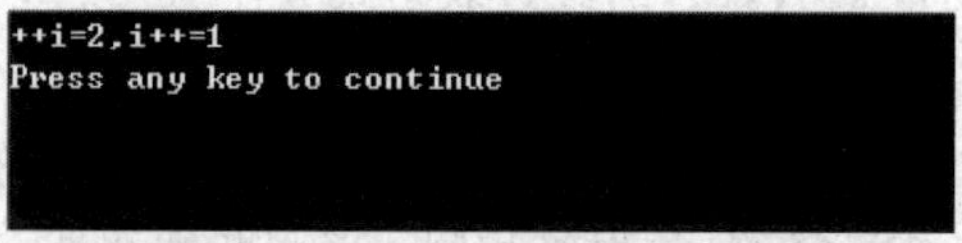

图 2.13　任务 2.6 程序运行结果

【知识讲解】

1. 自增、自减运算符与表达式

自增运算符记为"＋＋",其功能是使变量的值自增 1。自减运算符记为"－－",其功能是使变量值自减 1。可有以下几种形式。

(1) ＋＋i。i 自增 1 后再参与其他运算。

(2) i＋＋。i 参与运算后,i 的值再自增 1。

(3) －－i。i 自减 1 后再参与其他运算。

(4) i――。i参与运算后,i的值再自减1。

在理解和使用上容易出错的是i++和i――。特别是当它们出在较复杂的表达式或语句中时常常难以弄清,因此应仔细分析。

2. 自增、自减运算符优先级与结合性

自增、自减运算符优先级与结合性见表2.9。

表2.9 自增、自减运算符优先级与结合性

运算符	操作对象数	优先级	结合性
++	1(单目)	2	从右至左
――	1(单目)	2	从右至左

【知识拓展】

拓展任务2.6:已知变量i=1,经过表达式p=(i++)+(――i)运算,求解p的值。

任务分析:自增和自减运算符的优先级相同,根据结合性先算――i,再算i++,则――i的值为0,i的值自减变为0,再算i++的值为0,i的值自增变为1,所以最后p的值为0。

参考代码如下:

```
1    #include<stdio.h>
2    int main()
3    {
4        int p,i=1;
5        p=(i++)+(--i);
6        printf("p=%d\n",p);
7        return 0;
8    }
```

程序运行结果如图2.14所示。

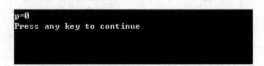

图2.14 拓展任务2.6程序运行结果

【知识小结】

自增、自减运算符主要是搞清楚前后缀的区别,当联立多个自增、自减运算符时应考虑符号的结合性确定哪部分先运算以及自变量值的变化。

2.3.5 关系运算符与关系表达式

【任务提出】

任务2.7:已知变量a=1,b=2,c=3,d=4,求C语言表达式a+b>c-d的值是多少?

【任务分析】

当多个运算符联立运算时首先要判定运算符的优先级,C 语言里规定算术运算符的优先级要高于比较运算符,则上式等价于求判定(a+b)>(c-d)的值,又已知 a、b、c、d 的数值,其实就是要求 3>-1 这个表达式的值。

【任务实现】

参考代码如下：

```
1   #include<stdio.h>
2   int main()
3   {
4       int a=1,b=2,c=3,d=4;
5       printf("%d\n", a+b>c-d);
6       return 0;
7   }
```

程序运行结果如图 2.15 所示。

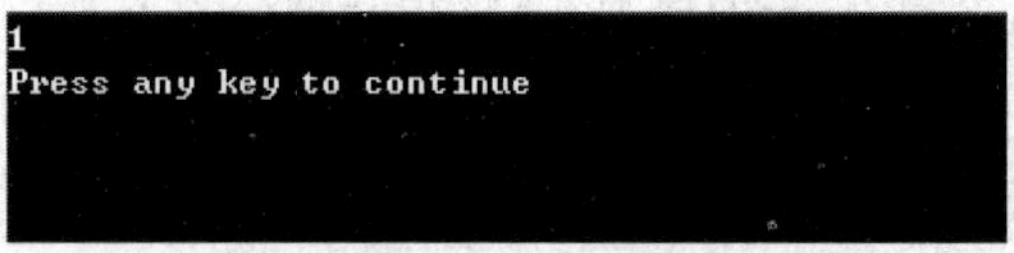

图 2.15 任务 2.7 程序运行结果

【知识讲解】

1. 关系运算符与表达式

(1) 运算符

在程序中经常需要比较两个量的大小关系,以决定程序下一步的工作。比较两个量大小关系的运算符称为关系运算符。在 C 语言中有以下关系运算符。

 < 小于

 <= 小于或等于

 > 大于

 >= 大于或等于

 == 等于

 != 不等于

关系运算符都是双目运算符,其结合性均为左结合。关系运算符的优先级低于算术运算符,高于赋值运算符。在六个关系运算符中,<、<=、>、>= 的优先级相同,高于 == 和 !=、== 和 != 的优先级相同。

(2) 表达式

一个简单的关系表达式由关系运算符及其左右的操作数组成；如果该关系成立,则关系表达式的值为真(用 1 表示,很多编译器实现时用!0 表示)；如果该关系不成立,则关系表达式的值为假(用 0 表示)。

关系表达式的一般形式如下：

表达式 关系运算符 表达式

例如：a+b>c-d,x>3/2,'a'+1<c,-i-5*j==k+1 等都是合法的关系表达式。

由于表达式也可以是关系表达式，因此也允许出现嵌套的情况，例如：a>(b>c),a!=(c==d)等。

关系表达式的值是逻辑值"真"或"假"，但由于 C 语言没有逻辑型数据，故用"1"和"0"表示"真"或"假"。

例如：5>1 的值为真。(a=2)>(b=7)由于 2>7 不成立,故其值为假。

2. 关系运算符的优先级与结合性（见表 2.10）

表 2.10 关系运算符的优先级与结合性

运 算 符	操作对象数	优先级	结合性
<、<=、>、>=	2（双目）	6	从左至右
==、!=	2（双目）	7	从左至右

【知识拓展】

拓展任务 2.7：已知变量 a=1,b=2,c=3,求 C 语言表达式 a>(b>c)的值。

任务分析：首先比较运算符的优先级,括号的优先级最高,则先算 b>c,算出其值再和 a 比较,算出表达式逻辑值。b>c,即 2>3,逻辑值为假,表达式值为 0；再看 a>0,即 1>0,逻辑值为真,表达式值为 1。

【知识小结】

关系运算表达式的值一般只分"真""假"，其值在 C 语言系统里一般用 1 和 0 表示。

2.3.6 逻辑运算符与逻辑表达式

【任务提出】

任务 2.8：已知变量 a=0,b=1,c=2,求表达式!a&&b||c 的值。

【任务分析】

按照结合性求解其实可以分解为两个步骤：先计算!a&&b 的值 y,再求解 y||c 的值就是最终表达式的值。

【任务实现】

参考代码如下：

```
1    #include<stdio.h>
2    int main()
3    {
4        int a=0,b=1,c=2;
```

```
5        printf("%d\n",!a&&b||c);
6        return 0;
7    }
```

程序运行结果如图 2.16 所示。

图 2.16 任务 2.8 程序运行结果

【知识讲解】

1. 逻辑运算符与表达式

(1) 逻辑运算符

C 语言中提供了三种逻辑运算符：与运算(&&)、或运算(||)、非运算(!)。与运算符 &&、或运算符 || 均为双目运算符，具有左结合性。非运算符 ! 为单目运算符，具有右结合性。逻辑运算符和其他运算符及其优先级的关系可见书后附录。

按照运算符的优先顺序可以得出：

a>b && c>d 等价于 (a>b) && (c>d)。

!b==c||d<a 等价于 ((!b)==c)||(d<a)。

a+b>c && x+y<b 等价于 ((a+b)>c) && ((x+y)<b)。

逻辑运算的值也为"真"和"假"两种，用"1"和"0"来表示。其求值规则如下：

① 与运算。参与运算的两个量都为真时，结果才为真，否则为假。例如，3>2 && 6>2，由于 3>2 为真，6>2 也为真，因此，两者相与的结果也为真。而且只有当前面表达式的值为真时才计算后面的表达式。

② 或运算。参与运算的两个量只要有一个为真，结果就为真。两个量都为假时，结果为假。例如：5>2||5>8，由于 5>2 为真，即使 5>8 为假，相或的结果也就为真。而且只有当前面表达式的值为假时才计算后面的表达式。

③ 非运算。参与运算量为真时，结果为假；参与运算量为假时，结果为真。例如：!(5>2) 的结果为假。

虽然 C 编译在给出逻辑运算值时，以"1"代表"真"，"0"代表"假"，但反过来在判断一个量是为"真"还是为"假"时，以"0"代表"假"，以非"0"的数值作为"真"。例如：由于 5 和 3 均为非"0"，因此 5&&3 的值为"真"，即为 1。又如：5||0 的值为"真"，即为 1。

(2) 逻辑表达式

逻辑表达式的一般形式如下：

表达式 逻辑运算符 表达式

其中的表达式又可以是逻辑表达式，从而组成了嵌套的情形。

例如：(a&&b)&&c，根据逻辑运算符的左结合性，该式也可写为 a&&b&&c。

逻辑表达式的值是式中各种逻辑运算的最后值,以"1"和"0"分别代表"真"和"假"。

2. 逻辑运算符的优先级与结合性

逻辑运算符的优先级与结合性如表2.11所示。

表 2.11　逻辑运算符的优先级与结合性

运算符	操作对象数	优先级	结合性
!	1（单目）	2	从右至左
&&	2（双目）	11	从左至右
||	2（双目）	12	从左至右

【知识拓展】

拓展任务 2.8：已知变量 a=0,b=1,c=2,d=3,求表达式!b==c||d<a 的值。

任务分析：首先比较运算符的优先级,分析得出顺序依次为：!、<、==、||,再按照顺序算出表达式的值。算式为：((!1)==2)||(3<0),最后值为 0。

【知识小结】

逻辑运算表达式与关系运算表达式的结果都是"真"或"假",关键掌握与、或、非三种运算的取值关系,与为交集,或为并集,非为取反。

2.3.7 条件运算符与条件表达式

【任务提出】

任务 2.9：从键盘输入两个数至变量 a 和 b 中,如果 a 大于 b 就输出 a 的值,如果 a 小于 b 就输出 b 的值。

【任务分析】

本问题主要是看如何在判断后取值,值得出后再根据结果选择输出。

【任务实现】

参考代码如下：

```
1    #include<stdio.h>
2    int main()
3    {
4        int a,b;
5        scanf("%d,%d",&a,&b);
6        printf("%d\n", a>b?a:b);
7        return 0;
8    }
```

程序运行结果如图 2.17 所示。

图 2.17　任务 2.9 程序运行结果

【知识讲解】

1. 条件运算符与表达式

条件运算符由"?"和":"组成,它是一个三目运算符,即有三个参与运算的操作数。由条件运算符组成条件表达式的一般形式如下:

表达式 1?表达式 2:表达式 3

其求值规则为:如果表达式 1 的值为真,则以表达式 2 的值作为条件表达式的值;否则以表达式 3 的值作为整个条件表达式的值。条件表达式通常用于赋值语句中。

例如条件语句:

if(a > b) max = a;
else max = b;

可用条件表达式写为"max=(a>b)? a:b;",执行该语句的语义是:如 a>b 为真,则把 a 赋给 max;否则把 b 赋给 max。

2. 条件运算符的优先级与结合性

条件运算符的优先级与结合性见表 2.12。

表 2.12　条件运算符的优先级与结合性

运算符	操作对象数	优先级	结合性
?:	3(三目)	13	左结合性

【知识拓展】

拓展任务 2.9:从键盘输入三个数至变量 a、b、c 中,使用 C 语言比较后输出最大值。

任务分析:主要思考清楚三个数比较的算法,可先比较其中任意两个数的大小,找出两者中较大的数,再把较大的数与第三个数比较,即可找出最大数。

参考代码如下:

```
1     #include<stdio.h>
2     int main()
3     {
4         int a,b,c,max1,max2;
5         scanf("%d,%d,%d",&a,&b,&c);
6         max1 = a>b?a:b;
7         max2 = max1>c?max1:c;
```

```
8        printf("max = %d\n",max2);
9        return 0;
10   }
```

程序运行结果如图 2.18 所示。

```
4,3,8
max=4
Press any key to continue
```

图 2.18　拓展任务 2.9 程序运行结果

【知识小结】

如果在条件语句中,只执行单个赋值语句时,常可使用条件表达式来实现。这样做不但使程序简洁,而且也提高了运行效率。

使用条件表达式时,还应注意以下几点。

(1) 条件运算符的运算优先级低于关系运算符和算术运算符,但高于赋值运算符。因此,"max=(a>b)?a:b"可以去掉括号而写为"max=a>b?a:b"。

(2) 条件运算符"?"和":"是一对运算符,不能分开单独使用。

(3) 条件运算符的结合方向是自右至左。

例如:"a>b?a:c>d?c:d"应理解为"a>b?a:(c>d?c:d)"。

这也是条件表达式嵌套的情形,即其中的表达式又是一个条件表达式。

2.3.8　逗号运算符与逗号表达式

【任务提出】

任务 2.10:已知变量 x=10,y=3,求表达式"x%y,x/y"的值。

【任务分析】

此表达式实际等价于"10%3,10/3",根据逗号运算符特点运算后输出。

【任务实现】

参考代码如下:

```
1    #include<stdio.h>
2    int main()
3    {
4        int x=10,y=3;
5        printf("%d\n",(x%y,x/y));
6        return 0;
7    }
```

程序运行结果如图 2.19 所示。

```
3
Press any key to continue
```

图 2.19　任务 2.10 程序运行结果

【知识讲解】

(1) 逗号运算符与表达式

C 语言中,逗号","也是一种运算符,称为逗号运算符。其功能是把两个表达式连接起来组成一个表达式,称为逗号表达式。一般形式如下:

表达式 1,表达式 2;

求值过程是分别求两个表达式的值,并以表达式 2 的值作为整个逗号表达式的值。

(2) 逗号运算符的优先级与结合性(见表 2.13)

表 2.13 逗号运算符的优先级与结合性

运算符	操作对象数	优先级	结合性
,	2(双目)	15	左结合性

【知识拓展】

拓展任务 2.10:已知 a=1,b=1,求 C 语言表达式"a-=a-5,(a=b,b+3)"的值。

任务分析:多个运算符联合运算还是先判断运算符优先级,括号内表达式先算,再计算括号外逗号表达式的值。括号内为逗号表达式,表达式的值为 b+3 的值,即 4,则算式简化为"a-=a-5,4"。而 -、-= 两个运算符的优先级都比","运算符优先级高,所以最后其实是算表达式"(a-=a-5),4"的值,则表达式值为 4。

【知识小结】

(1) 逗号表达式的运算过程为:从左往右逐个计算表达式。
(2) 逗号表达式作为一个整体,它的值为最后一个表达式(即表达式 n)的值。
(3) 逗号运算符的优先级别在所有运算符中最低。

2.3.9 不同类型数据间的混合运算

【任务提出】

任务 2.11:已知变量 a=10,b=4.0,使用 C 语言求解 a/b 的值。

【任务分析】

C 语言里的算式和数学里的算式不完全一样,注意这里的 a 与 b 在数据类型上不一样,a 为整型,而 b 为实型。如果 a、b 都为整型,则 a/b 的值为 2,但这里符号两边的数据类型不同,则需要进行进制类型转换。

【任务实现】

参考代码如下:

```
1    #include<stdio.h>
2    int main()
```

```
3    {
4        int a = 10;
5        float b = 4.0;
6        printf("% f\n",a/b);
7        return 0;
8    }
```

程序运行结果如图 2.20 所示。

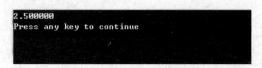

图 2.20　任务 2.11 程序运行结果

【知识讲解】

在 C 语言中,有两种类型转换,一种是在运算时不必用户指定,系统自动进行的类型转换,如 4+3.5;另一种是强制类型转换。当自动类型转换不能实现目的,可以用强制类型转换。如求模运算符(％)要求两侧必须是整型,如果声明变量"float x;",则 x％2 不合法,须强制把 x 转换成整型。此外,在函数调用时,有时为了使实参与形参类型一致,可以用强制类型转换运算符转换成所需类型。

1. 自动转换

自动转换发生在不同数据类型的变量混合运算时,由编译系统自动完成。这种类型转换一般按照低级数据类型服从高级数据类型的规则进行。

低级类型向高级类型转换,数据类型由低级到高级的排列顺序是:

$$char \rightarrow int \rightarrow long \rightarrow float \rightarrow double$$

低——————————————→高

在数据转换中,低级数据类型服从高级数据类型并进行相应转换。在运算中可以将所有的 char 型数据转换成 int 型数据,所有的 float 型数据可以转换为 double 型数据。例如:

int a; float b;

当执行表达式 15 + 'a'−3.5+b 时,字符型必须转换成整型,15+'a' 的类型是 int 类型,对于整型和实型混合运算,由于实型级别高,所以整型要转换成实型参加运算,最后表达式结果是实型。

2. 强制转换

强制转换的格式如下:

(数据类型名)(表达式);

例如:

(float)x 表示将 x 转换成单精度类型参与运算。

(int)y 表示将 y 转换成整型参与运算。

注意：

(1) 表达式要用括号括起来，如对于表达式(float)(x+y)，如果写成(float)x+y，则只将x转换成单精度类型后再与y相加。

(2) 强制转化并不改变操作对象的数据类型和数值，例如(float)x确切的含义是将x转换成浮点型数据类型参与运算，而x本身的数据类型和数值并没有任何改变。

【知识拓展】

拓展任务 2.11：使用C语言求算式 3+'1'+1/3-5.0/2 的值。

任务分析：算式中涉及多种值转换与多种数据类型值运算问题：字符常量与ASCII码值转换；整型除法的值运算；整型与浮点型除法值运算。算式中'1'对应的ASCII码值为49,1/3两个整型相除结果为整型值0,5.0/2浮点型与整型相除结果为浮点型值2.5,则最后算式为3+49+0-2.5=49.5。

【知识小结】

(1) 若参与运算的量的数据类型不同，则先转换成同一类型，然后进行运算。

(2) 转换数据始终往长度增加的方向进行以确保精确度，如int和long运算，则将int转换为long再运算。

(3) 所有的浮点运算都是以双精度（double）进行的，即使仅含有float变量的运算式，也要先转换为double型变量再运算。

(4) 当包含有char型和short型变量进行运算时，要先转换为int型。

(5) 在赋值运算中，赋值号两边的数据类型不同时，将赋值号右边的数据类型转换成左边的类型，结果是如果右边量的数据长度长于左边长度，会使一部分数据丢失，会降低精度，丢失的部分四舍五入。

(6) 无论是自动转换还是强制转换，都只是为本次运算而做的临时数据类型转换，不会改变定义该变量时声明的数据类型。

本 章 总 结

本章知识点归纳如下所述。

(1) 标识符的类型；变量和符号常量应遵循先声明后使用的特点。

(2) C语言整型、长整型、短整型、无符号整型数据的定义与存储特点；单精度、双精度浮点数的定义与存储特点。

(3) 字符型数据的定义与存储特点。

(4) 整型数据与字符型数据间的关系。

(5) 变量在定义的同时赋初值的方法。

(6) 运算符及运算对象：运算符是指定如何组合、比较或修改表达式值的字符；表达式是由运算符连接常量、变量、函数所组成的式子。每个表达式都有一个值和类型。表达式求值按运算符的优先级和结合性所规定的顺序进行。

(7) 算术运算符与算术表达式：算术运算符包括"+""-""*""/""%"等；算术表达式是由常量、变量、函数和运算符组合起来的式子。

(8) 赋值运算符与赋值表达式：赋值运算符用"＝"来表示，作用是将一个变量的值赋给另一个变量；由赋值运算符将一个变量和一个表达式连接起来的式子为赋值表达式，分简单赋值和复合赋值。

(9) 关系运算符与关系表达式：主要用于比较，逻辑值是"真"或"假"用"1"和"0"表示。

(10) 逻辑运算符与逻辑表达式：将多个关系表达式组合起来用于判断的表达式为逻辑表达式，逻辑运算符分为与、或、非三种。

(11) 其他运算符：自增、自减运算符有前缀和后缀之分；条件运算符有三个操作数，每个操作数都是一个表达式，条件运算符和操作数构成条件表达式；逗号运算符是最低级别的运算符，逗号表达式只是希望得到各个表达式的值，而不只是为了得到整个逗号表达式的值。

(12) 运算符的优先级和结合性：运算符的优先级需符合一系列的规则，以决定一个表达式中计算的顺序，相同优先级的运算符则根据结合性来计算。

(13) 不同类型数据间的混合运算规则。

习 题 2

1. 选择题

(1) 有以下程序

```
#include<stdio.h>
int main()
{
    int a=1,b=0;
    printf("%d,",b=a+b);
    printf("%d\n",a=2*b);
    return 0;
}
```

程序运行后的输出结果是(　　)。

  A. 0,0   B. 1,0   C. 3,2   D. 1,2

(2) 以下选项中，能用作用户标识符的是(　　)。

  A. void   B. 8_8   C. _0   D. unsigned

(3) 阅读以下程序

```
#include<stdio.h>
int main()
{
    int case; float printf;
    printf("请输入2个数：");
    scanf("%d %f",&case,&printf);
    printf("%d %f\n",case,printf);
    return 0;
}
```

该程序编译时产生错误，其出错原因是(　　)。

  A. 定义语句出错，case 是关键字，不能用作用户自定义标识符

  B. 定义语句出错，printf 不能用作用户自定义标识符

C. 定义语句无错,scanf()不能作为输入函数使用

D. 定义语句无错,printf()不能输出 case 的值

(4) 若有定义语句:"int x=10;",则表达式 x-=x+x 的值为(　　)。

  A. -20　　　　B. -10　　　　C. 0　　　　D. 10

(5) 有以下定义语句,编译时会出现编译错误的是(　　)。

  A. char a='a';　　　　　　　　B. char a='\n';
  C. char a='aa';　　　　　　　 D. char a='\x2d';

(6) 有以下程序

```
#include<stdio.h>
int main()
{
  char c1,c2;
  c1 = 'A' + '8' - '4';
  c2 = 'A' + '8' - '5';
  printf("%c,%d\n",c1,c2);
  return 0;
}
```

已知字母 A 的 ASCII 码为 65,程序运行后的输出结果是(　　)。

  A. E,68　　　B. D,69　　　C. E,D　　　D. 输出无定值

(7) 设有定义:"int x=2;",以下表达式中,值不为 6 的是(　　)。

  A. x*=x+1　　B. x++,2*x　　C. x*=(1+x)　　D. 2*x,x+=2

(8) 以下不能正确表示代数式 $2ab/cd$ 的 C 语言表达式是(　　)。

  A. 2*a*b/c/d　　B. a*b/c/d*2　　C. a/c/d*b*2　　D. 2*a*b/c*d

(9) 若有表达式"(w)?(--x):(++y)",则其中与 w 等价的表达式是(　　)。

  A. w==1　　B. w==0　　C. w!=1　　D. w!=0

(10) 以下选项中不能作为 C 语言合法常量的是(　　)。

  A. 'cd'　　　B. 0.1e+6　　　C. "\a"　　　D. '\011'

2. 填空题

(1) 以下程序运行后的输出结果是_____。

```
#include<stdio.h>
int main()
{
  int x = 20;
  printf("%d",0<x<20);
  printf("%d",!x);
  return 0;
}
```

(2) 以下程序运行后的输出结果是_____。

```
int main()
{
  int x = 2,y = 1;
  float a = 5.5,b = 2.5;
  printf("%d", (x+y)%3+(int)a/(int)b);
```

```
    return 0;
}
```

(3) 以下程序运行后的输出结果是_____。

```
int main()
{
  int s = 6;
  printf("%d",s%3+(s+1)%2);
    return 0;
}
```

3. 程序设计题

(1) 编写一个程序，计算你所使用的编译系统和计算机系统的数据类型 char、int、long、float、double 以及有符号和无符号数据类型所占用的字节数，并分别输出显示。

提示：用 sizeof 运算符求字节数，比如"sizeof(char)"就是 char 类型变量所占字节数。

(2) 编写一个程序，要求用户输入天数，然后转换成星期数和天数。例如，程序可以把 10 天转换成 1 个星期又 3 天。

提示：本题可使用求余运算符来完成换算。

第 3 章 顺序结构程序设计

Chapter 3

程序设计是指设计、编制、调试程序的方法和过程,是软件构造活动中的重要组成部分。常用的程序设计方法有面向过程的结构化程序设计和面向对象的程序设计等,而 C 语言是一种典型的结构化程序设计语言。它层次清晰,便于按模块化方式组织程序,易于调试和维护。而顺序结构是 C 程序中最简单、最基本、最常用的一种程序结构,也是进行复杂程序设计的基础。顺序结构程序设计中使用较多的有赋值语句和函数调用语句,特别是输入、输出函数调用语句使用较为频繁。

学习目标	(1) 了解程序设计的一些基础知识。 (2) 理解 C 程序语句的使用方法。 (3) 掌握数据的输入函数和输出函数。 (4) 掌握顺序结构程序设计的基本思想和设计方法。

3.1 程序设计基础

程序是指为完成某项活动或过程所规定的途径。对于计算机来说,程序就是为实现特定目标或解决特定问题而用计算机语言编写的指令序列。计算机按照程序中的指令逐条执行就可以完成相应的操作。著名的计算机科学家沃思(Nikiklaus Wirth)曾提出一个公式:程序＝数据结构＋算法。他认为程序是由数据结构和算法这两个关键成分组成,而语句是算法实现的程序表示,是算法实现的最小单位。

本节学习目标:
- 了解程序设计的一般过程。
- 领会结构化程序设计的基本思想。
- 熟悉算法的概念及算法的描述方法。
- 掌握 C 语言的语句。

【任务提出】

任务 3.1:从键盘上输入一个矩形的长为 a 和宽为 b 的值,画出计算矩形面积 s 的传统流程图和 N-S 图。

【任务分析】

本任务要求画出计算矩形面积 s 的程序流程图。首先要对任务进行分析,确定输入量和输出量;随后找出解决问题的办法,即用面积公式求出矩形面积;最后分别用两种流程图中规定的符号将解决问题的思路描述出来。

【任务实现】

根据任务分析,传统流程图和 N-S 流程图如图 3.1 所示。

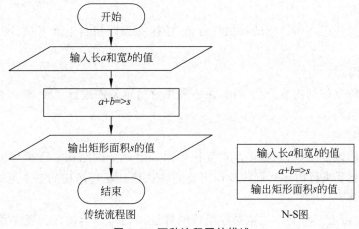

图 3.1 两种流程图的描述

【知识讲解】

1. 程序设计

程序设计是以某种程序设计语言为工具,给出为解决某种问题的程序。它是指从分析实际问题开始到计算机给出正确结果的整个过程,也就是通常所说的"编程"。如图 3.2 所示,其一般可包括以下几个步骤。

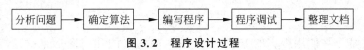

图 3.2 程序设计过程

(1) 分析问题

根据任务提出的要求,分析解决问题的方案,明确输入数据和输出结果,确定存放数据的数据结构。

(2) 确定算法

针对存放数据的数据结构来确定解决问题、完成任务的步骤。

(3) 编写程序

根据确定的数据结构和算法,使用选定的计算机语言编写程序代码,输入到计算机并保存在磁盘上,简称编程。

(4) 程序调试

消除由于疏忽而引起的语法错误或逻辑错误;用各种可能的输入数据对程序进行测试,使之对各种合理的数据都能得到正确的结果,对不合理的数据能进行适当的处理。

(5) 整理并写出文档资料

对文档资料进行整理并写出。

2. 结构化程序设计思想

结构化程序设计的概念最早由 E. W. Dijikstra 在 1965 年提出,是软件发展的一个重要里程碑。它的主要观点是采用自顶向下、逐步细化、模块化设计、结构化编码的程序设计方法。结构化程序设计思想要求程序只能用三种基本结构来描述,复杂的程序可以用这三种基本结构组合而成。这三种基本结构就是顺序结构、选择结构和循环结构。

(1) 顺序结构

顺序结构就是一组逐条执行的可执行语句,按照书写顺序自上而下执行。顺序结构是最简单的一种结构。

(2) 选择结构

选择结构又称条件结构或分支结构,是一种先对给定条件进行判断,然后根据判断的结果执行相应命令的结构。

(3) 循环结构

循环结构又称重复结构,是指多次重复执行同一组命令的结构。在循环结构中最主要的问题是:什么情况下执行循环?哪些操作需要循环执行?循环结构的基本形式有两种:当型循环和直到型循环。

已经证明,由以上三种基本结构顺序组成的算法结构可以解决任何复杂的问题。由基本结构所构成的算法属于"结构化"算法,它不存在无规律的转向,只在一个基本结构内才允许存在分支和向前或向后的跳转。

3. 算法及算法表示

算法是为解决一个问题而采取的方法和步骤,是程序设计步骤中的重要环节。算法的表示方法有多种,如自然语言表示法、传统流程图表示法、N-S流程图表示法、伪代码表示法及计算机语言表示法等,下面主要对传统流程图及 N-S 流程图两种表示方法进行介绍。

(1) 传统流程图表示法

传统流程图是一种使用很广的方法,它使用一些约定的几何图形来描述算法,直观形象,易于理解。美国标准化协会 ANSI 规定了一些常用的流程图符号,如图 3.3 所示,这些符号已被各国程序工作者采用。

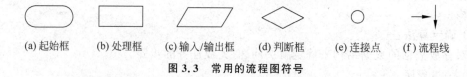

(a) 起始框　　(b) 处理框　　(c) 输入/输出框　　(d) 判断框　　(e) 连接点　　(f) 流程线

图 3.3　常用的流程图符号

(a) 起始框。表示算法的开始和结束。一般内部只写"开始"或"结束"。

(b) 处理框。表示算法的某个处理步骤,一般内部常常填写赋值操作。

(c) 输入/输出框。表示算法请求输入/输出需要的数据或算法将某些结果输出。一般内部常常填写"输入……""打印/显示……"等。

(d) 判断框。主要是对一个给定条件进行判断,根据给定的条件是否成立来决定如何执行其后的操作。它有一个入口和两个出口。

(e) 连接点。用于将画在不同地方的流程线连接起来。同一个编号的点是相互连接在一起的,实际上同一个编号的点是同一个点,只是画不下才分开画。

用流程图来表示三种基本结构如下。

① 顺序结构。如图 3.4 所示，A 和 B 两个框是顺序执行的。即在执行完 A 框所指定的操作后，必然接着执行 B 框所指定的操作。

② 选择结构。如图 3.5 所示，选择结构必包含一个判断框，根据给定的条件 P 是否成立来进行选择。若 P 条件成立，则执行 A 框中的操作；否则，执行 B 框中的操作。

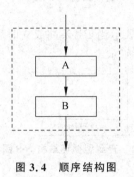

图 3.4　顺序结构图

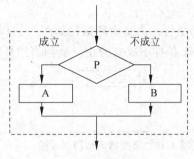

图 3.5　选择结构图

③ 循环结构。当型循环如图 3.6 所示，此结构表示当给定条件 P 成立时，反复执行 A 操作，直到条件 P 不成立为止，跳出循环。

直到型循环如图 3.7 所示，此结构表示先执行 A 操作，再判断 P 条件是否成立，如条件 P 不成立时，则继续执行 A 操作，再判断 P 条件是否成立，直到条件 P 成立为止，然后跳出循环。

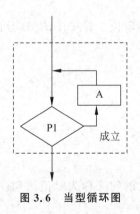

图 3.6　当型循环图

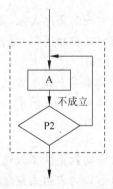

图 3.7　直到型循环图

用传统流程图表示算法比较直观形象，易于理解，能将设计者的思路清楚地表达出来。但是，这种流程图占用篇幅较多，尤其当算法比较复杂时，流程图之间的连线会使结构的清晰度变差。为此，人们设计了一种新的流程图——N-S 图。

(2) N-S 流程图

N-S 流程图将整个算法写在一个大框图内，这个大框图由若干个小的基本框图构成，基本框图符号如图 3.8～图 3.11 所示。在这种流程图中，完全去掉了带箭头的流程线。

① 顺序结构。如图 3.8 所示。A 和 B 两个框组成一个顺序结构。

② 选择结构。如图 3.9 所示。当 P 条件成立时执行 A 操作，P 不成立则执行 B 操作。请注意图 3.9 是一个整体，代表一个基本结构。

图 3.8 顺序结构 N-S 图

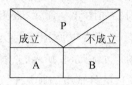
图 3.9 选择结构 N-S 图

③ 循环结构。当型循环结构如图 3.10 所示。图 3.10 表示当 P1 条件成立时反复执行 A 操作,直到 P1 条件不成立为止。直到型循环结构如图 3.11 所示。

图 3.10 当型循环结构 N-S 图

图 3.11 直到型循环结构 N-S 图

用以上三种结构的 N-S 流程图基本框可以组成复杂的 N-S 流程图,以表示算法。应当说明的是,在上述各图中的 A 框或 B 框,可以是一个简单的操作(如读入数据或打印输出等),也可以是 3 个基本结构之一。

用 N-S 图表示的算法比传统流程图紧凑易画,尤其是它废除了流程线,整个算法结构是由各个基本结构按顺序组成的,如同一个多层的盒子,又称盒图。

4. C 语言的语句

语句是算法实现的程序表示,是实现程序功能的最小单位。程序中的语句可分为表达式语句、函数调用语句、控制语句、复合语句和空语句五类。

(1) 表达式语句

表达式语句是由一个表达式加上分号";"构成。

表达式语句的一般形式如下:

表达式;

执行表达式语句就是计算表达式的值。

如果构成该语句的表达式是赋值表达式,则该表达式语句又称为赋值语句。这是表达式语句最典型、使用最频繁的一种形式。例如:

x = y + z; x = 3;

需要注意的是赋值表达式和赋值语句的区别。赋值表达式是一种表达式,它可以出现在任何允许表达式出现的地方,而赋值语句则不能。

下述语句是合法的。

c = ((a = b + 3)>0)?a:b;

语句的功能是,若 a=b+3 大于 0,则 c=a,否则 c=b。

而下述语句是非法的。

c = ((a = b + 3;)>0)?a:b;

因为"a=b+3;"是语句,不能出现在表达式中。

(2) 函数调用语句

函数调用语句由一次函数调用加上分号";"组成。

函数调用语句的一般形式如下：

函数名(实际参数表);

执行函数调用语句就是调用函数体并把实际参数赋予函数定义中的形式参数，然后执行被调函数体中的语句，求取函数值(在后面函数章节中将详细介绍)。例如：

printf("This is my first C program.\n");

该语句的作用是调用库函数，输出字符串。

(3) 控制语句

控制语句用于完成一定的控制功能，以实现程序的各种结构方式。它们由特定的语句定义符组成。C语言只有九种控制语句，它们是：

- 选择结构控制语句。if 语句、switch 语句。
- 循环结构控制语句。do-while 语句、while 语句、for 语句。
- 转向语句。break 语句、goto 语句、continue 语句、return 语句。

(4) 复合语句

复合语句是由大括号{}括起来的一组语句构成，也称为分程序。在程序中应把复合语句看成是单条语句，而不是多条语句。

例如：

```
{
    t = x;
    X = y;
    y = t;
}
```

对复合语句说明如下。

- 复合语句在语法上和单一语句相同，即单一语句可以出现的地方，复合语句也可在此使用。
- 复合语句可以嵌套，即复合语句里还可以出现复合语句。

(5) 空语句

空语句仅由一个分号";"构成。它什么也不做。有时用来做被转向点或循环体(此时循环体不执行任何操作)。例如：

```
while(getchar()!= '\n')
    ;
```

本语句的功能是，只要从键盘输入的字符不是回车则重新输入。这里的循环体为空语句。

【知识拓展】

拓展任务 3.1：试用传统流程图描述判断输入年份是否为闰年的算法。

任务分析：闰年的条件是能被 4 整除但不能被 100 整除或能被 400 整除。判断某条件是否成立，需要用到选择结构。参考流程图如图 3.12 所示。

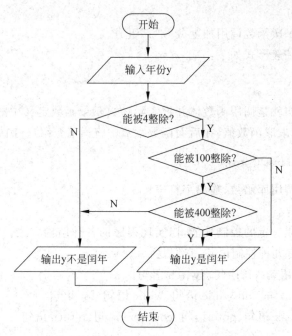

图 3.12 判断输入年份是否为闰年流程图

拓展任务 3.2：试用 N-S 图描述求解 $1+2+\cdots+100$ 的算法。

任务分析：要求解 $1+2+\cdots+100$ 的结果，可先设置一个初值为 0 的累加器 sum，再设置一个初值为 0 的变量 n，反复计算 sum＝sum＋n 的值，其中 n 的值依次取 $1,2,\cdots,100$，从而求出 $1+2+\cdots+100$ 的累加和。在一定条件下，反复执行同一操作，需要用到循环结构。参考流程图如图 3.13 所示。

图 3.13 求解 1 至 100 的算法和 N-S 流程图

【知识小结】

（1）结构化程序设计三种基本结构分别为顺序结构、选择结构及循环结构。任何复杂的程序可以用这三种基本结构组合而成。

（2）算法的表示方法有自然语言表示法、传统流程图表示法、N-S 流程图及伪代码表示法等，其中传统流程图法的特点是画法简单、结构清晰、逻辑性强、便于描述且容易理解。但是流程图占用的篇幅多，而且当算法复杂时，每一个步骤要画一个框，比较费事。N-S 流程图法的特点是比文字描述更直观、更形象、更易于理解，比传统流程图紧凑易画，废除了流程线，整个算法结构是由各个基本结构按顺序组成的。

（3）程序中的语句一般可分为表达式语句、函数调用语句、控制语句、复合语句和空语句五类。

3.2 输入与输出函数的使用

所谓的输入是指输入设备向计算机输入数据；输出是指由计算机向外部设备输出数据。C 语言本身不提供输入/输出语句，输入和输出的操作是由调用库函数来实现的。在 C 标准函数库中提供了一些输入/输出函数,例如 printf()函数、scanf()函数、putchar()函数和 getchar()函数等。

本节学习目标:
- 掌握格式输入与输出函数使用的方法与技巧。
- 掌握字符输入与输出函数使用的基本格式。

3.2.1 格式输出函数 printf()

【任务提出】

任务 3.2:已知圆的半径 $r=3\text{cm}$,计算并输出圆的面积。(保留小数点后面两位数字)

【任务分析】

本任务首先应定义两个变量用于存储圆的半径和面积的值,通过公式 $s=\pi r^2$ 计算圆的面积,并利用格式输出函数 printf()输出相应数据。

【任务实现】

参考代码如下:

```
1    #include<stdio.h>
2    int main()
3    {
4        int r=3;
5        float s;
6        s=3.14159*r*r;
7        printf("r=%d厘米,s=%7.2f平方厘米\n",r,s);
8        return 0;
9    }
```

程序运行结果如图 3.14 所示。

图 3.14　任务 3.2 程序运行结果

程序分析:程序第 4 行和第 5 行定义了整型变量 r 和实型变量 s;第 6 行通过圆的面积公式求出了圆的面积并保存在变量 s 中;第 7 行用 printf()函数输出了半径和面积的值,其中,半径的输出格式%d 是指以十进制整数输出,面积输出格式%7.2f 是指以最小宽度为 7 且小数点后面保留两位的十进制小数的格式输出,而其他的非格式字符原样输出。

【知识讲解】

格式输出函数 printf()是将输出项按指定的格式输出到标准输出终端上。

1. printf()函数调用的一般形式

printf()函数是一个标准库函数,它的函数原型包含在头文件 stdio.h 中。但作为一个特例,有的编译器不要求在使用 printf() 函数之前必须包含 stdio.h 文件。printf() 函数调用的一般形式如下:

```
printf("格式控制字符串",输出表列);
```

其中格式控制字符串用于指定输出格式。格式控制字符串可由格式说明字符串和普通字符串两种组成。格式说明字符串是以％开头的字符串,在％后面跟有各种格式字符,以说明输出数据的类型、形式、长度、小数位数等。如％d 表示按十进制整型输出,％ld 表示按十进制长整型输出,％c 表示按字符型输出等。普通字符串在输出时将会原样输出,在显示中起提示作用。输出表列中给出了各个输出项,要求格式说明字符串和各输出项在数量和类型上应该一一对应。

2. 格式说明字符串

格式说明字符串的一般形式如下:

％[标志][输出最小宽度][.精度][长度]类型

其中方括号[]中的项为可选项。各项的意义介绍如下。
(1) 类型

类型字符用以表示输出数据的类型,其格式符和意义见表 3.1。

表 3.1 输出格式符和意义

格式字符	意　　义
d	以十进制形式输出带符号整数(正数不输出符号)
o	以八进制形式输出无符号整数(不输出前缀 0)
x、X	以十六进制无符号形式输出整数(不输出前缀 0x),用 x 输出十六进制数 a～f 时以小写形式输出,用 X 时则以大写形式输出
u	以十进制形式输出无符号整数
f	以小数形式输出单、双精度实数
e、E	以指数形式输出实数,数字部分小数位数为 6 位,如用 E,则输出时指数以大写表示
g、G	选用％f 或％e 格式中输出宽度较短的一种格式,不输出无意义的 0,用 G 时,若以指数形式输出,则指数以大写表示
c	以字符形式输出,输出单个字符
s	输出字符串

(2) 标志

标志字符为 －、＋、空格、＃ 四种,其意义见表 3.2。

表 3.2 输出标志和意义

标志	意　　义
－	结果左对齐,右边填空格
＋	输出符号(正号或负号)
空格	输出值为正时冠以空格,输出值为负时冠以负号
＃	对 c、s、d、u 类无影响;对 o 类,在输出时加前缀 o;对 x 类,在输出时加前缀 0x;对 e、g、f 类,当结果有小数时才给出小数点

(3) 输出最小宽度

用十进制整数来表示输出的最少位数。若实际位数多于定义的宽度,则按实际位数输出,该数不起作用,若实际数据宽度小于输出最小宽度数值,且数值前无"一"号时,则结果右对齐,左边填空格。

(4) 精度

精度格式符以"."开头,后跟十进制整数。本项的意义是:如果输出数字,则表示小数的位数;如果输出的是字符,则表示输出字符的个数;若实际位数大于所定义的精度数,则截去超过的部分。

(5) 长度

长度格式符为 h 和 l 两种,h 表示按短整型量输出,l 表示按长整型量输出。

例 3.1　分别以整型及字符型数据格式输出 65 和 66。

参考代码如下:

```
1  #include <stdio.h>
2  int  main()
3  {
4      int a=65,b=66;
5      printf("%d %d\n",a,b);
6      printf("%4d,%4d\n",a,b);
7      printf("%c,%c\n",a,b);
8      printf("a=%-4d,b=%-4d\n",a,b);
9      return  0;
10 }
```

程序运行结果如图 3.15 所示。

图 3.15　例 3.1 程序运行结果

程序分析:4 次输出了 a 和 b 的值,但由于格式控制字符串不同,输出的结果也不相同。第 5 行的 printf()函数格式控制串中,两格式串%d 之间加了一个空格(非格式字符),所以输出的 a 和 b 值之间有一个空格。第 6 行的 printf()函数格式控制字符串中的两格式说明符%4d 间加入普通字符逗号,因此输出的 a 和 b 值之间加了一个逗号,其中的 4d 表示输出的最小宽度为 4,如不足 4 位则左补空格。第 7 行的格式串要求按字符型输出 a、b,所以输出的是 ASCII 码值为 65、66 所对应的字符。第 8 行中对%4d 添加了标志符"一",表示左对齐,不足最小宽度右补空格,增加的普通字符串用于对输出结果做提示说明。

例 3.2　分别以整型格式、无符号数据格式输出 2147483647 和 2147483648。

参考代码如下:

```
1  #include <stdio.h>
2  int main()
3  {
4      int a=2147483647,b;
5      b=a+1;
```

```
6      printf("b=%d,b=%u\n",b,b);
7      return 0;
8  }
```

程序运行结果如图 3.16 所示。

```
b=-2147483648,b=2147483648
Press any key to continue
```

图 3.16　例 3.2 程序运行结果

程序分析：第 6 行的 printf() 函数采用两种不同格式说明符输出同一个数据，由于 a＋1 溢出，在%d 输出格式中，最高位为 1，表示符号，故结果为－2147483648，而%u 是输出无符号整数，最高位也用来表示数值，故输出 2147483648。

例 3.3　输出实型数据时的有效位数。

参考代码如下：

```
1   #include<stdio.h>
2   int main()
3   {
4       float a,b;
5       double c;
6       a=111111.1111111;
7       b=0.002;
8       c=666666.6666666;
9       printf("a=%f,c=%f\n",a,c);
10      printf("%f,%f\n",a+b,c+b);
11      return 0;
12  }
```

程序运行结果如图 3.17 所示。

```
a=111111.109375,c=666666.666667
111111.111375,666666.668667
Press any key to continue
```

图 3.17　例 3.3 程序运行结果

程序分析：本例旨在通过运行结果分析实型数据输出时的有效位数。第 9 行语句输出的 a 是单精度数据，有效数字只有 7 位，所以只能保证前 7 位数据准确输出；输出的 c 是双精度数据，有效位数有 16 位，但小数点后只取 6 位，超出部分四舍五入，故输出结果为 666666.666667，最后一位为对截去的数据四舍五入的结果。第 10 行语句分别输出 a＋b 和 c＋b。由于前者有效数字的局限性，不能保证加的结果是正常的计算结果，但后者可以。

例 3.4　指定小数位数的实型数据的输出。

参考代码如下：

```
1   #include<stdio.h>
2   int main()
3   {
4       float a=123.4567899;
```

```
5      printf("a=%f,%lf\n",a,a);
6      printf("a=%5.4f,%e\n",a,a);
7      return 0;
8    }
```

程序运行结果如图 3.18 所示。

图 3.18　例 3.4 程序运行结果

程序分析：第 5 行语句中%f 和%lf 两种格式输出实型数据结果相同，说明"l"符对"f"类型无影响。第 6 行中%5.4f 格式指定输出最小宽度为 5，精度为 4，由于实际长度超过 5，故小数位数超过 4 位的部分按照四舍五入的方式截去；%e 格式是指按照规范化指数形式输出，即在字母 e 之前的小数部分中，小数点左边有且只有一位非零的数字。

例 3.5　printf()函数输出项求值顺序示例。

参考代码如下：

```
#include<stdio.h>
int main()
{
  int a=3;
  printf("a=%d,a=%d\n",a,++a);
  return 0;
}
```

程序运行结果如图 3.19 所示。

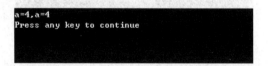

图 3.19　例 3.5 程序运行结果

程序分析：由程序运行结果可以看出，先执行表达式++a，a 的值变为 4，其求值顺序是从右到左的，最后按从左到右的顺序输出 a 和++a 的值，故都为 4。

【知识小结】

(1) 在格式控制字符串中，格式说明与输出项从左到右在类型上必须一一对应匹配。

(2) 在格式控制字符串中，格式说明与输出项的个数也要相等，如果两者不等，则会出现输出列表数据遗漏和格式说明符无效等情况。

(3) 在格式控制字符串中，除了合法的格式说明外，还可以包含任意的合法字符，这些字符在输出时将被"原样输出"。

(4) 如果要输出"%"，则应该在格式控制串中用两个连续的百分号"%%"来表示。

(5) 除了 X、E、G 外，其他格式字符必须用小写字母，如%d 不能写成%D。

(6) 使用 printf()函数时输出顺序是从左到右，但是输出列表中各输出项的求值顺序，不同的编译器不一定相同，有的从左到右，也有的从右到左。Visual C++是按从右到左进行的。

3.2.2 格式输入函数 scanf()

【任务提出】

任务 3.3：从键盘上输入一个矩形的长 a 和宽 b 的值，计算并输出矩形面积 s。

【任务分析】

本任务首先应定义三个变量用于存储矩形的长、宽和面积的值，然后利用 scanf() 函数将键盘上输入的数据存入到指定的变量中，再通过公式 $s=a \times b$ 计算矩形的面积并输出。因此，如何调用 scanf() 函数接收键盘的数据输入是实现任务的关键所在。

【任务实现】

参考代码如下：

```
1    #include <stdio.h>
2    int main()
3    {
4        float a,b,s;
5        scanf("%f%f",&a,&b);
6        s=a*b;
7        printf("s=%.2f\n",s);
8        return 0;
9    }
```

程序运行结果如图 3.20 所示。

图 3.20　任务 3.3 程序运行结果

程序分析：程序第 4 行定义三个变量 a、b 和 s；第 5 行用格式化输入函数 scanf() 将键盘上输入的长和宽的数值按指定格式传送到相应的变量 a 和 b 中去，其中，格式 %f 是指以实型数据形式输入，输入两个数据时可用空格或换行键进行分隔，&a 表示变量 a 的地址。第 6 行将 a*b 的值赋给 s；第 7 行 printf() 函数中 %.2f 指输出数值保留两位小数。

【知识讲解】

格式输入函数 scanf() 可以按用户指定的格式从标准输入设备（如键盘）上把数据输入到指定的变量中。

1. scanf() 函数的一般形式

scanf() 函数也是一个标准库函数，它的函数原型在头文件 stdio.h 中。与 printf() 函数相同，C 语言也允许在使用 scanf() 函数之前不必包含 stdio.h 文件。scanf() 函数的一般形式如下：

scanf("格式控制字符串",输入地址表列);

其中格式控制字符串的含义与 printf() 函数相同,只是将屏幕输出的内容转换为键盘输入的内容。例如,普通字符在输出数据时是按原样显示在屏幕上,而在输入数据时,必须按格式由键盘输入。地址表列就是由若干个地址组成的表列,可以是变量的地址或字符串的首地址。其中变量的地址可以由地址运算符"&"接变量名表示,例如,&a 和 &b 分别表示变量 a 和变量 b 的地址。

2. 格式说明字符串

scanf() 函数中的格式说明字符串和 printf() 函数中的格式说明相似,是以 % 号开始,以一个格式字符结束,中间可以插入附加的修饰符。其一般形式如下:

%[*][输入数据宽度][长度]格式符

其中有方括号[]的项为任选项。

(1) 格式符

表示输入数据的类型,其格式符和意义见表 3.3。

表 3.3 输入格式符和意义

格式符	字 符 意 义
d	输入十进制整数
o	输入八进制整数
x	输入十六进制整数
u	输入无符号十进制整数
f 或 e	输入实型数(用小数形式或指数形式)
c	输入单个字符
s	输入字符串,将字符串送到一个字符数组中,在输入时以非空白字符开始,以第一个空白符结束。

(2) 附加的修饰符

在格式控制字符串中可以选择性地使用附加的修饰符来达到输入格式控制的目的,其修饰字符对应的意义见表 3.4。

表 3.4 修饰字符和意义

修饰字符	字 符 意 义
l	表示输入长整型数据(如 %ld) 和双精度浮点数(如 %lf)
h	表示输入短整型数据(如 %hd、%ho、%hx)
域宽	指定输入数据所占宽度(列数),域宽应为正整数
*	表示本输入现在读入后不赋给相应的变量

例 3.6 空格键、Tab 键或回车键作为数据输入分隔符的应用。

参考代码如下:

```
1   #include <stdio.h>
2   int main()
3   {
4       int a,b,c;
5       printf("input character a,b,c\n");
6       scanf("%d%d%d",&a,&b,&c);
```

```
7    printf("a=%d,b=%d,c=%d\n",a,b,c);
8    return 0;
9  }
```

程序运行结果如图 3.21 所示。

```
input character a,b,c
12 345 6789
a=12,b=345,c=6789
Press any key to continue
```

图 3.21 例 3.6 程序运行结果

程序分析：由于 scanf()函数本身不能显示提示信息,故第 5 行先用 printf()语句在屏幕上输出提示信息,当执行到第 6 行调用 scanf()函数时,则等待用户输入数据。用户输入 12□345□6789 后按下回车键,此时,系统将在屏幕上显示第 7 行的输出结果。在 scanf()语句的格式串中由于没有非格式字符在"%d%d%d"之间作输入数据时的分隔符,所以此时要用一个以上的空格(用"□"表示)或回车键作为两个输入数据间的间隔。

例 3.7　普通字符作为数据输入分隔符的应用。

参考代码如下:

```
1  #include<stdio.h>
2  int main()
3  {
4    int a,b,c;
5    printf("input character a,b,c\n");
6    scanf("%d,%d,%d",&a,&b,&c);
7    printf("a=%d,b=%d,c=%d\n",a,b,c);
8    return 0;
9  }
```

程序运行结果如图 3.22 所示。

```
input character a,b,c
12,345,6789
a=12,b=345,c=6789
Press any key to continue
```

图 3.22 例 3.7 程序运行结果

程序分析：此例相比上例,第 6 行 scanf()函数中的输入格式控制字符串"%d,%d,%d"除了格式说明符外还有其他字符",",所以输入数据时应输入与这些字符相同的字符,即此例中应输入"12,345,6789",如 scanf("%d:%d:%d",&a,&b,&c)语句想达到同样的赋值效果,则对应的输入应为"12:345:6789"。

例 3.8　修饰符的应用。

参考代码如下:

```
1  #include<stdio.h>
2  int main()
3  {
4    int a,b;
5    printf("input character a,b\n");
6    scanf("%2d%*3d%4d",&a,&b);
```

```
7    printf("a = %d,b = %d\n",a,b);
8    return 0;
9  }
```

程序运行结果如图 3.23 所示。

```
input character a,b
123456789
a=12,b=6789
Press any key to continue
```

图 3.23 例 3.8 程序运行结果

程序分析:第 6 行 scanf()函数中的格式控制字符串"%2d%*3d%4d"添加了修饰符,其中"%2d"代表读入两位数据赋给 a,"%*3d"表示读入 3 位整数但不赋给任何变量,相当于这 3 位数据被抑制掉了,故"*"也称抑制符,"%4d"表示在这之后再读入 4 位数据赋给 b。故输出结果为 a=12,b=6789,其中 345 被跳过。在利用现成的一批数据时,有时不需要其中某些数据,可用此法"跳过"它们。当用域宽来限制输入时,数据之间不需要用空格等分隔符。

例 3.9 字符数据输入的应用。

参考代码如下:

```
1  #include <stdio.h>
2  int main()
3  {
4      int a;
5      char b;
6      float c;
7      printf("input character a,b,c\n");
8      scanf("%d%c%f",&a,&b,&c);
9      printf("a = %d,b = %c,c = %f\n",a,b,c);
10     return 0;
11 }
```

程序运行结果如图 3.24 所示。

```
input character a,b,c
12Y345.6789
a=12,b=Y,c=345.678894
Press any key to continue
```

图 3.24 例 3.9 程序运行结果

程序分析:此例在数据输入时,第一个数据对应%d 格式,在输入 12 之后遇到字母 Y,就会认为数值 12 后已没有数字,第一个数据输入至此结束,故把 12 送给变量 a。字符 Y 送给变量 b,由于%c 只要求输入一个字符,因此输入字符 a 之后不需要加空格,后面的数值应送给变量 c。尤其要注意的是字符数据输入时,若格式控制串中无非格式字符,则认为所有输入的字符均为有效字符。如在 scanf("%c%c",&a,&b)语句中,输入为 x□y 时,则把 x 赋给 a,"□"赋给 b,而不是将 y 赋给 b。

【知识小结】

(1) scanf()函数中的输入地址列表只能是地址表达式,而不能是变量名或其他内容,也就是说输入地址列表处必须是某个存储单元的地址。

（2）如果在"格式控制字符串"中除了格式说明以外还有其他字符，则在输入数据时应输入与这些字符相同的字符。

（3）在用"%c"格式输入字符时，空格字符和转义字符都作为有效字符输入。

（4）在输入数据时，遇到以下情况可认为数据输入结束。

① 遇到空格，或按回车键或 Tab 键。

② 按指定的宽度结束，如"%3d"只取 3 列。

③ 遇到非法输入。如对"%d"输入 12a 时，其中"a"即为非法数据，故遇到"a"就认为该数据输入结束。

（5）scanf()函数中没有精度控制，如 scanf("%6.2f",&a)语句是非法的，也就是说不能企图用此语句来指定输入实数的小数位数。

（6）在输入数据时，若实际输入的数据少于输入项个数，该函数会等待输入，直到满足条件或遇到非法字符才结束；若实际输入数据多于输入项个数，多余的数据将留在缓冲区备用，作为下一次输入操作的数据。

3.2.3 单个字符输入函数 getchar()和输出函数 putchar()

【任务提出】

任务 3.4：从键盘上输入一个大写字母，要求以小写字母输出。

【任务分析】

本任务中大小写字母之间的转换可以通过 ASCII 码值之间的换算实现，它们之间的码值相差 32。解题思路是：首先要用预编译命令 #include 将字符输入和输出函数所在的头文件 stdio.h 包括到源文件中去，随后定义两个字符型变量 c1、c2 准备用来存放大小写字母，再利用单个字符输入函数 getchar()输入一个大写字母赋给 c1，将其加 32 后的值赋给 c2，再利用字符输出函数 putchar()输出 c2。

【任务实现】

参考代码如下：

```
1   #include <stdio.h>
2   int main()
3   {
4      char c1,c2;
5      c1 = getchar();
6      c2 = c1 + 32;
7      putchar(c2);      //输出字符变量 c2 的值
8      putchar('\n');
9      return 0;
10  }
```

程序运行结果如图 3.25 所示。

```
A
a
Press any key to continue
```

图 3.25　任务 3.4 程序运行结果

程序分析：程序第 4 行定义两个字符型变量 c1 和 c2；第 5 行调用 getchar()函数接收键盘输入一个字符并将其赋给变量 c1，如键盘输入字符'A'，即 c1 = 'A'；第 6 行将变量 c1 加上 32 后赋给变量 c2，因为字符型变量是用其 ASCII 码值参与运算，所以 c2 的 ASCII 码值为 97；第 7 行调用 putchar()函数输出字符变量 c2 的值时，即输出 ASCII 码值为 97 所对应字符，通过查询 ASCII 码对照表可知其为小写字母'a'，从而实现了大写字母到小写字母的转换。

【知识讲解】

1. 单个字符输入函数

单个字符输入函数 getchar()的功能是从标准输入设备(一般为键盘)上输入一个可打印字符，函数的值就是从输入设备得到的字符。其一般形式如下：

getchar();

可以看出，getchar()函数没有参数，另外要注意的是，getchar()函数只能接收一个字符。getchar()函数得到的字符可以赋给一个字符变量或整型变量，也可以不赋给任何变量，作为表达式的一部分，或独立作为一条语句来使用。

例如：

```
c1 = getchar();              //赋值给一个变量
printf("%c",getchar());      //作为表达式的一部分
getchar();                   //作为一条独立语句
```

2. 单个字符输出函数

单个字符输出函数 putchar()的功能是向标准输出设备(一般为显示器)输出单个字符。其一般形式如下：

putchar(表达式);

其中表达式可以是字符型或整型表达式。
例如：

```
char ch = 'A';
putchar('A');          //输出大写字母 A
putchar(ch);           //输出字符变量 ch 所表示的字符，即 A
putchar(ch + 1);       //输出大写字母 B
putchar(65);           //输出大写字母 A,A 的 ASCII 码为 65
putchar('\n');         //换行，对控制字符则执行控制功能，不在屏幕上显示
```

【知识拓展】

拓展任务 3.3：输入一个小写字母，求出该字母的前驱字母。例如 a 字符的前驱是 z。

任务分析：求一个字母的前驱后继字母并不是简单地减 1 操作就能实现。可以以 z 为参考点，先求出输入的字符 ch(假设为 a)与 z 之间的字符偏移数 n = 'z' − 'a' = 25，再根据算式 (n+1)%26 算出前驱字母相对 z 的偏移数，(25+1)%26 = 0 则是字母 a 的前驱字母相对于 z

的偏移数,即 a 的前驱字母为 z。

参考代码如下：

```
1  #include <stdio.h>
2  int main()
3  {
4      char ch;
5      ch = getchar();
6      putchar('z' - ('z' - ch + 1) % 26);
7      putchar('\n');
8      return 0;
9  }
```

程序运行结果如图 3.26 所示。

图 3.26　拓展任务 3.3 程序运行结果

【知识小结】

（1）使用单个字符输入/输出函数前必须用预编译命令 #include 将头文件 stdio.h 包含到源文件中去。

（2）getchar()函数只能接收单个字符,输入数字也按字符处理。输入多于一个字符时,只接收第一个字符。

（3）getchar()函数的括号内无参数。

（4）putchar()函数的作用是向终端输出一个字符。例如"putchar(a);",其中 a 为变量,可以是字符型也可以是整型。若为字符型变量,则调用该函数的功能是输出字符型变量 a 所表示的字符；若为整型变量,则输出的是 ASCII 码值为该整型变量的值所对应的字符。

3.3　顺序结构程序设计举例

顺序结构是程序设计的最简单结构,其程序的执行也是按照从上到下的顺序进行的。本节主要以应用实例来说明顺序结构程序设计方法及构成程序代码的语句的相关知识。

本节学习目标：
- 理解顺序结构程序设计的思想。
- 掌握顺序结构程序设计的方法。

【任务提出】

任务 3.5：编写一个实现简单译码的程序,实现对 5 个输入数据的译码工作。译码的规律是：用原来的数字加上一个数值(密钥),密钥在译码时确定,即译码时临时输入密钥的数值。

【任务分析】

本任务中要编写的译码程序实际上就是将输入的每个数字加上某个数(密钥)后再输出。

解题思路是：定义 5 个整型变量分别用来存储 5 个输入数据，将此变量加上密钥后再赋值给变量本身，最后顺序输出变量的值。

【任务实现】

参考代码如下：

```
1   #include <stdio.h>
2   int main()
3   {
4       int m,a,b,c,d,e;
5       printf("请输入密钥:\n");                        //提示说明语句
6       scanf("%d",&m);                                 //输入密钥
7       printf("请输入源码：\n");
8       scanf("%d%d%d%d%d",&a,&b,&c,&d,&e);             //源码数据输入
9       a+=m;                                           //译码运算
10      b+=m;                                           //译码运算
11      c+=m;                                           //译码运算
12      d+=m;                                           //译码运算
13      e+=m;                                           //译码运算
14      printf("译码是：\n%d %d %d %d %d\n",a,b,c,d,e); //输出译码结果
15      return 0;
16  }
```

程序运行结果如图 3.27 所示。

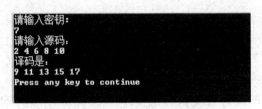

图 3.27　任务 3.5 程序运行结果

程序分析：每行代码的作用已用行注释进行了说明，当输入密钥为 7 源码为 2、4、6、8、10 时，译码后的结果应为 2+7、4+7、6+7、8+7、10+7，通过第 9～13 行代码顺序执行来求译码后的值，并通过第 14 行代码 printf() 语句来输出译码后的结果，即 9、11、13、15、17。运行结果正确，故完成了译码任务。

【知识讲解】

顺序结构程序设计，就是将语句按照正确的逻辑规则由上而下逐条编写。在顺序结构程序设计中，用得较多的语句有函数调用语句（如调用输入、输出函数的语句）和表达式语句。

例 3.10　输入三角形的三边长，求三角形面积。

（为简单起见，事先规定输入的三边长 a、b、c 能构成三角形。从数学知识已知三角形的面积公式为：$area\sqrt{s(s-a)(s-b)(s-c)}$，其中 $s=(a+b+c)/2$。）

参考代码如下：

```
1   #include <stdio.h>
2   #include <math.h>
```

```
 3    main()
 4    {
 5        float a,b,c,s;
 6        double area;
 7        scanf("%f%f%f",&a,&b,&c);
 8        s = 1.0/2*(a+b+c);
 9        area = sqrt(s*(s-a)*(s-b)*(s-c));
10        printf("a=%-7.2f,b=%-7.2f,c=%-7.2f,s=%-7.2f\n",a,b,c,s);
11        printf("area=%-7.2f\n",area);
12    }
```

程序运行结果如图 3.28 所示。

```
3. 4. 5.
a=3.00    ,b=4.00    ,c=5.00    ,s=6.00
area=6.00
Press any key to continue
```

图 3.28 例 3.10 程序运行结果

程序分析：程序中第 9 行中 sqrt() 是求平方根的函数。这个函数包含在数学函数库中，故必须在程序的开头加一条 #include 命令，把头文件 math.h 包含到程序中来。其他的语句按照出现的先后顺序依次执行。

所谓顺序结构的程序，即是当程序中有语句 A 和语句 B，由语句 A 与语句 B 构成的顺序结构可能是：

语句 A；语句 B；

也可能是：

语句 B；语句 A；

其中，第 1 种结构表明语句 A 先执行完后，再执行语句 B；第 2 种结构表示语句 B 先执行完后，再执行语句 A。有时，语句 A 与语句 B 执行的先后顺序也不会对程序结果产生影响，但这样的情况很少。通常先执行的语句会改变某些变量结果，而后执行的语句则会利用这个已经改变的结果。例如：

x = 2;   语句 A
y = x + 5; 语句 B
y = y + 10;语句 C

在语句 A 执行时，x 的值变为了 2。语句 B 执行时，利用了 x 的值 2，因此，y 的值为 7；在语句 C 执行时，利用了 y 的值，这个值在执行语句 B 时，已经变为 7，因此，语句 C 执行完后，y 变为了 17。

再来看以下程序段。

x = 2;   语句 A
y = 4;   语句 B
z = 8;   语句 C

以上语句 A、B、C 之间不存在必然的因果关系，那么这三个语句顺序随意摆放都可以。例如：

```
y = 4; x = 2; z = 8;
```

或

```
z = 8; y = 4; x = 2;
```

如果把语句 A、B、C 分别换成程序段 A、程序段 B 和程序段 C,先执行完程序段 A 后再执行程序段 B,程序段 A 与程序段 B 是顺序结构。同样,如果把程序段 A 与程序段 B 看成一段程序(程序段 A1),如果先执行完程序段 A1 再执行程序段 C,则程序段 A1 与程序段 C 也是顺序结构。

一个无论多大的程序,无论其语句之间的流程多么复杂,从时间的角度考虑,一定都是顺序执行的结构。

【知识小结】

(1) C 程序中的语句,按照它们在程序中出现的顺序依次执行,由这样的语句构成的程序结构称为顺序结构。

(2) 顺序程序设计的步骤可以归纳如下。

- 用预处理命令包含文件或进行宏定义(不是必需的,根据具体情况而定)。
- 定义变量(分配内存空间)。
- 为变量赋初值(可以用赋值语句或输入函数)。
- 数据处理(例如计算)。
- 输出结果(用输出函数)。

本 章 总 结

本章首先重点介绍了结构化程序设计的三种基本结构、算法的表示方法及 C 语句的分类,接着详细介绍了输入/输出函数的使用方法,最后对顺序结构的设计方法进行了总结归纳。

习 题 3

1. 选择题

(1) printf()函数中用到格式符%5s,其中数字 5 表示输出的字符串占用 5 列,如果字符串长度大于 5,则输出按方式(   )。

  A. 从左起输出该字符串,右补空格 B. 按原字符长从左向右全部输出

  C. 右对齐输出该字串,左补空格 D. 输出错误信息

(2) 若 x,y 均定义成 int 型,z 定义为 double 型,以下不合法的 scanf()函数调用语句是(   )。

  A. scanf("%d %x,%le",&x,&y,&z); B. scanf("%2d * %d,%lf",&x,&y,&z);

  C. scanf("%x %*d %o",&x,&y); D. scanf("%x %o%6.2f",&x,&y,&z);

(3) 以下程序的输出结果是(   )。

```
main()
{ int k = 17;
```

```
        printf("%d,%o,%x\n",k,k,k);
}
```

    A. 17,021,0x11   B. 17,17,17

    C. 17,0x11,021   D. 17,21,11

(4) 下列程序的运行结果是(　　)。

```
#include <stdio.h>
main()
{ int a=2,c=5;
  printf("a=%d,b=%d\n",a,c);
}
```

    A. a=%2,b=%5   B. a=2,b=5

    C. a=d,b=d   D. a=2,c=5

(5) 语句 printf("a\bre\'hi\'y\\\bou\n"); 的输出结果是(　　)。(说明：'\b'是退格符)

    A. a\bre\'hi\'y\\\bou   B. a\bre\'hi\'y\bou

    C. re'hi'you   D. abre'hi'y\bou

(6) x、y、z 被定义为 int 型变量,若从键盘给 x、y、z 输入数据,正确的输入语句是(　　)。

    A. input x、y、z;   B. scanf("%d%d%d",&x,&y,&z);

    C. scanf("%d%d%d",x,y,z);   D. read("%d%d%d",&x,&y,&z);

(7) 以下程序的输出结果是(　　)。

```
main()
{
 int n;
 (n=6*4,n+6),n*2;
 printf("n=%d\n",n);
}
```

    A. 24   B. 12   C. 26   D. 20

(8) 以下程序的输出结果是(　　)。

```
main()
{
  int x=2,y,z;
  x*=3+1;
  printf("%d,",x++);
  x+=y=z=5;
  printf("%d,",x);
  x=y=z;
  printf("%d\n",x);
}
```

    A. 8,14,1   B. 8,14,5   C. 8,13,5   D. 9,14,5

(9) 下面程序的输出结果是(　　)。

```
main()
{
  int x, y, z;
```

```
x = 0;y = z = -1;
x += -z --- y;{(-z--) - y}
printf("x = %d\n",x);
}
```

  A. x=4   B. x=0   C. x=2   D. x=3

(10) 设 x 为 int 型变量,则执行语句"x=10;x+=x-=x-x;"后,x 的值为( )。

  A. 10   B. 20   C. 40   D. 30

(11) 在下列叙述中,错误的一条是( )。

  A. printf()函数可以向终端输出若干个任意类型的数据

  B. putchar()函数只能向终端输出字符,而且只能是一个字符

  C. getchar()函数只能用来输入字符,但字符的个数不限

  D. scanf()函数可以用来输入任何类型的多个数据

(12) 以下程序的输出结果为( )。

```
main()
{
 char c1 = 'a',c2 = 'b',c3 = 'c';
 printf("a%cb%c\tc%c\n",c1,c2,c3);
}
```

  A. abc abc abc   B. aabb cc

  C. a b c   D. aaaa bb

(13) 若输入 12345 和 abc,以下程序的输出结果是( )。

```
main()
{
 int a;
 char ch;
 scanf("%3d%3c",&a,&ch);
 printf("%d, %c",a, ch);
}
```

  A. 123,abc B. 123,4 C. 123,a D. 12345,abc

(14) 设 a=12、b=12345,执行语句 printf("%4d,%4d",a,b)的输出结果为( )。

  A. 12,123 B. 12,12345 C. 12,1234 D. 12,123456

(15) 以下程序的输出结果是( )。

```
main()
{
 int a = 2, c = 5;
 printf("a= %%d, b= %%d\n", a, c);
}
```

  A. a=%2, b=%5   B. a=%2, c=%5

  C. a=%%d, b=%%d D. a=%d, b=%d

(16) 请读程序:

```
main()
{
```

```
int a;
float b, c;
scanf("%2d%3f%4f",&a,&b,&c);
printf("\na = %d, b = %f, c = %f\n", a, b, c);
}
```

若运行时从键盘上输入 9876543210<CR>(<CR>表示回车),则上面程序的输出结果是(   )。

  A. a＝98,b＝765,c＝4321

  B. a＝10,b＝432,c＝8765

  C. a＝98,b＝765.000000,c＝4321.000000

  D. a＝98,b＝765.0,c＝4321.0

(17) 下列可作为 C 语言赋值语句的是(   )。

  A. x＝3,y＝5; B. a＝b＝6 C. i――; D. y＝int(x);

(18) 设 i 是 int 型变量,f 是 float 型变量,用下面的语句给这两个变量输入值。

```
scanf("i = %d, f = %f", &i, &f);
```

为了把 100 和 765.12 分别赋给 i 和 f,则正确的输入为(   )。

  A. 100<空格>765.12<回车> B. 100,765.12<回车>

  C. 100<回车>765.12<回车> D. x＝100<回车>y＝765.12<回车>

2. 填空题

(1) 下面程序的运行结果是_____。

```
main()
{
 short i;
 i = -4;
 printf("\ni: dec = %d, oct = %o, hex = %x, unsigned = %u\n", i, i, i, i);
}
```

(2) 若想通过以下输入语句使 a＝5.0,b＝4,c＝3,则输入数据的形式应该是_____。

```
int b,c; float a;
scanf("%f,%d,c = %d",&a,&b,&c);
```

(3) 下列程序的输出结果是_____。

```
main()
{ int a = 9, b = 2;
  float x = 6.6, y = 1.1, z;
  z = a/2 + b*x/y + 1/2;(1/2 = 0,a/2 = 4)
  printf("%5.2f\n", z );
}
```

(4) 在 printf 格式字符中,只能输出一个字符的格式字符是_____;用于输出字符串的格式字符是_____;以小数形式输出实数的格式字符是_____;以标准指数形式输出实数的格式字符是_____。

3. 程序设计题

(1) 编写程序,已知苹果每斤 6.5 元,香蕉每斤 3.8 元,梨每斤 2.6 元,要求输入各种水果的重量,输出应付的金额,再输入顾客所付的金额,输出应找顾客的金额。

(2) 编写程序,输入 x 和 y,交换它们的值,并输出交换后的数值。

(3) 用字符输入/输出函数输入三个字符,将它们反向输出。

(4) 输入一个华氏温度,要求输出摄氏温度。公式为

$$c = \frac{5}{5}(F - 32)$$

输出要有文字说明,取 2 位小数。

第 4 章

选择结构程序设计

计算机在执行程序时,一般是按照程序中语句出现的顺序逐句执行的,但有些复杂问题常常需要按照给定的条件进行分析、比较和判断,并根据判断的结果决定执行不同的语句。例如,登录某一系统时需要判断用户输入的账号和密码来决定是否显示主界面,计算一年总的天数时需要判断是否是闰年等。对于这类需改变语句执行顺序的问题,在 C 语言中可由选择结构程序设计来实现。选择结构是结构化程序设计的三种基本结构之一,也称为分支结构,主要有 if 语句(一般用关系表达式或逻辑表达式构成判定条件)和 switch 语句,是大多数程序中都包含的一种结构。在本章中主要掌握以下内容。

学习目标	(1) 理解选择结构的含义。 (2) 掌握 if 的使用方法,并能运用 if 语句进行选择结构程序设计。 (3) 掌握 if 嵌套程序设计方法。 (4) 掌握使用 switch 语句进行多分支选择结构程序设计。

4.1 if 语 句

if 语句又叫条件语句,根据判定所给定的条件的结果(真或假)决定是否执行给出的操作,是选择结构程序设计中最常用的一种语句。有单分支 if 语句、双分支 if 语句和多分支 if 语句三种形式。

本节学习目标:

- 掌握 if 语句的格式。
- 掌握单分支 if 语句。
- 掌握双分支和多分支 if 语句。
- 掌握 if 语句的嵌套。

4.1.1 单分支 if 语句

【任务提出】

任务 4.1:判断一学生的成绩是否及格,如果不及格就输出"不及格"信息,否则不作任何处理。

【任务分析】

在本任务中,首先需定义一个变量,并从键盘输入变量的值,然后判断变量值是否小于

60 分,如果小于 60 分就输出"不及格"。即输出"不及格"这条语句,只有满足变量的值小于 60 分这个条件才执行。任务实现步骤可概括如下。

(1) 定义变量 x。

(2) 输入一个整数存储到 x 中。

(3) 如果 x<60,就输出"不及格"。

【任务实现】

参考代码如下:

```
1  #include <stdio.h>
2  int main()
3  {
4      int x;                          //定义变量 x
5      printf("please input score:");  //输出提示语句
6      scanf("%d", &x);                //从键盘输入变量 x 的值
7      //如果 x 小于 60,即条件成立,就执行 printf 语句
8      if (x < 60)
9          printf("不及格\n");          //输出"不及格"
10     return 0;
11 }
```

程序运行结果如图 4.1 所示。

```
please input score:55
不及格
Press any key to continue
```

图 4.1　任务 4.1 程序运行结果

【知识讲解】

通过实现上述任务可知,在程序执行过程中需进行逻辑判断处理,虽然前面章节所介绍的条件表达式在某种程度上可以起到逻辑判断的作用,但是有些条件很烦琐或需执行多个语句时,表达不清晰也不易理解。对于像这类需对某个条件进行判断而决定是否执行某个语句的,在 C 语言中可使用单分支 if 语句实现。其格式如下:

if(表达式)
　　语句 1;

该语句的执行过程是:先计算表达式的值,若表达式的值为真(非 0),即条件成立,则执行语句 1;否则就跳过语句 1 向下执行。其流程图如图 4.2 所示。

据此,在本任务中可将"x<60"作为条件表达式,"printf("不及格\n")"作为语句 1,其实现过程如下:

if(x<60)
　　printf("不及格");

其流程图如图 4.3 所示。

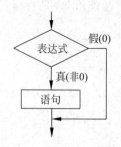
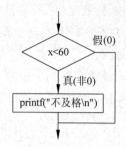

图 4.2　单分支 if 流程图　　　　　图 4.3　成绩判断流程图

提示：

(1) if 后的条件表达式需写在英文输入法下的括号"()"里。

(2) 表达式的值为真,可以是 true,也可以是非 0 数值;表达式的值为假,可以是 false,也可以是为 0 的数值。

【知识拓展】

拓展任务 4.1：从键盘输入一个整数,如果数值不为 0~100,就输出"数据不合法"。

任务分析：和任务 4.1 相比较,条件表达式需同时满足两个条件,既要大于等于 0 又要小于等于 100,读者根据已有经验,程序可能会如下编写。

```
1   #include<stdio.h>
2   int main()
3   {
4       int x;
5       printf("please input x:");
6       scanf("%d", &x);
7       if(0=<x<=100)              //应改为 if(x>=0 && x<=100)
8          printf("%d\n", x);
9       return 0;
10  }
```

上述程序是不能通过编译的,因为当在 C 语言的 if 语句条件表达式中出现多个条件时,可使用逻辑运算符进行连接,第 7 行代码应改为 if(x>=0 && x<=100)。

拓展任务 4.2：从键盘输入两个整数至 x 和 y 中,并按照大小顺序排序,即大数保存在 x 中,小数保存在 y 中。

任务分析：如果输入的整数 x 比 y 要小,需将两个数值进行交换,根据条件程序可能会如下编写。

```
1   #include<stdio.h>
2   int main()
3   {
4       int x,y,t=0;
5       printf("please input x and y:");
6       scanf("%d,%d", &x,&y);
7       if (x<y)
8          t=x;
```

```
9       x = y;
10      y = t;
11      printf("x = % d,y = % d\n",x,y);
12      return 0;
13 }
```

程序运行后,当输入 x 的值为 5,y 的值为 3 时,程序的运行结果为"x=3,y=0",这和原题不相符。这是因为当 x＜y 不成立时,仅跳过第 8 行语句不执行,第 9、10 行语句不管条件是否成立都会执行。像这类如果条件成立时要执行多个语句情况,需使用大括号括起来的复合语句,因此应将第 8、9、10 行改为复合语句,即改为"{t = x;x = y;y = t;}"。

【知识小结】

(1) if 后的表达式一般为逻辑表达式或关系表达式,但可以是能够判断出真假的其他类型表达式,例如:

```
int a,b,x,y;
if(a == b && x == y)
if(3)
if('a')
if(x)           //等价于 if(x!= 0)
if(!x)          //等价于 if(x == 0)
if(x = 7)       //先执行 m = 7,再判断 m 是否为真(条件判断表达式始终为真)
if(x == 7)      //判断 m 和 7 是否相等
```

(2) 执行语句为一个语句时可省略大括号,但是多个语句时需使用大括号的复合语句。

(3) 当条件表达式为多个条件组合时,可以使用逻辑运算符连接,但不能使用多个关系运算符直接连接。

4.1.2 双分支 if 语句

【任务提出】

任务 4.2:从键盘输入一个年份值,如果是闰年就输出"闰年",否则就输出"平年"。

【任务分析】

通常判断某年为闰年有以下两种情况。

(1) 该年的年号能被 4 整除但不能被 100 整除。

(2) 该年的年号能被 400 整除。

假设在程序中用整型变量 year 存储该年的年号,上述条件可以表示如下。

(1) (year%4==0 && year%100!=0)

(2) year%400==0

根据实际情况我们知道,只要满足上述两种情况中的任何一种都是闰年,因此最终用来判定某年是否为闰年的条件表达式如下:

(year % 4 == 0 && year % 100!= 0) || (year % 400 == 0)

任务实现步骤可概括如下。

(1) 定义变量 year。

(2) 输入一个整数存储到 year 中。

(3) 如果判断闰年条件表达式为真就执行：printf("闰年")，否则就执行：printf("平年")。

【任务实现】

参考代码如下：

```
1   #include <stdio.h>
2   int main()
3   {
4       int year;                        //定义变量
5       printf("please input year:");    //输出提示语句
6       scanf("%d", &year);
7       if ((year%4==0 && year%100!=0) || (year%400==0))
8           printf("闰年\n");
9       else
10          printf("平年\n");
11      return 0;
12  }
```

程序运行结果如图 4.4 所示。

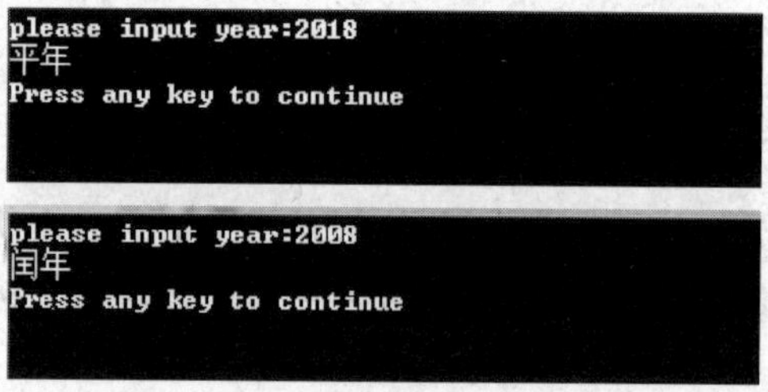

图 4.4 任务 4.2 程序运行结果

【知识讲解】

通过实现上述任务可知，和任务 4.1 相比较不同之处在于，如果条件表达式的值为假应执行另一个语句。对于像这类对某个条件表达式进行计算，如果值为真就执行一个语句，否则就执行另一语句的情况，在 C 语言中可使用双分支 if 语句实现。双分支 if 语句格式如下：

```
if(表达式)
    语句 1;
else
    语句 2;
```

其流程图如图 4.5 所示，执行过程是先计算表达式的值，如果结果为真即条件成立就执行语句 1，否则就执行语句 2。

据此，上述问题第三步执行流程如图 4.6 所示，代码如下：

```
if ((year%4==0 && year%100!=0) || (year%400==0))
    printf("闰年\n");
else
    printf("平年\n");
```

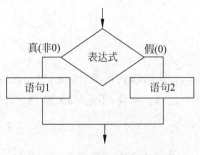
图 4.5 双分支 if 语句流程图

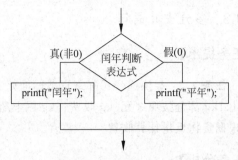
图 4.6 判断闰年流程图

【知识拓展】

拓展任务 4.3：输入一个分数，判断是否及格，如果及格就输出"及格"，并将及格人数加 1，否则就输出"不及格"，且将不及格人数加 1。

任务分析：和任务 4.2 相比较，不同之处在于当条件值为真或假时，需执行多条语句，像这类同时要执行多条语句的应使用复合语句。

参考代码如下：

```
1   #include <stdio.h>
2   int main()
3   {
4       int c1 = 0,c2 = 0;          //c1 为及格人数,c2 为不及格人数
5       float f;                    //变量 f 用来存储分数
6       printf("please input f:");  //输入分数值
7       scanf("%f", &f);
8       if (f >= 60)                //判断分数是否大于或等于 60
9       {
10          c1 = c1 + 1;            //及格人数增加 1
11          printf("及格\n");        //输出"及格"
12      }
13      else
14      {
15          c2 = c2 + 1;            //不及格人数增加 1
16          printf("不及格\n");      //输出"不及格"
17      }
18      printf("及格人数:%d,不及格人数:%d\n",c1,c2);
19      return 0;
20  }
```

【知识小结】

(1) if 和 else 同属于一个 if 语句，else 不能单独使用，它只是 if 语句的一部分，因此程序中不可以没有 if 而只有 else。

(2) if-else 语句在执行时，只能执行与 if 有关的语句或者执行与 else 有关的语句，而不可能同时执行两者。

(3) 在 if 和 else 语句后面，可以是单条语句，也可以是复合语句，是单条语句时，注意不要忘记写分号";"；是复合语句时，要注意"{}"的后面不能加";"。

4.1.3 多分支 if 语句

【任务提出】

任务 4.3：某快递公司邮寄资费标准如下：货物 1kg(含 1kg)以内收费 10 元；5kg 以内的超出 1kg 部分按照 3 元/kg 收费；5kg 以上超出部分按照 2 元/kg 收费；不足 1kg 按 1kg 计算。请根据货物重量计算收费。

【任务分析】

现假设货物重量存储在变量 x 中，应付邮费存储在变量 sum 中，如果 x≤1，收费为 10 元；如果 x>1 && x≤5，收费为 10+(x-1)*3.0；如果 x>5，收费为 10+4*3+(x-5)*2.0。解题步骤可概括如下。

(1) 定义变量 x。
(2) 输入一个数存储到 x 中。
(3) 如果 x≤1，就执行 sum=10.0。
(4) 如果 x>1 && x≤5，就执行 sum=10+(x-1)*3.0。
(5) 如果 x>5，就执行 sum=10+4*3+(x-5)*2.0。
(6) 否则就执行 sum=0.0。

【任务实现】

参考代码如下：

```
1   #include <stdio.h>
2   int main()
3   {
4       float x = 0.0, sum = 0.0;            //x 为货物重量,sum 为应付邮费
5       printf("please input x:");           //输出提示语句
6       scanf("%f", &x);                     //输入货物重量
7       if (0 < x && x <= 1.0)               //如果货物重量小于 1kg,就收 10 元
8       {
9           sum = 10.0;
10      }
11      else if(x <= 5)                      //如果货物重量不超过 5kg
12      {
13          sum = 10 + (x - 1)*3.0;
14      }
15      else if(x > 5)                       //如果货物重量超过 5kg
16      {
17          sum = 10 + 4*3 + (x - 5)*2;
18      }
19      else //如果输入重量值不合法(如负数),就将邮费设置为 0
20      {
21          sum = 0;
22      }
23      printf("应付邮寄费为:%f\n",sum);
24      return 0;
25  }
```

程序运行结果如图 4.7 所示。

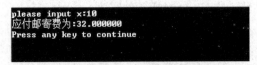

图 4.7 任务 4.3 程序运行结果

【知识讲解】

通过实现上述任务可知,和任务 4.2 相比较不同之处在于,根据不同的条件,选择不同的分支执行。对于像这类可能有多个分支的情况,在 C 语言中可使用多分支 if 语句实现。多分支 if 语句格式如下:

```
if(表达式 1)
    {语句组 1}
else if(表达式 2)
    {语句组 2}
else if(表达式 3)
    {语句组 3}
...
else if(表达式 n)
        {语句组 n}
else
        {语句组 n+1}
```

其流程图如图 4.8 所示,执行过程是先计算表达式 1 的值,如果结果为真(非 0 值),就执行语句组 1,执行完后接着执行 if 以后的语句;如条件 1 不成立,即表达式 1 的值为假(0)时,则判断表达式 2 的值,当表达式 2 为真时,就执行语句组 2,执行完后接着执行 if 以后的语句;如果表达式 2 的值为假(0),则继续判断表达式 3,……,判断表达式 n,如表达式 n 的值为真,就执行语句组 n,否则就执行语句组 $n+1$,执行完后接着执行 if 以后的语句。

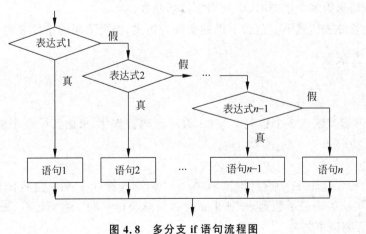

图 4.8 多分支 if 语句流程图

【知识拓展】

拓展任务 4.4:编写程序,根据输入的学生成绩输出相应的等级,0~60 分以下的为 E 等级,60~69 分的为 D 等级,70~79 分的为 C 等级,80~89 分为 B 等级,90~100 分为 A 等级,其余都为输入错误。

任务分析：假设输入分数存储在 x 变量中，根据任务分析，0~60 分判断条件应为 x>=0 && x<60，但读者往往将 60~69 分判断条件写为 x>=60。

参考代码如下：

```
1   #include <stdio.h>
2   int main()
3   {
4       int x;
5       printf("please input x:");
6       scanf("%d", &x);
7       if (x>=0 && x<60)
8           printf("E\n");
9       else if(x>=60)           //应改为 x>=60 && x<70
10          printf("D\n");
11      else if(x>=70)           //应改为 x>=70 && x<80
12          printf("C\n");
13      else if(x>=80)           //应改为 x>=80 && x<90
14          printf("B\n");
15      else if(x>=90)           //应改为 x>=90 && x<=100
16          printf("A\n");
17      else
18          printf("输入错误\n");
19      return 0;
20  }
```

上述代码运行时，若输入 85，程序输出结果为 D，这和正确结果 B 是不相符的。这是因为 x 等于 85 是大于 60 的，下面所有条件不会再判断，所以输出结果为 D，在多分支 if 语句应特别注意上面的条件表达式不能包含下面的条件表达式。

【知识小结】

（1）else 是 if 语句的子句，必须与 if 配对使用，不能单独使用。

（2）当执行语句为多个语句时，必须用"{ }"括起来。

（3）上面的条件表达式不能包含下面的条件表达式，否则下面的条件表达式得不到执行。

4.1.4　if 语句的嵌套

【任务提出】

任务 4.4：从键盘输入 3 个整数 x、y、z，编写 C 语言程序，求出其中最小值并输出。

【任务分析】

在本任务中可先让 x 和 y 进行比较，如果 $x<y$，则继续让 x 和 z 进行比较，如果 x 仍小于 z，则最小数为 x，否则最小数为 z；如果 $x>y$，则继续让 y 和 z 进行比较，如果 y 仍小于 z，则最小数为 y，否则最小数为 z。

【任务实现】

参考代码如下：

```
1   #include <stdio.h>
2   int main()
```

```
 3   {
 4       int x,y,z,min;
 5       printf("please input x,y,z:");
 6       scanf("%d,%d,%d",&x,&y,&z);
 7       if(x<y)
 8       {
 9           if(x<z)
10           {
11               min = x;
12           }
13           else
14           {
15               min = z;
16           }
17       }
18       else
19       {
20           if(y<z)
21           {
22               min = y;
23           }
24           else
25           {
26               min = z;
27           }
28       }
29       printf("min = %d\n",min);
30       return 0;
31   }
```

程序运行结果如图 4.9 所示。

图 4.9 任务 4.4 程序运行结果

【知识讲解】

通过实现上述任务分析可知,当条件成立或不成立时,还需继续判断其他条件选择是否执行某些语句块。对于像这类在使用 if 语句时其中的语句必须经过多个条件共同判定才能执行的情况,在 C 语言中可使用嵌套 if 语句实现。嵌套 if 语句格式如下:

```
if(表达式 1)
{
    if(表达式 2)
        { 语句组 1; }
    else
        {语句组 2; }
}
else
{
```

```
            if(表达式 3)
                {语句组 4; }
            else
                {语句组 5; }
}
```

其流程图如图 4.10 所示,执行过程是先计算表达式 1 的值,如果表达式 1 为真(非 0 值),再计算表达式 2 的值,若表达式 2 的值为真(非 0),就执行语句组 1,否则就执行语句组 2;如果表达表式 1 的值为假(0),就继续计算表达式 3 的值,若表达式 3 的值为真(非 0),就执行语句组 3,否则就执行语句组 4。

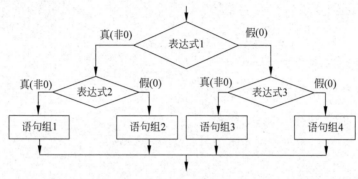

图 4.10 if 语句嵌套流程图

【知识拓展】

拓展任务 4.5:设计一程序,根据输入的身高和体重值计算体重指数,判断健康情况,体重指数 value=体重/(身高×身高)。(体重单位为 kg,身高单位为 m)

若 value<18,体重偏轻。

若 18≤value<25,体重正常。

若 25≤value<30,体重偏重。

若 value≥30,体重超重。

任务分析:若使用 if 嵌套语句,需选择第一个条件范围,综合本任务,可将 value≥18 作为第一个条件。

参考代码如下:

```
1   #include <stdio.h>
2   int main()
3   {
4       float weight,height;           //weight 代表体重,height 代表身高
5       float value;                   //value 代表体重指数
6       printf("请输入身高和体重:");
7       scanf("%f,%f",&weight,&height); //输入身高和体重
8       value = weight/(height*height);
9       if(value >= 18)                //判断体重指数是否大于或等于 18
10      {
11          if(value >= 25)            //体重指数大于或等于 25
12          {
13              if(value >= 30)
14                  printf("体重超重\n");
```

```
15          else                    //即体重指数大于或等于25,并且小于30
16              printf("体重偏重\n");
17      }
18      else                        //即体重指数大于或等于18,并且小于25
19      {
20          printf("体重正常\n");
21      }
22  }
23  else                            //体重指数小于18
24  {
25      printf("体重偏轻\n");
26  }
27  return 0;
28 }
```

【知识小结】

（1）嵌套 if 语句使用非常灵活，任何 if 语句都可以嵌套，嵌套和被嵌套语句都可以是任意一种形式的 if 语句。

（2）被嵌套的 if 语句本身又可以是一个嵌套的 if 语句，称为 if 语句的多重嵌套。

（3）在多种嵌套的 if 语句中，else 总是与离它最近并且没有配对的 if 配对。在编写程序时，为了能够清晰表示 if 和 else 之间的匹配关系，通常采用缩进格式的书写风格。

4.2　switch 语句

switch 语句又叫开关语句，是一种实现多分支选择结构的语句。比多分支 if 语句及 if 嵌套语句更加灵活，而且程序可读性更高。

本节学习目标：
- 掌握 switch 语句的格式。
- 掌握 switch 语句的用法。

【任务提出】

任务 4.5：设计一个程序，输入一个 1～7 的整数，并输出对应星期几，如输入 1，则输出"星期日"，以此类推；否则就输出"输入错误"。

【任务分析】

在本问题中要求从键盘输入一个整数并输出其对应星期几。首先需定义一个变量 x，并从键盘输入变量 x 的值，如果 x=1，就输出"星期日"，如果 x=2，就输出"星期一"，以此类推。当 x 不为 1～7 时就输出"输入错误"。

【任务实现】

参考代码如下：

```
1  # include < stdio.h >
2  int main()
```

```
3   { int x;          //存储输入的数值
4     printf("please input x:");
5     scanf("%d",&x);
6     switch(x)
7     {              //break 不能省略
8       case 1:printf("星期日\n");break;
9       case 2:printf("星期一\n");break;
10      case 3:printf("星期二\n");break;
11      case 4:printf("星期三\n");break;
12      case 5:printf("星期四\n");break;
13      case 6:printf("星期五\n");break;
14      case 7:printf("星期六\n");break;
15      default:
16      printf("输入错误\n");
17    }
18    return 0;
19  }
```

程序运行结果如图 4.11 所示。

```
please input x:5
星期四
Press any key to continue
```

图 4.11　任务 4.5 程序运行结果

【知识讲解】

通过对上述任务分析可知，在本任务中可使用多分支 if 语句或 if 嵌套语句解决。但和前述任务不同的是本任务中判断条件为一个具体数值，不是一个范围的值。对于像这类需对某个具体值进行判断而决定是否执行某个语句的情况，在 C 语言中可使用 switch 语句实现。switch 语句格式如下：

```
switch(表达式)
{
    case 常量表达式 1: 语句 1;
    case 常量表达式 2: 语句 2;
    …
    case 常量表达式 n: 语句 n;
    default:          语句 n+1;
}
```

其流程图如图 4.12 所示，执行过程是先计算 switch 后表达式的值，判断此值是否与第一个 case 后面的常量值匹配，如果匹配，控制流程转向其后的语句执行，如果没有 break 语句，接着执行第二个 case 后面的语句，直到遇到 break 语句或执行完所有 case 后的语句才退出；如果不匹配，则继续判断下一个 case 后面的常量值是否匹配。如果所有 case 后面的常量值都不匹配，那么就检查 default 是否存在，若存在，则执行其后语句，否则结束 switch 语句。

【知识拓展】

拓展任务 4.6：某景点门票价格为 150 元，但会根据不同的季节对门票实行不同的折扣，规定如下：

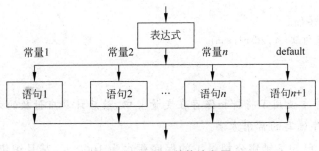

图 4.12 switch 结构流程图

1—5 月：9 折；
6—10 月：没有折扣；
11—12 月：8 折。
请编写一程序，根据输入的月份和门票数量计算应付多少钱。
任务分析：在本任务中是根据月份进行不同的折扣，因此可将月份值作为 switch 的判断表达式。假设月份用变量 m 表示，门票数量用变量 n 表示，折扣用变量 x 表示，程序可编写如下：

```
switch(m)
{
    case 1:x = 0.9;break;
    case 2:x = 0.9;break;
    …
}
```

分析上述程序发现多个 case 后的执行语句是相同的，并且在 switch 语句中从一个分支匹配进入后，只有遇到 break 语句才跳出，因此可将程序进行简写。
参考代码如下：

```
1  #include <stdio.h>
2  int main()
3  {   int m,n;                      //m 为月份,n 为门票数量
4      float x = 1.0,sum = 0;        //x 为折扣,sum 为应付款
5      printf("please input m and n:");
6      scanf("%d,%d",&m,&n);         //输入月份和门票数量
7      switch(m)
8      {
9          case 1:                   //因 1—5 月都是 9 折,此处可省略 x = 0.9 等语句
10         case 2:
11         case 3:
12         case 4:
13         case 5:x = 0.9;break;     //9 折
14         case 6:
15         case 7:
16         case 8:
17         case 9:
18         case 10:x = 1.0;break;    //原价
19         case 11:
20         case 12:x = 0.8;break;
21         default:printf("输入错误\n");
```

```
22     }
23     sum = x *150*n;
24     printf("应付款:%.2f\n",sum);
25     return 0;
26  }
```

提示：上述程序中使用了将折扣保存在变量 x 中,最后计算应付款的方法,此种设计方法是解决该类问题程序编写的常用方法。

拓展任务 4.7：已知某销售公司员工的保底薪水为 1000 元,某月销售总额(x)与提成的关系如下(计量单位:元)。

$x<2000$　　　　　没有提成

$2000 \leqslant x < 4000$　　提成 10%

$4000 \leqslant x < 6000$　　提成 15%

$6000 \leqslant x < 10000$　提成 20%

$x \geqslant 10000$　　　　　提成 25%

任务分析：和任务 4.5 相比,在此任务中没有给出具体的数值,只是某一范围的值。初步分析和 switch 语句格式不匹配,但可对各条件进行转换,如 x/1000 也是一个具体的数值。

参考代码如下：

```
1   #include<stdio.h>
2   int main()
3   {   int x;                //销售总额
4       float sum = 0;        //提成
5       printf("please input x:");
6       scanf("%d",&x);
7       switch(x/1000)
8       {
9           case 0:          //省略 sum = 1000.0;break;
10          case 1:sum = 1000.0;break;
11          case 2:
12          case 3:sum = 1000.0 + x*0.1;break;
13          case 4:
14          case 5:sum = 1000.0 + x*0.15;break;
15          case 6:
16          case 7:
17          case 8:
18          case 9:sum = 1000.0 + x*0.2;break;
19          default:sum = 1000.0 + x*0.25;
20      }
21      printf("工资总额为:%.2f\n",sum);
22      return 0;
23  }
```

上述程序设计方法也是 switch 的常用方法,需对条件进行转换,但条件表达式只能是整型或字符型变量,不能是实型和字符串类型。

【知识小结】

(1) switch 括号后面的表达式数据类型可以为整型或字符型。
(2) 各个常量表达式的值不能相同,否则会出现矛盾。
(3) 执行完一个 case 子句后,若其后没有 break 语句,则继续执行下一个 case 子句。
(4) 每个 case 之后的执行语句可是多个语句,并不必加{}。
(5) 允许多个 case 情况执行同一个语句,只需前面的 case 执行语句保持为空即可。
(6) case 子句和 default 子句的位置是任意的,不影响程序的执行结果。

本 章 总 结

本章重点介绍了 if 语句的三种基本形式、switch 语句、if 语句的嵌套使用。通过本章的学习,读者将能够了解选择结构程序设计的特点和一般规律,并最终能够灵活使用 if 语句和 switch 语句,能根据判断条件的结果来控制程序的流程。

习 题 4

1. 选择题

(1) 设有定义:"int a=1,b=2,c=3;",以下语句中执行效果与其他三个不同的是(　　)。
　　A. if(a>b) c=a,a=b,b=c;　　　　　　B. if(a>b) {c=a,a=b,b=c;}
　　C. if(a>b) c=a;a=b;b=c;　　　　　　D. if(a>b) {c=a;a=b;b=c;}

(2) 以下程序段中,与语句"k=a>b?(b>c? 1:0):0;"功能相同的是(　　)。
　　A. if((a>b)&&(b>c)) k=1;
　　　　else k=0;
　　B. if((a>b)||(b>c)) k=1;
　　　　else k=0;
　　C. if(a<=b) k=0;
　　　　else if(b<=c) k=1;
　　D. if(a>b) k=1;
　　　　else if(b>c) k=1;
　　　　else k=0;

(3) 有以下程序

```
#include<stdio.h>
main()
{
    int x;
    scanf("%d",&x);
    if(x<=3);
    else if(x!=10)
    printf("%d\n",x);
}
```

程序运行时,输入的值在哪个范围才会有输出结果?(   )

    A. 不等于 10 的整数   B. 大于 3 且不等于 10 的整数

    C. 大于 3 或等于 10 的整数   D. 小于 3 的整数

(4) 有以下程序

```
#include<stdio.h>
main()
{
    int a=1,b=2,c=3,d=0;
    if(a==1 && b++==2)
    if(b!=2 || c--!=3)
        printf("%d,%d,%d\n",a,b,c);
    else printf("%d,%d,%d\n",a,b,c);
    else printf("%d,%d,%d\n",a,b,c);
}
```

程序运行后的输出结果是(   )。

    A. 1,2,3   B. 1,3,2   C. 1,3,3   D. 3,2,1

(5) 有以下程序段

```
int a, b, c;
a=10; b=50; c=30;
if (a>b) a=b; b=c; c=a;
printf("a=%d b=%d c=%d\n", a, b, c);
```

程序的输出结果是(   )。

    A. a=10 b=50 c=10   B. a=10 b=50 c=30

    C. a=10 b=30 c=10   D. a=50 b=30 c=50

(6) 有以下程序

```
#include<stdio.h>
main()
{
    int x=1, y=2, z=3;
    if(x>y)
    if(y<z) printf("%d", ++z);
    else printf("%d", ++y);
    printf("%d\n", x++);
}
```

程序的运行结果是(   )。

    A. 331   B. 41   C. 2   D. 1

(7) 有以下程序

```
#include<stdio.h>
main()
{
    int x=1,y=0,a=0,b=0;
    switch(x)
    {
        case 1:
```

```
            switch(y)
            {
                case 0: a++; break;
                case 1: b++; break;
            }
        case 2:
            a++; b++; break;
        case 3:
            a++; b++;
    }
    printf("a=%d,b=%d\n",a,b);
}
```

程序的运行结果是(   )。

　　A. a=1,b=0　　　　B. a=2,b=2　　　　C. a=1,b=1　　　　D. a=2,b=1

(8) 为了避免嵌套的 if-else 语句的二义性，C 语言规定 else 总是与(   )组成配对关系。

　　A. 缩进位置相同的 if　　　　　　　　B. 在其之前未配对的 if
　　C. 在其之前最近的未配对的 if　　　　D. 同一行上的 if

(9) 设 int a=0,b=5,c=2; 选择可执行 x++的语句是(   )。

　　A. if(a) x++;　　　　　　　　　　 B. if(a=b) x++
　　C. if(b>=a) x++;　　　　　　　　 D. if(!(b-c)) x++;

(10) 若 k 是 int 型变量，且有下面的程序段，其输出结果是(   )。

```
k=-3;
if(k<=0) printf("####");
else printf("&&&&");
```

　　A. ####　　　　　　　　　　　　　B. &&&&
　　C. ####&&&&　　　　　　　　　　 D. 有语法错误,无输出结果

(11) 当 s=7 时，执行以下程序段后 x=(   )。

```
if((s>0)&&(s<=10))
    if((s>=3)&&(s<=6))x=2;
    else
if((s>1)||(s>8))x=3;
else x=1;
else x=0;
```

　　A. 6　　　　　　B. 3　　　　　　C. 2　　　　　　D. 1

(12) 下列程序输出结果是(   )。

```
#include<stdio.h>
main()
{
    int a=1,b=3,c=5,d=4;
    int x;
    if(a<b)
        if(c<b)
```

```
            x = 1;
        else if(a < c)
            if(b < d)
                x = 2;
            else
                x = 3;
        else
            x = 6;
    else
        x = 7;
    printf("x = %d\n",x);
    return 0;
}
```

    A. x=1　　　　　B. x=2　　　　　C. x=6　　　　　D. x=7

(13) 有如下程序

```
main()
{
    float x = 2.0,y;
    if(x < 0.0) y = 0.0;
    else if(x < 10.0) y = 1.0/x;
    else y = 1.0;
    printf("%f\n",y);
}
```

该程序的输出结果是(　　)。

    A. 0.000000　　　B. 0.250000　　　C. 0.500000　　　D. 1.000000

(14) 下列程序段运行后 i 的值是(　　)。

```
int i = 10;
switch(i + 1)
{
  case10: i++ ; break;
  case11: ++i;
  case12: ++i; break;
  default: i = i + 1;
}
```

    A. 11　　　　　　B. 13　　　　　　C. 12　　　　　　D. 14

(15) 下列程序段的运行结果是(　　)。

```
int a = 4;
switch(a > 5)
{
    case 0:
    printf("this is 0\n");break;
    case 1:
    printf("this is 1\n");break;
    case 2:
    printf("this is 2\n");break;
    default:
```

```
        printf("this is default\n");
}
```

        A. this is 0   B. this is 1   C. this is 2   D. this is default

2. 填空题

(1) 假定所有变量均已正确说明，下列程序段运行后 x 的值是_____。

```
a = b = c = 0; x = 35;
if(!a) x--;
else if(b); if(c) x = 3;
else x = 4;
```

(2) 若执行下面的程序时，从键盘上输入 3 和 4，则输出结果是_____。

```
#include "stdio.h"
main()
{
    int a, b, s;
    scanf("%d%d", &a, &b);
    s = a;
    if(a && B) printf("%d\n", s);
    else printf("%d\n", s--);
}
```

(3) 若有以下程序，执行后输出结果是_____。

```
main()
{
    int p, a = 5;
    if(p = a!= 0)
        printf("%d\n", p);
    else
        printf("%d\n", p + 2);
}
```

(4) 下面程序的运行结果是_____。

```
#include "stdio.h"
main()
{
    int x = 1, y = 2, z = 0, i = 3;
    if(x < y) z = 1;
    else if(x < i) z = 2;
    printf("z = %d", z);
}
```

(5) 有如下程序

```
main()
{
    int a = 2, b = -1, c = 2;
    if(a < b)
    if(b < 0) c = 0;
```

```
        else c++;
        printf("%d\n",c);
}
```

该程序的输出结果是_____。

3. 程序设计题

(1) 编写程序,输入一个整数,输出判断它是奇数还是偶数。

(2) 输入三个整数存储在变量 a、b、c 中,要求按由小到大的顺序输出。

(3) 某应用软件的登录密码是 admin,用户从键盘输入密码,如果密码正确,则输出"欢迎使用本软件"的字样;如果密码错误,则输出"密码错,请重新输入!"的字样。

(4) 输入年号,判断是否为闰年。

(5) 输入一日期,输出该日期是本年度的第几天。

(6) 求 $ax^2+bx+c=0$ 方程的解。

提示:实际上应该有以下几种可能。

① $a=0$,不是二次方程。

② $b^2-4ac=0$,有两个相等实根。

③ $b^2-4ac>0$,有两个不等实根。

④ $b^2-4ac<0$,有两个共轭复根。

(7) 假设银行定期存款的年利率 rate 为 2.25%,并已知存款期为 n 年,存款本金为 capital 元,试编程计算 n 年后可得到本利之和 deposit(假设不计算复利)。

提示:2.25%编写程序时应写为 0.0225,本金和年数未知,应从键盘输入。

第 5 章

循环结构程序设计

在实际生活中，经常碰到需要重复执行相同操作的问题，如超市收银员扫描商品条形码获取价格、学校教师输入班级学生的成绩、数学中的求阶乘运算等，重复执行的相同操作在计算机语言程序设计中所对应的就是循环结构语句。

循环结构是结构化程序设计的基本结构之一，同顺序结构和选择结构一起完成复杂程序的设计。

学习目标	(1) 理解循环结构的含义。 (2) 掌握 while 语句、do-while 语句和 for 语句的使用方法。 (3) 掌握循环嵌套程序设计方法。 (4) 掌握 break 语句和 continue 语句在循环结构中的使用。

5.1 while 语句

while 语句主要用来实现"当型"循环结构，当循环条件为真时，就重复执行循环体语句；当循环条件为假时，则退出循环。

本节学习目标：

- 理解循环结构的含义。
- 掌握 while 循环结构的用法。
- 正确运用 while 语句进行循环程序设计。

【任务提出】

任务 5.1：学期末，本课程考核完成后，授课教师需要计算本课程的平均成绩。（班级学生人数和每名学生的成绩由键盘输入。）

【任务分析】

首先需要定义两个变量 num 和 score，分别存储班级学生人数和每名学生的成绩；输入班级人数后，再循环输入每名学生的成绩；计算平均成绩并输出。

N-S 图如图 5.1 所示。

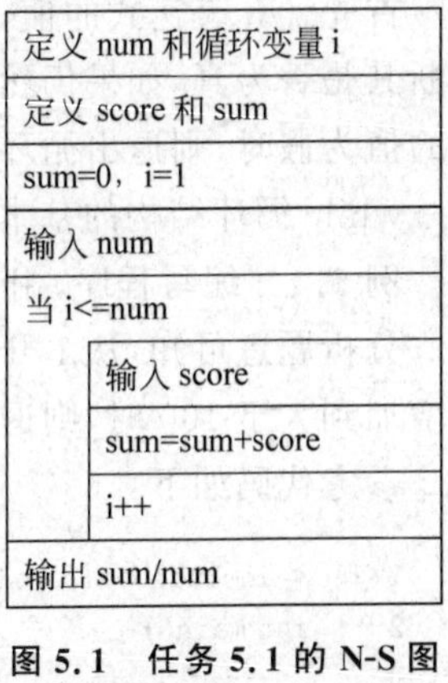

定义 num 和循环变量 i
定义 score 和 sum
sum=0，i=1
输入 num
当 i<=num
输入 score
sum=sum+score
i++
输出 sum/num

图 5.1 任务 5.1 的 N-S 图

【任务实现】

参考代码如下：

```
1    #include<stdio.h>
```

```
2    int main()
3    {
4        int num,i = 1;
5        float score,sum = 0.0;
6        printf("please input number of students:\n");
7        scanf(" % d",&num);
8        printf("please input score:\n");
9        while(i <= num){
10           scanf(" % f",&score);
11           sum = sum + score;
12           i++ ;
13       }
14       printf("The average grade of students is % .2f\n",sum/num);
15       return 0;
16   }
```

程序运行结果如图 5.2 所示。

```
please input number of students:
30
please input score:
90 95 86 79 60 88 96 94 82 86.5
66 72 85 74 76 91 99 80 70 62
88 72 69 60 84 82 83 87 96 83.5
The average grade of students is 81.20
Press any key to continue
```

图 5.2　任务 5.1 程序运行结果

【知识讲解】

1. while 循环语句的一般格式

while 循环语句的一般格式如下：

```
while(表达式){
    语句(块);
}
```

其中,表达式为循环条件,大括号"{}"中的语句(块)为循环体,即重复执行的部分。

2. while 循环语句的执行过程

首先计算表达式的值,如果为真(非 0),则执行循环体语句(块),再次计算表达式的值并判断其是否为真,如果仍然为真,则再次执行循环体语句(块),如此循环执行。当计算出表达式的值为假时,则退出循环,继续执行 while 循环结构后面的语句。

while 循环结构的基本流程图如图 5.3 所示。

例 5.1　编写程序,用 while 语句求解 1+2+3+…+100 的和。

分析题意可知,从 1 开始每次递增 1,并与已经计算出的和进行相加,如此循环操作;当数值增加到大于 100 时,则退出循环。其 N-S 图如图 5.4 所示。

参考代码如下：

```
1    #include <stdio.h>
2    int main(){
3        int i,sum;
```

```
4        sum = 0,i = 1;
5        while(i <= 100){          //当 i 的值大于 100 时,退出循环
6            sum = sum + i;        //计算并保存每次累加的和
7            i++;                  //变量 i 每次递增 1
8        }
9        printf("sum = % d\n",sum);
10       return 0;
11   }
```

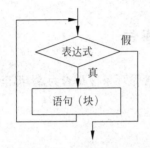

图 5.3 while 循环语句的执行过程　　　　图 5.4 例 5.1 的 N-S 图

程序运行结果如图 5.5 所示。

图 5.5 例 5.1 程序运行结果

【知识拓展】

拓展任务 5.1：把例 5.1 中求解累加和的问题改为用 while 语句求解 $1 \times 2 \times 3 \times \cdots \times 10$ 的积。

任务分析：与例 5.1 的不同之处在于,把求和问题变成了求乘积问题,初学者可能会在例 5.1 的代码基础上把第 6 行代码"sum=sum+i;"直接改为"sum=sum*i;"。运行程序后会发现结果不正确。本程序需要在例 5.1 的代码基础上改动第 4、5、6 行三处,分别改为"sum=1,i=1;""while(i<=10){"和"sum=sum * i;"。

拓展任务 5.2：在任务 5.1 的基础上,再统计该门课程成绩在 80 分以上的有多少人。

任务分析：与任务 5.1 相比较,主要是增加了一些功能,所以需要增加相对应的功能代码。本任务首先需要声明一个变量 count(初值赋 0)用来统计人数,然后在循环体中增加一条判断语句,即"if(score>=80) count++;",在循环语句后将其值输出即可。

【知识小结】

(1) while 语句的表达式中通常包含一个变量来控制循环。在执行 while 语句前需要为此变量赋初值；循环体中需要有改变循环控制变量的语句,否则会出现死循环。

(2) while 语句后面的圆括号"()"不能省略,括号内的表达式可以为任意类型的表达式,一般是循环的控制条件。

(3) while 表达式后面不需要添加分号,如果添加了,则表示循环体为空,例如：

```
while(i<10);
{    sum = sum + i;
     i++ ;
}
```

上述程序段中,大括号里面的语句不是 while(i<10)语句的循环体,它的循环体为空。

(4) while 语句后面的大括号"{}"的内容是循环体,如果循环体只有一条语句,则"{}"可以省略;如果循环体有多条语句时,则"{}"不能省略。

5.2 do-while 语句

do-while 语句主要用来实现"直到型"循环结构,不管循环条件是否为真,都至少要执行一次循环体语句。

本节学习目标:
- 掌握 do-while 循环结构的用法。
- 正确运用 do-while 语句进行循环程序设计。
- 能区分 do-while 循环结构与 while 循环结构的不同之处。

【任务提出】

任务 5.2:求两个数的最大公约数。最大公约数是指两个或多个整数共有约数中最大的一个。

【任务分析】

求最大公约数有质因数分解法、辗转相除法等多种方法,本程序采用辗转相除法。定义两个变量 m 和 n 表示任意两个整数(假设 m>n),变量 r 表示相除后的余数,如果 r 不等于 0,将 n 的值赋给 m,将 r 的值赋给 n,继续相除,直到 r 的值为 0 结束循环。

N-S 图如图 5.6 所示。

【任务实现】

参考代码如下:

```
1    #include<stdio.h>
2    int main(){
3        int m,n,r,temp;
4        printf("input two numbers:");
5        scanf("%d%d",&m,&n);
6        if(m<n){
7            temp = m; m = n; n = temp;
8        }
9        do{
10           r = m%n;
11           m = n;
12           n = r;
13       }while(r!=0);
```

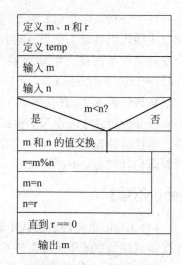

图 5.6　任务 5.2 的 N-S 图

```
14          printf("greatest common divisor is:% d\n",m);
15          return 0;
16     }
```

程序运行结果如图 5.7 所示。

图 5.7 任务 5.2 程序运行结果

【知识讲解】

1. do-while 循环语句的一般格式

do-while 循环语句的一般格式如下：

```
do{
    语句(块);
} while(表达式);
```

其中,表达式为循环条件,后面有一个分号；语句(块)为循环体,即重复执行的部分。

2. do-while 循环语句的执行过程

先执行循环体的语句(块),再计算表达式的值,如果值为真(非0),则继续执行循环体语句,如此循环,直到表达式的值为假(为0),则退出循环。

do-while 循环结构的基本流程图如图 5.8 所示。

例 5.2 编写程序,将例 5.1 用 while 语句求解 1＋2＋3＋…＋100 的和,改为用 do-while 语句编写。

分析题意可知,从 1 开始每次递增 1,并与已经计算出的和进行相加,如此循环操作；直到数值增加到大于 100 时,则退出循环。其 N-S 图如图 5.9 所示。

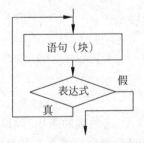 

图 5.8 do-while 循环语句的执行过程   图 5.9 例 5.2 的 N-S 图

参考代码如下：

```
1    # include < stdio.h >
2    int main(){
3        int i,sum;
4        sum = 0,i = 1;
5        do{
6            sum = sum + i;            //计算并保存每次累加的和
```

```
7            i++ ;                      //变量 i 每次递增 1
8       } while(i<=100);               //后面的分号不能省略
9       printf("sum = %d\n",sum);
10      return 0;
11  }
```

程序运行结果如图 5.10 所示。

图 5.10 例 5.2 程序运行结果

3. do-while 循环结构和 while 循环结构的比较

一般情况下,do-while 语句和 while 语句在处理同一问题时,如果循环体的语句是一样的,结果一般也相同。但如果 while 语句在第一次计算表达式的值为假时,则两种循环的结果就不一样了。

例 5.3 比较下面两段程序,当分别输入 1 和 11 时,分析程序的运行结果。

程序 A:
```
1   #include<stdio.h>
2   int main(){
3       int sum = 0,i;
4       scanf("%d",&i);
5       while(i<=10) {
6           sum = sum + i;
7           i++ ;
8       }
9       printf("sum = %d\n",sum);
10      return 0;
11  }
```

程序 B:
```
1   #include<stdio.h>
2   int main(){
3       int sum = 0,i;
4       scanf("%d",&i);
5       do{
6           sum = sum + i;
7           i++ ;
8       } while(i<=10);
9       printf("sum = %d\n",sum);
10      return 0;
11  }
```

上述两个程序的运行结果如下。

当输入 1 时,两个程序均输出:sum=55。

当输入 11 时,程序 A 输出:sum=0;程序 B 输出:sum=11。

【知识拓展】

拓展任务 5.3:求两个数的最小公倍数。

任务分析:由数学知识可知,两个数的最小公倍数等于"这两数的乘积"除以"这两数的最大公约数"。任务 5.2 已经用辗转相除法求出了最大公约数,现在只需要在其基础上增加相关语句,主要改动是在进入循环语句前将两数分别保存在两个变量中,再用两个数的乘积除以其最大公约数。

参考代码如下:

```
1   #include<stdio.h>
2   int main(){
3       int m,n,r,temp,m1,n1;
4       printf("input two numbers:");
5       scanf("%d%d",&m,&n);
```

```
6          m1 = m;
7          n1 = n;
8          if(m < n){
9              temp = m; m = n; n = temp;
10         }
11         do{
12             r = m % n;
13             m = n;
14             n = r;
15         }while(r!= 0);
16         printf("%d和%d的最小公倍数是:%d\n",m1,n1,m1*n1/m);
17         return 0;
18     }
```

程序运行结果如图 5.11 所示。

图 5.11　拓展任务 5.3 程序运行结果

【知识小结】

（1）while 后面的圆括号"()"不能省略，括号内的表达式可以为任意类型的表达式，一般是循环的控制条件。

（2）do-while 语句的最后，即 while(表达式)后面要有分号结束，此处分号不能省略，与 while 语句不同。

（3）do 语句后面的大括号"{}"的内容是循环体，不论循环体是一条语句还是多条语句，最好都用花括号括起来，不要省略。

（4）do-while 结构是"直到型"循环，先执行循环体语句，再判断表达式的值；而 while 结构是"当型"循环，先判断表达式的值，再执行循环体语句。

（5）do-while 结构的循环体语句至少执行一次，而 while 结构的循环体语句可能一次也不执行(即进入循环时表达式的值为假,不执行循环体语句)。

5.3　for 语 句

for 循环结构是 C 语言中使用最灵活的结构,不仅可以处理循环次数已经确定的情况,还可以处理只知道循环结束条件的情况。

本节学习目标：
- 掌握 for 循环结构的用法。
- 正确运用 for 语句进行循环程序设计。
- 能灵活应用 while 循环结构、do-while 循环结构和 for 循环结构。

【任务提出】

任务 5.3：统计比赛得分。很多竞赛项目都是由若干个评委进行评分后，再按规则进行统计。假设某比赛的评分规则为满分 10 分,最低分 0 分,由 10 个评委分别进行评分,去掉一个最高分和最低分后的总分为选手的最后得分。

【任务分析】

首先需要定义两个变量 max 和 min,分别存储最高分和最低分,再定义变量 score,通过循环每次存储一个评委的评分并进行累加,最后减去最高分和最低分即可。

N-S 图如图 5.12 所示。

【任务实现】

参考代码如下:

```
1    #include <stdio.h>
2    int main(){
3        float sum = 0.0,max = 0.0,min = 10.0,score;
4        int i;
5        for(i = 1;i <= 10;i++){
6            scanf("%f",&score);
7            if(score > max)
8                max = score;
9            if(score < min)
10               min = score;
11           sum += score;
12       }
13       sum -= max + min;
14       printf("The final score is:%.2f\n",sum);
15       return 0;
16   }
```

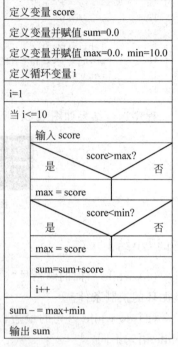

图 5.12　任务 5.3 的 N-S 图

程序运行结果如图 5.13 所示。

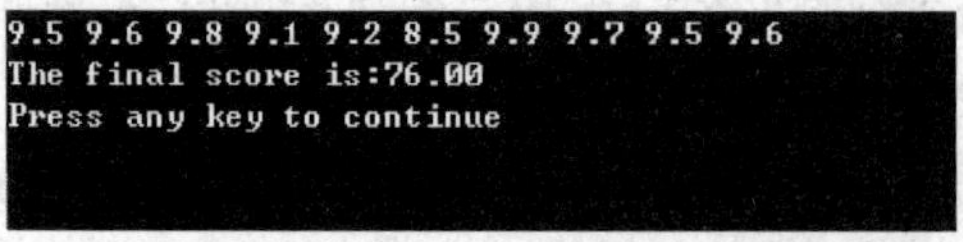

```
9.5 9.6 9.8 9.1 9.2 8.5 9.9 9.7 9.5 9.6
The final score is:76.00
Press any key to continue
```

图 5.13　任务 5.3 程序运行结果

【知识讲解】

1. for 循环语句的一般格式

for 循环语句的一般格式如下:

for(表达式 1; 表达式 2; 表达式 3){
　　语句(块);
}

其中,语句(块)为循环体部分;表达式 1 通常为赋值表达式,给循环变量赋初值;表达式 2 通常为关系表达式或逻辑表达式,判断循环是否结束;表达式 3 通常为自增(自减)表达式,用来改变循环变量的值。所以 for 循环语句的另一种形式如下:

for(循环变量赋初值表达式; 循环条件表达式; 循环变量增量表达式){

```
    语句(块);
}
```

2. for 循环语句的执行过程

(1) 执行循环变量赋初值表达式语句。
(2) 计算循环条件表达式的值,如果为真(非0),则执行第(3)步;如果为假则结束循环。
(3) 执行循环体语句(块)。
(4) 执行循环变量增量表达式,然后再次执行第(2)步。

for 循环结构的基本流程图如图 5.14 所示。

例 5.4 编写程序,将例 5.1 用 while 语句求解 1+2+3+…+100 的和改为用 for 语句编写。

分析题意可知,从 1 开始每次递增 1,并与已经计算出的和进行相加,如此循环操作;直到数值增加到大于 100 时,则退出循环。其 N-S 图如图 5.15 所示。

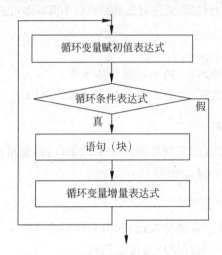

图 5.14 for 循环语句的执行过程

图 5.15 例 5.4 的 N-S 图

参考代码如下:

```
1    #include <stdio.h>
2    int main(){
3        int i,sum;
4        sum = 0;
5        for(i = 1;i <= 100;i++){     //i=1 只会执行一次
6            sum = sum + i;
7        }
8        printf("sum = %d\n",sum);
9        return 0;
10   }
```

程序运行结果如图 5.16 所示。

```
sum=5050
Press any key to continue
```

图 5.16 例 5.4 程序运行结果

for 语句的使用非常灵活，它的三个表达式都可以省略，也可以省略其中的任意一个表达式或两个表达式，但分号不能省略。以省略表达式 1 为例，例 5.4 中的 for 语句可以改为如下：

```
i=1;    //进入循环前赋初值
for(;i<=100;i++){
    sum=sum+i;
}
```

不管省略的是哪个表达式，在程序中依然有相对应的功能语句，以保证程序的逻辑结构的完整性。

【知识拓展】

拓展任务 5.4：把拓展任务 5.3 改为用 for 语句实现，并与用 while 语句和 do-while 语句编写的程序进行比较。

任务分析：将同一个问题用不同的循环语句进行编写，通过对比总结出各个循环语句的异同。

【知识小结】

（1）for 循环语句括号后面不要添加分号，若添加了，则表示循环体为空。

（2）表达式 1 和表达式 3 通常是简单赋值表达式，也可以是逗号表达式。例如：

```
for(i=0,j=10;i<=100;i++,j--){sum=i+j;}
```

（3）表达式 2 通常是关系表达式或逻辑表达式，用来判定循环结束的条件，但也可能是数值表达式或字符表达式，只要其值非零，就执行循环体。例如：

```
for(i=0;(c=getchar())!='\n';i+=c){printf("%c",c);}
```

（4）for 循环语句的三个表达式都可以省略或省略部分表达式，但分号不能省略。

（5）如果省略表达式 1，则需要在进入 for 循环前对循环变量赋初值。

（6）如果省略表达式 2，并且在循环体中没有结束循环的语句，则程序为死循环，需要避免。例如：

```
for(i=1;;i++){
    sum=sum+i;
}
```

等价于 while 语句的写法为

```
i=1;
while(1){
    sum=sum+i;
    i++;
}
```

（7）如果省略表达式 3，则需要在循环体中添加对循环变量进行操作的语句。例如：

```
for(i=1; i<=100;){
    sum=sum+i;
    i++;
}
```

5.4 循环嵌套

在实际编写程序中,除了前面所介绍的一层循环外,往往会使用多层循环,即在一个循环的循环体内又包含另一个循环,也称为循环的嵌套。

本节学习目标:
- 理解循环嵌套的概念。
- 正确运用循环语句进行循环嵌套程序设计。

【任务提出】

任务 5.4:在日常生活中,有时需要将整钱换成零钱。现有一张百元人民币,需要将其换成面值为 50 元、20 元或 10 元的零钱,请编写程序,统计有多少种换法。

【任务分析】

根据题意可知,假设 50 元有 x 张($0 \leqslant x \leqslant 2$),20 元有 y 张($0 \leqslant y \leqslant 5$),10 元有 z 张($0 \leqslant z \leqslant 10$),求 x、y、z 的取值有多少种不同组合能满足式子 $50 \times x + 20 \times y + 10 \times z = 100$。可以通过循环遍历 x、y、z 的取值。

N-S 图如图 5.17 所示。

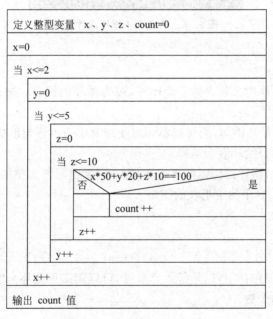

图 5.17 任务 5.4 的 N-S 图

【任务实现】

参考代码如下:

```
1    #include <stdio.h>
2    int main(){
```

```
3       int x,y,z;
4       int count = 0;
5       printf("   50    20    10\n");
6       printf("   ---------------\n");
7       for(x=0;x<=2;x++)
8           for(y=0;y<=5;y++)
9               for(z=0;z<=10;z++){
10                  if(x*50+y*20+z*10==100){
11                      count++;
12                      printf("%5d%5d%5d\n",x,y,z);
13                  }
14              }
15      printf("count=%d\n",count);
16      return 0;
17  }
```

程序运行结果如图 5.18 所示。

图 5.18　任务 5.4 程序运行结果

【知识讲解】

在一个循环的循环体内又包含另一个循环,称为循环的嵌套。被嵌入的循环又可以嵌套循环,从而形成多重循环嵌套。

C 语言提供的三种循环语句,既可以单一地使用其中一种语句形成嵌套结构,又可以使用不同的循环语句形成混合循环嵌套结构。

在使用循环嵌套时,循环结构不能出现交叉,一定要是一个完整的循环结构。

例 5.5　编写程序,输出如下形状的图形。

```
**********
**********
**********
```

分析题意可知,图形包括三行,每行十个星号,可以用二重循环来实现。外循环控制行数,内循环控制输出星号的个数。

参考代码如下:

```
1   #include<stdio.h>
2   int main(){
3       int i,j;
4       for(i=1;i<=3;i++){          //外循环开始
5           for(j=1;j<=10;j++){     //内循环开始
6               printf("*");
7           }                       //内循环结束
8           printf("\n");           //输出一行星号后换行
```

```
9        }                       //外循环结束
10       return 0;
11   }
```

程序运行结果如图 5.19 所示。

```
**********
**********
Press any key to continue
```

图 5.19 例 5.5 程序运行结果

【知识拓展】

拓展任务 5.5：在例 5.5 的基础上，把输出的矩形图案改为输出如下形状的等腰三角形图案。

```
        *
       ***
      *****
     *******
    *********
```

任务分析：与例 5.5 的不同之处在于，每一行输出的"*"个数是不一样的，并且还要输出空格。
参考代码如下：

```
1    #include<stdio.h>
2    int main()
3    {
4        int i,j;
5        for(i=0;i<5;i++)
6        {
7            for(j=0;j<5-i;j++)
8                printf(" ");           //输出空格
9            for(j=0;j<2*i+1;j++)
10               printf("*");           //输出"*"
11           putch('\n');
12       }
13       return 0;
14   }
```

拓展任务 5.6：输出如下形状的九九乘法表图案。

```
1×1=1
2×1=2   2×2=4
3×1=3   3×2=6   3×3=9
4×1=4   4×2=8   4×3=12  4×4=16
5×1=5   5×2=10  5×3=15  5×4=20  5×5=25
6×1=6   6×2=12  6×3=18  6×4=24  6×5=30  6×6=36
7×1=7   7×2=14  7×3=21  7×4=28  7×5=35  7×6=42  7×7=49
8×1=8   8×2=16  8×3=24  8×4=32  8×5=40  8×6=48  8×7=56  8×8=64
9×1=9   9×2=18  9×3=27  9×4=36  9×5=45  9×6=54  9×7=63  9×8=72  9×9=81
```

任务分析：通过内循环和外循环分别控制乘数和被乘数，在编写程序时，需要注意输出的格式控制。

参考代码如下：

```
1    #include<stdio.h>
2    int main(){
```

```
3       int i,j;
4       for(i=1;i<=9;i++){
5          for(j=1;j<=i;j++){
6             printf("%2d×%d=%-3d",i,j,i*j);
7          }
8          printf("\n");
9       }
10      return 0;
11   }
```

【知识小结】

（1）循环嵌套结构中，每个循环的循环变量名不能是同一个。

（2）循环嵌套结构中，外循环每执行一次，内循环整个执行一遍。

5.5 break 语句和 continue 语句

前面所讲述的各种循环语句，都是当循环条件不成立时，才结束循环。但在实际的程序编写中，有时需要提前结束循环，此时就要用到循环控制转移语句，即 break 语句和 continue 语句。

本节学习目标：

- 能理解 break 语句与 continue 语句在循环结构中的作用。
- 能区分 break 语句与 continue 语句异同并正确运用。

【任务提出】

任务 5.5：编写一个猜数字小游戏程序。程序运行时，生成一个 1~100 的随机整数，然后由用户输入所猜的数字，并给出提示信息（输入数字大了或小了），当输入正确时，结束游戏。

【任务分析】

分析题意可知，需要定义两个变量分别存放随机生成的整数和用户所猜的数字，再判断两个数之间的关系，如果两个数不相等，则给出"大了"或"小了"的提示信息，并继续下次循环；如果两个数相等，则给出"你赢了"的提示信息，并结束循环。

流程图如图 5.20 所示。

【任务实现】

参考代码如下：

```
1   #include<stdio.h>
2   #include<math.h>
3   #include<time.h>
4   int main(){
5      int source,guess;
```

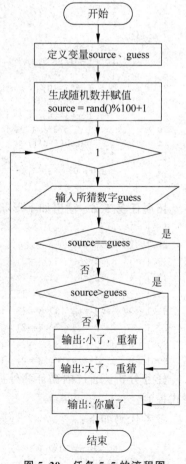

图 5.20　任务 5.5 的流程图

```
6       srand(time(NULL));              //设置当前时间值为随机数种子
7       source = rand()%100+1;          //生成1到100间的随机整数
8       printf("please input a number(1～100):");
9       while(1){
10          scanf("%d",&guess);
11          if(guess>source){
12              printf("Big, please guess again:");
13              continue;
14          }
15          if(guess<source){
16              printf("Small, please guess again:");
17              continue;
18          }
19          if(guess == source){
20              printf("Congratulations, you  win!!!\n");
21              break;
22          }
23      }
24      return 0;
25  }
```

程序运行结果如图5.21所示。

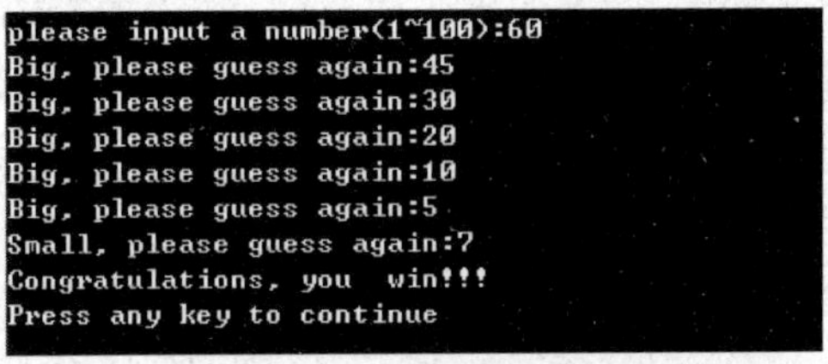

图5.21　任务5.5程序运行结果

【知识讲解】

1. break 语句

break语句在前面switch多分支结构中已经学习过,除此之外,break语句还可以用于循环结构中。在循环结构中的break语句通常与if语句配合使用,当满足某条件时,就结束循环,继续执行该循环的后续语句。break语句的一般格式如下:

break;

例5.6　阅读下面程序,分析程序的输出结果。

```
1   #include<stdio.h>
2   int main(){
3       int i;
4       for(i=1;i<=10;i++){
5           if(i%5==0)
6               break;
7           printf("%d",i);
8       }
9       printf("\n");
10      return 0;
11  }
```

分析程序可知,当 i 等于 5 时,满足条件,提前结束循环,所以程序的输出结果为:1 2 3 4,如图 5.22 所示。

2. continue 语句

continue 语句只能用在循环结构中,其功能是结束本次循环,即遇到 continue 语句时,不执行 continue 语句后面的其他语句,而是判断循环条件是否成立。continue 语句的一般格式如下:

continue;

例 5.7　将例 5.6 中的 break 语句换成 continue 语句,然后分析程序的输出结果。

分析程序可知,当 i 等于 5 时,满足条件,不执行 continue 后面的语句 printf("%d",i),而是进入下一次循环,所以程序的输出结果为:1 2 3 4 6 7 8 9,如图 5.23 所示。

图 5.22　程序分析结果 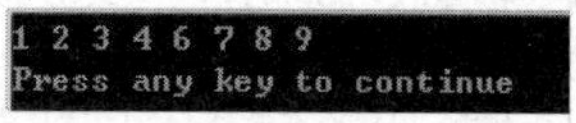　　图 5.23　break 语句换成 continue 语句后程序分析结果

【知识拓展】

拓展任务 5.7:在任务 5.5 的基础上,统计所猜的次数。如果次数大于 5 次将结束程序。

任务分析:需要增加一个变量保存所猜的次数,当大于 5 次时给出相应提示并退出循环。在任务 5.5 的参考代码的第 9、10 行加入以下代码。

```
i++;
if(i>5){
    printf("You've guessed 5 times,game over!!!\n");
    break;
}
```

【知识小结】

(1) break 语句在循环中使用时,通常与 if 语句配合使用,当条件满足时,退出循环。

(2) 如果循环体中使用 switch 语句,且 switch 语句中使用了 break 语句,则它只用于结束 switch,而不影响循环语句。

(3) 当有循环嵌套时,break 语句和 continue 语句只影响包含它的最内层循环,而不能影响其外层的循环。

(4) break 语句与 continue 语句的主要区别有:break 语句除了用于循环语句中,还可以用于 switch 语句中,而 continue 语句只能用于循环语句;break 语句是结束循环,而 continue 语句只是结束本次循环,转到循环条件判断后仍有可能继续执行下一次循环。

本 章 总 结

结构化程序设计的三大基本结构包括顺序结构、选择结构和循环结构。本章主要学习了循环结构及其相关知识,包括三种常用的循环语句:while 语句、do-while 语句和 for 语句,以及循环控制语句 break 语句和 continue 语句。

习 题 5

1. 选择题

(1) 有以下程序

```
#include <stdio.h>
main()
{
    int c=0,k;
    for(k=1;k<3;k++)
        switch(k)
        {
            default: c+=k;
            case 2: c++;break;
            case 4: c+=2;break;
        }
    printf("%d\n",c);
}
```

程序运行后的输出结果是(　　)。

A. 3　　　　B. 5　　　　C. 7　　　　D. 9

(2) 有以下程序

```
#include <stdio.h>
main()
{ int n=2,k=0;
  while(k++&&n++>2);
  printf("%d %d\n",k,n);
}
```

程序运行后的输出结果是(　　)。

A. 0 2　　　B. 1 3　　　C. 5 7　　　D. 1 2

(3) 以下程序中的变量已正确定义

```
for(i=0;i<4;i++,i++)
    for(k=1;k<3;k++)
        printf("*");
```

程序段的输出结果是(　　)。

A. ********　　B. ****　　　C. **　　　D. *

(4) 设变量已正确定义,以下不能统计出一行中输入字符个数(不包含回车符)的程序段是(　　)。

A. n＝0;while((ch=getchar())!='\n')n++;

B. n＝0;while(getchar()!='\n')n++;

C. for(n=0; getchar()!='\n';n++);

D. n＝0;for(ch=getchar();ch!='\n';n++);

(5) 若 k 是 int 类型变量,且有以下 for 语句

for(k = -1;k < 0;k ++) printf("****\n");

下面关于语句执行情况的叙述中正确的是( )。

    A. 循环体执行一次   B. 循环体执行两次

    C. 循环体一次也不执行   D. 构成无限循环

(6) for(i=0;i<10;i++)语句执行结束后,i 的值是( )。

    A. 9   B. 10   C. 11   D. 12

(7) 下面程序的输出结果是( )。

```c
main()
{
    int s,k;
    for(s = 1,k = 2;k < 5;k ++ )
        s += k;
    printf("%d\n",s)
}
```

    A. 1   B. 9   C. 10   D. 15

(8) 下面程序的输出结果是( )。

```c
main()
{
    int k;
    for(k = 1;k < 5;k ++ ){
        if(k % 2)
            printf("#");
        else continue;
        printf("*");
    }
}
```

    A. #*#*   B. *#*#   C. ##   D. 以上都不对

(9) 下面程序中,循环体的执行次数是多少?( )

```c
main()
{
    int i,j;
    for(i = 0, j = 3; i <= j; i += 2, j-- )
        printf("%d\n", i);
}
```

    A. 0   B. 1   C. 2   D. 3

(10) 下面程序的运行结果是( )。

```c
main()
{
    int x = 3;
    do{
        printf("%d",x-- );
```

```
    }while(!x);
}
```
  A. 2   B. 3   C. 2 1 0   D. 3 2 1

(11) 有以下程序

```
main()
{
    int c = 0,k;
    for(k = 1;k < 3;k ++ )
    switch(k)
    {
        default:c += k;
        case 2:c ++ ;break;
        case 4:c += 2;break;
    }
    printf(" % d\n",c);
}
```

程序运行后的输出结果是( )。

  A. 3   B. 5   C. 7   D. 9

(12) 有以下程序段

```
main()
{
    …
    while(getchar()!= '\n');
    …
}
```

以下叙述中正确的是( )。

  A. 此 while 语句将无限循环

  B. getchar()不可以出现在 while 语句的条件表达式中

  C. 当执行此 while 语句时,只有按回车键程序才能继续执行

  D. 当执行此 while 语句时,按任意键程序就能继续执行

(13) C 语言中 while 和 do-while 循环的主要区别是( )。

  A. do-while 的循环体至少无条件执行一次

  B. while 的循环控制条件比 do-while 的循环控制条件严格

  C. do-while 允许从外部转到循环体内

  D. do-while 的循环体不能是复合语句

(14) 与以下程序段等价的是( )。

```
while(a){
    if(b)continue;
    c;}
```

  A. while(a)   B. while(c)

    {if(!b)c;}   {if(!b)break;c;}

C. while(c)
　　{if(b)c;}

D. while(a)
　　{if(b)break;c;}

(15) 关于以下程序段的表述中,正确的是(　)。

```
int x = -1;
do
{
  x = x*x;
}while(!x);
```

A. 是死循环　　　　　　　　B. 循环执行两次
C. 循环执行一次　　　　　　D. 有语法错误

2. 填空题

(1) 有以下程序

```
#include <stdio.h>
main()
{
    int a = -2, b = 0;
    while(a++ && ++b);
    printf("%d,%d\n",a,b);
}
```

程序运行后的输出结果是_____。

(2) 有以下程序

```
#include <stdio.h>
main()
{
    char A,B,C;
    B = '1';
    C = 'A';
    for(A = 0;A < 6;A++)
    {
        if(A%2)
            putchar(B+A);
        else
            putchar(C+A);
    }
}
```

程序运行后输出的结果是_____。

(3) 有以下程序

```
#include <stdio.h>
main()
{
    int a = 7;
    while(a--);
    printf("%d\n",a);
}
```

程序运行后的输出结果是_____。

(4) 有以下程序

```c
#include <stdio.h>
{
    int i=1,s=3;
    do{
        s+=i++;
        if(s%7==0)
            continue;
        else
            ++i;
    }while(s<15);
    printf("%d",i);
}
```

程序运行后的输出结果是_____。

(5) 有以下程序

```c
#include <stdio.h>
main()
{
    int i,j,a=0;
    for(i=0;i<2;i++) a++;
    for(j=4;j>=0;j--) a++;
}
```

程序运行后的输出结果是_____。

3. 程序设计题

(1) 编写程序,输出 1~200 的所有素数。

(2) 编写程序,求 1000 以内的所有"完全数"。完全数是指该数的所有因子之和等于该数本身。例如 6 是完全数。

(3) 编写程序,输出斐波那契序列 1,1,2,3,5,8,13,…的前 20 项。要求每行输出 5 项。

(4) 验证"鬼谷猜想"。对于任意自然数,若是奇数,就对它乘以 3 再加 1;若是偶数,就对它除以 2,这样得到一个新数。再按照上述计算规则进行计算,一直计算下去,最终得到 1。

(5) 从键盘输入一串字符,按照加密规则进行加密并输出。加密规则为:①所有的字母都必须转换成小写;②将字母转换为下一个字母,即原字母'a'转换为'b',以此类推,如果是'z',则转换为'a';③其他的字符保持不变。

(6) "百钱买百鸡"问题。即母鸡五钱一只,公鸡三钱一只,小鸡一钱三只,现有百钱欲买百鸡,请问共有多少种买法?

(7) 猴子吃桃问题。猴子第一天摘了若干个桃子,当即吃了一半,还不过瘾,又多吃了一个。第二天早上又将剩下的桃子吃掉一半又多吃一个,以后每天早上都吃了前一天剩下的一半零一个。到第十天早上再想吃的时候,就只剩下一个桃子了。请问第一天一共摘了多少个桃子?

第 6 章

数 组

前面章节所涉及的程序中变量都属于较为基本的数据类型,如整型、字符型、浮点型等。使用这些基本数据类型可以处理一些简单的问题,但对于数据较多的情况是难以应付的。例如,一个班有 40 个学生,要求出这 40 个学生的平均成绩。数学理论上是十分简单的,但在程序中如何表示这 40 个学生的成绩呢?如果使用 40 个整型或浮点型变量来逐个定义虽然可以解决问题,但十分烦琐。一旦数据量增大会导致问题难以解决,而且不能反映同一属性数据之间的内在联系。面对一些同一类型属性的数据,可以引入数组这一概念来加以表示。

数组是相同类型数据的集合。它们都拥有同一个名称。在大量数据处理和字符串操作中广泛应用到数组。数组在 C 语言中的作用至关重要。将数组与循环相结合,可以有效地处理大批量的数据,大大提高了工作效率。本章将重点讲解数组的各种操作与使用方法。

学习目标	(1)掌握一维数组的定义与应用。 (2)掌握二维数组的定义与应用。 (3)掌握字符串与字符数组的应用。

6.1 一维数组

把物理上前后相邻、类型相同的一组变量作为一个整体,这个整体被称为一维数组。一维数组是最简单的一种数组。

本节学习目标:
- 掌握一维数组的定义。
- 掌握一维数组的初始化。
- 掌握一维数组的引用。

【任务提出】

任务 6.1:编写 C 语言程序,实现从键盘上输入 10 个字符,然后按顺序输出。

【任务分析】

要解决本问题必须了解一维数组的定义、初始化以及引用。首先定义一个长度为 10 的字符数组,然后使用 for 循环通过循环 10 次输入 10 个字符,最后再使用 for 循环实现循环输出。如图 6-1 所示。

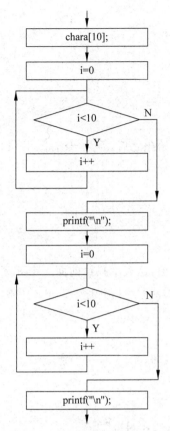

图 6.1 数组元素循环输出流程图

【任务实现】

参考代码如下：

```
1   #include <stdio.h>
2   int main()
3   {
4     char a[10];              //定义一个长度为10的字符数组
5     int i;
6     printf("请输入10个字符:");
7     for(i=0;i<10;i++)        //循环输入
8       scanf("%c",&a[i]);
9     printf("\n");
10    printf("输出这10个字符:");
11    for(i=0;i<10;i++)        //循环输出
12      printf("%c",a[i]);
13    printf("\n");
14    return 0;
15  }
```

程序运行结果如图 6.2 所示。

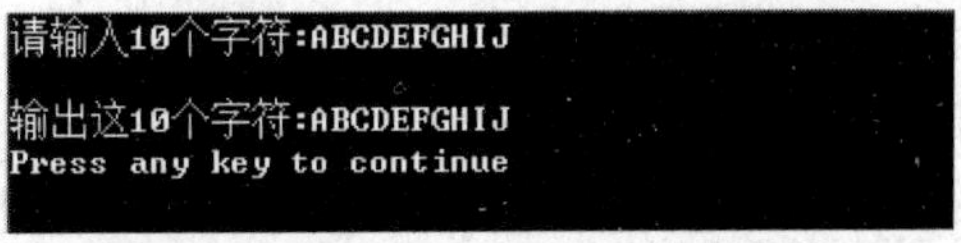

图 6.2 任务 6.1 程序运行结果

【知识讲解】

1. 一维数组的定义

一维数组也称为单维数组，是一个使用一个组名存储相同数据类型的数值的列表。在学习一维数组时，我们首先要学会如何定义一个一维数组。

一维数组的定义方式如下：

类型说明符 数组名[常量表达式];

由于数据类型不同，数组也具有不同的类型。不同类型数组定义实例如下所示。

```
int a[10];      /*定义一个有 10 个元素的整型数组 a */
float b[5];     /*定义一个有 5 个元素的单精度型数组 b */
double c[6];    /*定义一个有 6 个元素的双精度型数组 c */
char d[7];      /*定义一个有 7 个元素的字符型数组 d */
```

2. 一维数组的初始化

在定义一维数组的同时，可以对其进行初始化。对一维数组初始化的语法格式如下：

类型说明符 数组标识符[常量表达式]={常量表达式};

一维数组的初始化分为以下几种情况。

(1) 在定义数组时,对数组的全部元素进行赋值

例如：

int a[5]={0,1,2,3,4};

将初值依次放在{}内,并且以逗号隔开,经过上面的定义与初始化之后,a[0]=0,a[1]=1,a[2]=2,a[3]=3,a[4]=4。

(2) 对数组的部分元素进行赋值

例如：

int a[8]={1,2,3,4};

例子中所定义的数组a中有8个元素,但{}内只提供4个初值,这表示只给前面4个元素进行赋值,后4个元素的值皆为0。经过上面的定义与初始化之后,a[0]=1,a[1]=2,a[2]=3,a[3]=4,a[4]=0,a[5]=0,a[6]=0,a[7]=0。

注意：数组确定的元素个数不得少于赋值个数。

例如,"int a[5]={1,2,3,4,5,6,7,8};"这种赋值方式是错误的。

(3) 对不指定数组长度的数组赋初值

在数据个数已经确定的情况下,赋值时可以不指定数组的长度。

例如："int a[5]={0,1,2,3,4};"也可以写成"int a[]={0,1,2,3,4};"。

注意：当数组的长度与提供初值的个数不相同时,数组的长度不能省略。

3. 一维数组的引用

C语言中规定,在使用数组元素时只允许逐个引用数组元素而不能一次性引用整个数组。可以使用下标法来引用数组元素。其形式如下：

数组名[下标]

下标既可以是整型常量也可以是整型表达式。例如：a[6]也可以表示为a[2*3]。下标从0开始取值,当下标为0时代表该数组的第一个元素。例如：数组int a[10]中,a[0]表示数组中的第一个元素,a[9]代表第十个元素。

注意定义数组与引用数组的区别,例如：

int a[8];   /*定义一个数组,长度为8 */
m=a[5];   /*引用数组a中序号为5的元素,这里的5并不代表数组长度*/

在数组元素参与表达式运算之前必须对数组元素进行赋值,对数组元素进行赋值的方法有多种,例如：

a[3]=6;   /*直接赋值 */
scanf("%d",&a[3]); /*键盘输入赋值 */

【知识拓展】

拓展任务 6.1：从键盘输入 10 个数，找出最大数和最小数并逆序输出这 10 个数。流程图如图 6.3 所示。

参考代码如下：

```
1    #include <stdio.h>
2    int main()
3    {
4      int a[10];
5      int i;
6      int max = 1, min = 1;
7      for(i = 0; i <= 9; i++)
8        scanf("%d", &a[i]);
9      for(i = 0; i <= 9; i++)
10     {
11       if(a[i] > max) max = a[i];
12       if(a[i] < min) min = a[i];
13     }
14     printf("最大值 = %d,最小值 = %d\n", max, min);
15     for(i = 9; i >= 0; i--)
16       printf("%d ", a[i]);
17     printf("\n");
18     return 0;
19   }
```

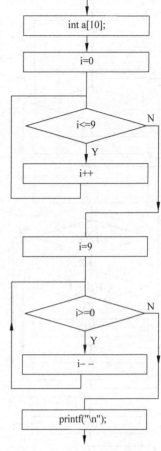

图 6.3 逆序输出流程图

程序运行结果如图 6.4 所示。

图 6.4 拓展任务 6.1 程序运行结果

拓展任务 6.2：从键盘输入 10 个数，由小到大进行排序。

任务分析：按照题目的要求，毫无疑问，正确的结果应该就像这样：1 2 3 4 5 6 7 8 9 10。要出现该结果，最简单和最直接的方法就是进行对比交换。首先，把 10 个数里最小的个数放到下标为 0 的位置上(str[0])。通过将下标为 0 的数(str[0])与剩下其余 9 个数进行对比交换(将较少者放置在下标为 0 的位置上)，就可以得到这 10 个数中最小的那个。最小的数确定后，接下来就要找剩下 9 个数中最小的那个。因为已经确定出一个最小的数，所以就不要使用 str[0]了，直接从 str[1]开始，与剩下的 8 个数对比交换，找出 9 个数中最小的数放到下标为 1(str[1])的位置上，继续按照这个思路进行对比交换就可以将这 10 个数变成有序的(从小到大)的数组。流程图如图 6.5 所示。

参考代码如下：

```
1    #include <stdio.h>
2    int main()
```

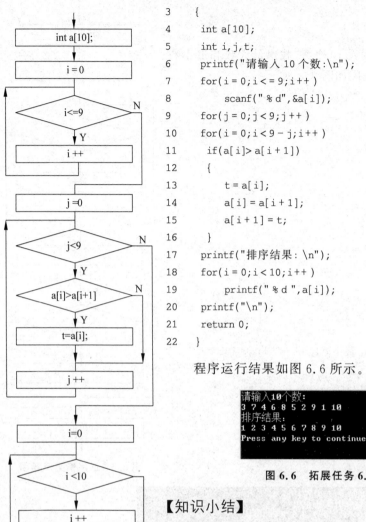

```
3   {
4       int a[10];
5       int i,j,t;
6       printf("请输入10个数:\n");
7       for(i = 0;i <= 9;i++)
8           scanf("%d",&a[i]);
9       for(j = 0;j < 9;j++)
10          for(i = 0;i < 9 - j;i++)
11              if(a[i]> a[i+1])
12              {
13                  t = a[i];
14                  a[i] = a[i+1];
15                  a[i+1] = t;
16              }
17      printf("排序结果:\n");
18      for(i = 0;i < 10;i++)
19          printf("%d ",a[i]);
20      printf("\n");
21      return 0;
22  }
```

程序运行结果如图6.6所示。

图6.6 拓展任务6.2程序运行结果

图6.5 由小到大排序流程图

【知识小结】

（1）数组名的命名规则和变量名相同，其遵循标识符的命名规则。

（2）定义数组时，常量表达式可以是常量或符号常量，不能包含变量。

（3）定义数组与引用数组时所使用到的下标是有区别的。这一点在编写程序时要特别注意。

（4）由于数组中的元素是若干个相同类型的数值，不能对其进行整体的输入或者输出，必须针对单个元素进行输入或者输出，这时就要使用循环结构，对于一维数组来说，使用单层循环。

6.2 二维数组

二维数组本质上是以数组作为数组元素的数组，即"数组的数组"。二维数组又称为矩阵，行列数相等的矩阵称为方阵。本节介绍二维数组的定义、初始化以及引用方法。

本节学习目标：
- 掌握二维数组的定义。
- 掌握二维数组的初始化。
- 掌握二维数组的引用。

【任务提出】

任务 6.2：一个学习小组有 4 个人，每个人有 3 门课的考试成绩，见表 6.1。求全组分科平均成绩和各科总成绩。

表 6.1　成绩表

课程名称＼姓名	小刘	小关	小张	小赵
高数	80	61	59	85
C 语言	75	65	63	87
英语	92	71	70	90

【任务分析】

可设一个二维数组 a[4][3] 用于存放 4 个人 3 门课的成绩。再设一个一维数组 v[3] 存放各分科平均成绩，设变量 average 为全组各科总平均成绩。流程图如图 6.7 所示。

【任务实现】

参考代码如下：

```
1    #include <stdio.h>
2    int main()
3    {
4        int i,j,s = 0,average,v[3],a[4][3];
5        printf("请输入 4 人分数: \n");
6        for(i = 0;i < 3;i++)
7        {
8            for(j = 0;j < 4;j++)
9            {
10               scanf("%d",&a[j][i]);
11               s = s + a[j][i];
12           }
13           v[i] = s/4;
14           s = 0;
15       }
16       average = (v[0] + v[1] + v[2])/3;
17       printf("数学平均分:%d\nC 语言平均分:%d\n英语平均分:%d\n",v[0],v[1],v[2]);
18       printf("平均分:%d\n", average );
19       return 0;
20   }
```

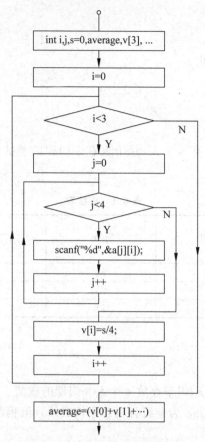

图 6.7 任务 6.2 流程图

程序运行结果如图 6.8 所示。

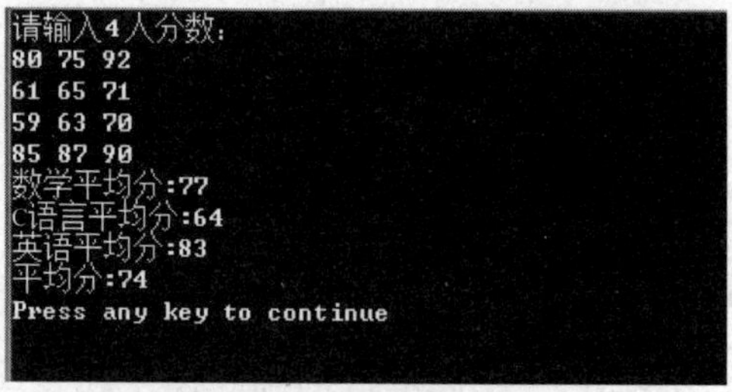

图 6.8 任务 6.2 程序运行结果

【知识讲解】

1. 二维数组的定义

我们在学习二维数组时,首先要掌握一个二维数组是如何定义的。定义二维数组的具体语句格式如下:

类型说明符 数组标识符[常量表达式1][常量表达式2];

定义语句的功能是定义一个指定"存储类型"和"数据类型"的二维数组,其中有"常量表达式1*常量表达式2"个数组元素,元素的一般表示格式如下:

数组名[下标1][下标2]

例如：

```
int array[5][4];
float e[2][3];
```

像定义一维数组一样，以上数组的定义包括了存储类型、数据类型、数组名及数组的大小等内容。上面例题中，array 数组中有 $5 \times 4 = 20$(个)元素，e 数组中有 $2 \times 3 = 6$(个)元素。

说明：

- 定义语句中存储类型、数据类型、数组名、长度的选取和一维数组相关内容相同，格式中左边的常量表达式表示数组的行，右边的常量表达式表示数组的列，同一维数组一样，二维数组的下标值也是从 0 开始的。数组各元素占有连续的存储空间，各数组元素按行的顺序排列。
- 一个数组定义语句中可以只定义一个二维数组，也可以定义多个二维数组，可以在一个定义语句中同时定义一维数组和二维数组，还可以同时定义数组和变量。
- 一个二维数组可以看成若干个一维数组。例如定义了二维数组 a[2][3]，可以看成是两个长度为 3 的一维数组，这两个一维数组的名字分别为 a[0]、a[1]。其中名为 a[0] 的一维数组元素是 a[0][0]、a[0][1]、a[0][2]；名为 a[1] 的一维数组元素是 a[1][0]、a[1][1]、a[1][2]。
- 二维数组的元素在内存中是先按行、后按列的次序排列的。例如定义一个二维数组 a[2][3]，其中 6 个元素在内存中的排列次序是：a[0][0]、a[0][1]、a[0][2]、a[1][0]、a[1][1]、a[1][2]。

2. 二维数组的初始化

通过上面的学习，我们已经掌握了如何定义一个二维数组。在定义二维数组的同时，我们可以对其进行初始化。二维数组的初始化与一维数组的初始化类似，可以用下面 4 种方法对二维数组初始化。

(1) 分行给二维数组所有元素赋初值。初值按行的顺序依次排列，每行都用一对大括号括起来，各行之间用逗号隔开。例如：

```
int a[2][3] = {{1,2,3},{4,5,6}};
```

使用这种方法较为直观，其中{1,2,3}是给第一行 3 个数组元素的，可以看成是赋给一维数组 a[0] 的；{4,5,6}是给第二行 3 个数组元素的，可以看成是赋给一维数组 a[1] 的。

(2) 将所有元素放在一个大括号内，按数组排列顺序进行赋值，例如：

```
int a[2][3] = {1,2,3,4,5,6};
```

使用这种方法的效果与第一种方法相同，但是当数据量大时容易发生遗漏的情况，所以不推荐使用。

(3) 可以对部分元素赋初值。例如，"int a[3][3] = {{1},{2},{3}};"是对每一行的第一列元素赋值，未赋值的元素取 0 值。赋值后各元素的值如下：

```
2 0 0
3 0 0
```

再如,"int a[3][3]={{0,1},{0,0,2},{3}};"赋值后的元素值如下:

```
0 1 0
0 0 2
3 0 0
```

(4) 对全部元素都赋初值。此时定位数组时对第一维的长度可以不指定,但第二维的长度不能省略。例如:

int a[2][3] = {1,2,3,4,5,6};

与下面的定义等价:

int a[ ][3] = {1,2,3,4,5,6};

系统会通过数据总个数自动计算出第一维的长度。

数组是一种构造类型的数据类型。二维数组可以看作是由一维数组的嵌套而构成的。设一维数组的每个元素又都是一个数组,这就组成了二维数组。当然,前提是各元素类型必须相同。根据这样的分析,一个二维数组也可以分解为多个一维数组。C 语言允许这种分解。

如二维数组 a[3][4],可分解为三个一维数组,其数组名分别如下:

```
a[0]
a[1]
a[2]
```

对这三个一维数组不需另作说明即可使用。这三个一维数组都有 4 个元素,例如,一维数组 a[0]的元素为 a[0][0]、a[0][1]、a[0][2]、a[0][3]。

必须强调的是,a[0]、a[1]、a[2]不能当作下标变量使用,它们是数组名,不是一个单纯的下标变量。

3. 二维数组的引用

当我们定义并初始化一个二维数组后,会涉及使用数组中的元素操作,这就要了解如何引用二维数组中的元素即二维数组中元素的表现形式。二维数组的元素也称为双下标变量,其表示的形式如下:

数组名[下标][下标]

其中下标应为整型常量或整型表达式。

例如:a[3][4]表示 a 数组第三行第四列的元素。

下标变量和数组说明在形式中有些相似,但这两者具有完全不同的含义。数组说明的方括号中给出的是某一维的长度,即可取下标的最大值;而数组元素中的下标是该元素在数组中的位置标识。前者只能是常量,后者可以是常量、变量或表达式。

【知识拓展】

拓展任务 6.3:从键盘上输入一个 2×3 的矩阵,编写 C 语言程序,将其转置后形成 3×2 矩阵输出。

任务分析：矩阵的转置是将原矩阵的行列互换。例如原矩阵为

1 2 3
4 5 6

则转置后的矩阵为

1 4
2 5
3 6

流程图如图 6.9 所示。
参考代码如下：

```
1    #include<stdio.h>
2    int main()
3    {
4      int a[2][3],b[3][2],i,j;
5      printf("输入一个 2*3 的矩阵:\n");
6      for(i=0;i<2;i++)
7        for(j=0;j<3;j++)
8          scanf("%d",&a[i][j]);
9      for(i=0;i<3;i++)
10       for(j=0;j<2;j++)
11         b[i][j]=a[j][i];
12     printf("行列互换后的矩阵为:\n");
13     for(i=0;i<3;i++)
14     {
15       for(j=0;j<2;j++)
16         printf("%4d",b[i][j]);
17       printf("\n");
18     }
19     return 0;
20   }
```

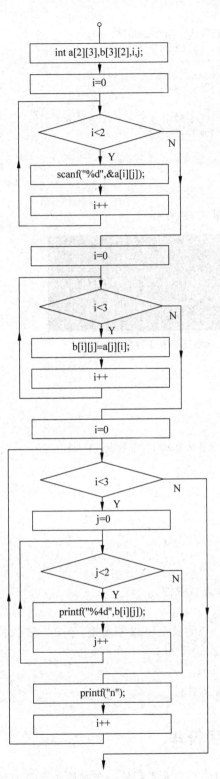

图 6.9 拓展任务 6.3 流程图

程序运行结果如图 6.10 所示。

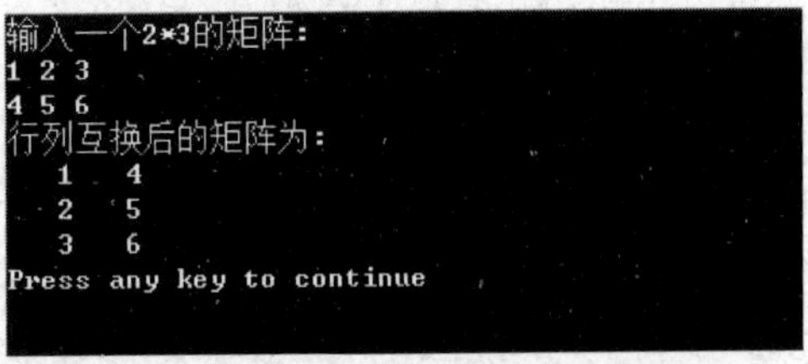

图 6.10 拓展任务 6.3 程序运行结果

拓展任务 6.4：编写程序向一个 3×3 的矩阵（整型数组）输入数据，输出对角线元素并求它们的和。

任务分析：流程图如图 6.11 所示。
参考代码如下：

```
1    #include<stdio.h>
2    int main()
3    {
4      int a[3][3],sum=0;
```

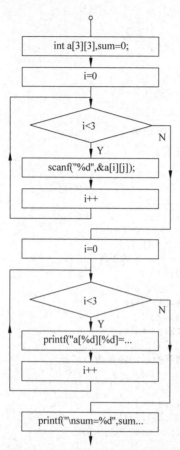

图 6.11　输出对角线元素流程图

```
5      int i,j;
6      printf("请输入一个3*3矩阵:\n");
7      for(i = 0;i < 3;i++ )
8          for(j = 0;j < 3;j++ )
9              scanf(" % d",&a[i][j]);
10     for(i = 0;i < 3;i++ )
11     {
12         printf("a[ % d][ % d] = % d\t",i,i,a[i][i]);
13         sum = sum + a[i][i];
14     }
15     printf("\nsum = % d\n",sum);
16     return 0;
17 }
```

程序运行结果如图 6.12 所示。

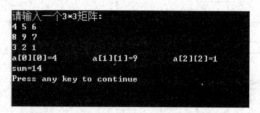

图 6.12　拓展任务 6.4 程序运行结果

【知识小结】

（1）二维数组的定义形式

类型说明符 数组名[常量表达式 1][常量表达式 2];

（2）二维数组元素的引用

数组名[行下标][列下标]

（3）二维数组的初始化

二维数组初始化有以下四种方式。

① 分行给二维数组所有元素赋初值。

② 将所有元素放在一个大括号内,按数组排列顺序进行赋值。

③ 对部分元素赋初值。

④ 如果对全部元素都赋初值,则定位数组时对第一维的长度可以不指定,但第二维的长度不能省略。

（4）二维数组元素的输入、输出

使用双层循环嵌套对二维数组的所有元素进行输入、输出。

6.3　字符数组和字符串

字符数组是用来存放字符数据的数组。字符数组中的一个元素存放一个字符。字符串是指若干个 C 语言规定的有效字符序列。

本节学习目标：

• 掌握字符数组与字符串。

- 掌握字符串的输入与输出。
- 掌握字符串处理函数。

【任务提出】

任务 6.3：编写一个程序，使用键盘依次输入两个字符串，按下回车键将两个字符串连接起来并输出。

【任务分析】

要解决本问题首先要掌握字符数组的定义、初始化以及引用；其次要掌握字符串的输入与输出。流程图如图 6.13 所示。

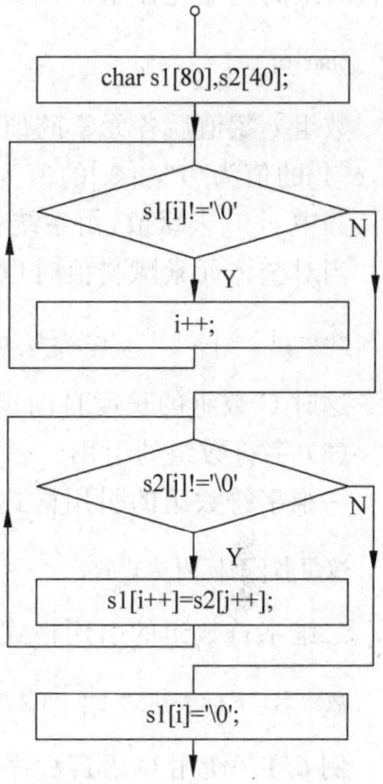

【任务实现】

参考代码如下：

```
1    #include <stdio.h>
2    int main()
3    {
4      char s1[80],s2[40];
5      int i=0,j=0;
6      printf("input string1: ");
7      scanf("%s",s1);
8      printf("input string2: ");
9      scanf("%s",s2);
10     while(s1[i]!='\0')
11        i++;                      //i不断增加,直到字符串结束标识
12     while(s2[j]!='\0')
13        s1[i++]=s2[j++];          //将第二个字符串中的有效字符复制到第一个字符串后面
14     s1[i]='\0';                  //给新字符串加字符串结束标识
15     printf("new string: %s\n",s1);
16     return 0;
17   }
```

图 6.13 字符串连接流程图

程序运行结果如图 6.14 所示。

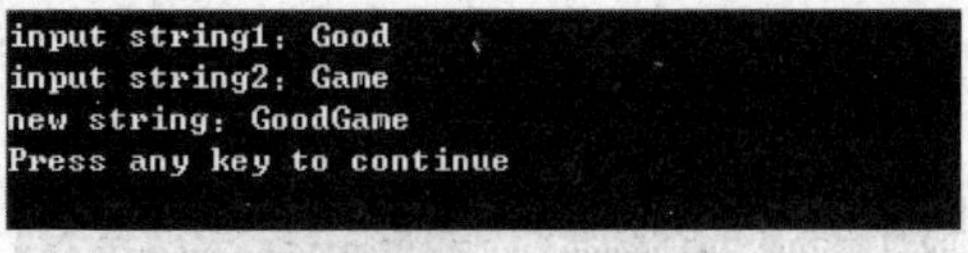

```
input string1: Good
input string2: Game
new string: GoodGame
Press any key to continue
```

图 6.14 任务 6.3 程序运行结果

【知识讲解】

1. 字符数组

（1）字符数组的定义

我们在学习字符数组时，首先要掌握一个字符数组是如何定义的。字符数组的定义方法与前面介绍的数值数组相同。例如，char c[10]中，由于字符型和整型通用，也可以定义为 int c[10]，但这时每个数组元素占 2 字节的内存单元。

字符数组也可以是二维数组或多维数组。例如：char c[5][10];即为二维字符数组。

(2) 字符数组的初始化

在定义一个字符数组的同时我们也可对其进行初始化。这里用一个例子说明如何在定义字符数组时初始化赋值。例如：

char c[10] = {'c',' ','p','r','o','g','r','a','m'};

数组 c 赋值后各元素的值为：c[0]的值为'c',c[1]的值为' ',c[2]的值为'p',c[3]的值为'r',c[4]的值为'o',c[5]的值为'g',c[6]的值为'r',c[7]的值为'a',c[8]的值为'm'。

其中 c[9]未赋值,由系统自动赋'0'值。

当对全体元素赋初值时也可以省去长度说明。例如：

char c[ ] = {'c',' ','p','r','o','g','r','a','m'};

这时 C 数组的长度自动定为 9。

(3) 字符数组的引用

一维字符数组的引用格式如下：

数组名[下标表达式];

二维字符数组的引用格式如下：

数组名[下标表达式 1] [下标表达式 2];

例 6.1　使用 C 语言程序输出一个字符串。

参考代码如下：

```
1     #include <stdio.h>
2     int main()
3     {
4       char c[10] = {'I',' ','a','m',' ','a',' ','m','a','n'};
5       int i;
6       for(i = 0;i < 10;i++)
7         printf("%c",c[i]);
8       printf("\n");
9       return 0;
10    }
```

程序运行结果如图 6.15 所示。

图 6.15　例 6.1 程序运行结果

例 6.2　从键盘上输入一行字符(不多于 40 个,以回车换行符作为输入结束标记),将其中的大写字母改为小写字母,其他字符不变,然后逆向输出。

参考代码如下：

```
1     #include <stdio.h>
2     main()
3     {
4       char a[40];
```

```
5       int n = 0;
6       printf("input char(<40):");
7       do
8       {
9         scanf("%c",&a[n]);                /*输入单个字符存入数组a*/
10        if(('A'<=a[n])&&(a[n]<='Z'))
11          a[n] += 32;                     /*大写字母改为小写字母*/
12        n++;
13      }while(a[n-1]!='\n');               /*若输入字符不是'\n',则继续循环*/
14      n = n-2;                            /*将下标定在最后一个有效字符上*/
15      while(n>=0)                         /*反复输出第n个下标对应的字符*/
16        printf("%c",a[n--]);              /*每次下标减1,保证逆向输出*/
17      printf("\n");
18      return 0;
19    }
```

程序运行结果如图6.16所示。

图6.16 例6.2程序运行结果

2. 字符串

在C语言中,由于没有专门的字符串变量,通常用一个字符数组来存放一个字符串。当把一个字符串存入一个数组时,总是以'\0'作为字符串的结束符。C语言允许用字符串的方式对数组作初始化赋值。例如:

char c[] = {'C','h','i','n','a'};

或去掉{}写为

char c[] = "China";

用字符串方式赋值比用字符逐个赋值要多占一个字节,多出来的一个字节用于存放字符串结束标志'\0'。上面的数组c在内存中的实际存放情况为

| C | h | i | n | a | \0 |

"China"中共有5个字符,但实际在内存中占6字节,最后一个字节'\0'是系统自动添加上的。字符串是以一维数组的形式存放于内存中的。

有了结束标志'\0'后,在程序中往往通过检测'\0'的位置来判断字符串是否结束。在定义字符数组时应先估计所存字符串的实际长度,保证数组长度始终大于字符串实际长度。

3. 字符串的输入与输出

字符串的输入与输出有两种方法。
(1) 用"%s"格式符将字符串一次性输入或输出
例如:

char str[] = {"china"};
printf("%s",str);

(2) 用 "%c" 格式符逐个输入或输出一个字符

例如：任务 6.1 中的应用。

注意：

- 输出的字符串内容中不包括结束标识符 '\0'。
- 如果一个字符数组中包含一个以上 '\0'，输出时遇到第一个 '\0' 结束。
- 使用 "%s" 格式符输出字符串时，printf() 函数中的输出项不能是数组元素名，应该是字符数组名。
- 可以用 scanf() 函数输入一个字符串。输入的字符串应该短于已定义的字符数组长度。
- 可以用 printf() 函数输出一个字符串。输出时遇到 '\0' 结束。

4. 字符串处理函数

C 语言提供了丰富的字符串处理函数，大致可分为字符串的输入、输出、合并、修改、比较、转换、复制、搜索等几类。使用这些函数可大大减轻编程的负担。用于输入/输出的字符串函数在使用前应包含头文件 "stdio.h"，使用其他字符串函数则应包含头文件 "string.h"。

下面介绍几个最常用的字符串函数。

(1) 字符串输出函数 puts()

格式如下：

puts (字符数组名);

功能：把字符数组中的字符串输出到显示器，即在屏幕上显示该字符串。

(2) 字符串输入函数 gets()

格式如下：

gets (字符数组名);

功能：从标准输入设备键盘上输入一个字符串。

本函数得到一个函数值，即为该字符数组的首地址。

(3) 字符串连接函数 strcat()

格式如下：

strcat (字符数组名1,字符数组名2);

功能：把字符数组 2 中的字符串连接到字符数组 1 中字符串的后面，并删去字符串 1 后的字符串标志 "\0"。本函数返回值是字符数组 1 的首地址。

(4) 字符串拷贝函数 strcpy()

格式如下：

strcpy (字符数组名1,字符数组名2);

功能：把字符数组 2 中的字符串拷贝到字符数组 1 中。字符串结束标志 "\0" 也一同拷贝。字符数组名 2 也可以是一个字符串常量，这时相当于把一个字符串赋给一个字符数组。

(5) 字符串比较函数 strcmp()

格式如下：

strcmp (字符数组名1,字符数组名2);

功能：按照 ASCII 码顺序比较两个数组中的字符串,并由函数返回值返回比较结果。
字符串 1＝字符串 2,返回值＝0。
字符串 2＞字符串 2,返回值＞0。
字符串 1＜字符串 2,返回值＜0。
本函数也可用于比较两个字符串常量,或比较数组和字符串常量。
(6) 检测字符串长度函数 strlen()
格式如下：

strlen(字符数组名);

功能：检测字符串实际长度(不含字符串结束标志'\0')并作为函数返回值。

【知识拓展】

拓展任务 6.5：输出一个菱形。

```
    *
   * *
  *   *
   * *
    *
```

参考代码如下：

```
1    #include<stdio.h>
2    int main()
3    {
4        char a[5][5] = {
5            {' ',' ','*',' ',' '},
6            {' ','*',' ','*',' '},
7            {'*',' ',' ',' ','*'},
8            {' ','*',' ','*',' '},
9            {' ',' ','*',' ',' '}
10       };
11       int i,j;
12       for(i = 0;i<5;i++)
13       {
14           printf("\n");
15           for(j = 0;j<5;j++)
16               printf(" %c",a[i][j]);
17       }
18       printf("\n");
19       return 0;
20   }
```

程序运行结果如图 6.17 所示。

图 6.17　拓展任务 6.5 程序运行结果

拓展任务 6.6：编写一个程序，将字符数组 s2 中的全部字符复制到字符数组 s1 中。不使用 strcpy() 函数。

参考代码如下：

```
1    #include<stdio.h>
2    #include<string.h>
3    int main()
4    {
5      char s1[100],s2[100];
6      int i;
7      printf("请输入 s1: ");
8      gets(s1);
9      printf("请输入 s2: ");
10     gets(s2);
11     for(i=0;i<100;i++)
12     {
13       s1[i]=s2[i];
14       if(s2[i]=='\0')break;
15     }
16     printf("\n结果：\n");
17     printf("s1=");
18     puts(s1);
19     printf("s2=");
20     puts(s2);
21     return 0;
22   }
```

程序运行结果如图 6.18 所示。

图 6.18 拓展任务 6.6 程序运行结果

【知识小结】

(1) 字符数组与字符串的区别。字符数组是一个存储字符的数组，而字符串是一个用双引号括起来的以 '\0' 结束的字符序列，虽然字符串是存储在字符数组中的，但是一定要注意字符串的结束标志是 '\0'。

(2) 字符串常量是由双引号括起来的一串字符。在存储字符串时，系统会自动在其尾部加上一个空值 '\0'，空值也要占用 1 字节，例如字符串 "ABC" 需要占 4 字节。

(3) 字符串输入、输出。

第一种方法：调用 scanf()、printf() 函数实现，格式说明符使用"%s"。举例如下：

```
char a[50];
scanf("%s",a);              //当遇到空格或者回车时系统认为字符串输入结束
printf("%s",a);             //字符串输出
```

第二种方法：调用 gets()、puts() 函数实现。举例如下：

char a[50];
gets(a);   //当遇到回车时系统认为字符串输入结束
puts(a);

(4) 要掌握的四个字符串函数：字符串拷贝函数 strcpy()、求字符串长度函数 strlen()、字符串链接函数 strcat()、字符串比较函数 strcmp()。使用这些函数需在预处理部分包含头文件 string.h。

(5) 字符串长度要小于字符数组的长度，例如："char str[10]="Hello";"，则 sizeof(str) 的值为 10(数组长度)，而 strlen(str)的值为 5(字符串长度)。

本 章 总 结

(1) 数组的定义
数组是一组具有相同类型的数据的集合,这些数据称为数组元素。格式如下：

类型名 数组名[常量表达式]

数组的所占字节数为元素个数与基类型所占字节数的乘积。

(2) 数组的初始化
第一维长度可以不写,其他维长度必须写。

int a[] = {1,2};   //合法
int a[][3] = {2,3,4};   //合法
int a[2][] = {2,3,4};   //非法

数组初始化元素值默认为 0,没有初始化元素值为随机数。如在"int a[5]={0,1,2};"中,元素 a[4]值为 0；而在"int a[5];"中,元素 a[4]值为一个不确定的随机数。

(3) 数组元素的引用
数组元素的下标从 0 开始,到数组长度减 1 结束。所以"int a[5];"中数组最后一个元素是 a[4]。要把数组元素看作一个整体,可以把 a[4]当作一个整型变量。

(4) 二维数组
数组"a[2][3]={1,2,3,4,5,6};"中包含 6 个元素,有 2 行 3 列。第一行为 a[0]行,第二行为 a[1]行,a[0]、a[1]叫行首地址,是地址常量。*(a[0]+1)是第一行第一个元素往后跳一列,即元素 a[0][1]且其值为 2,*(a[0]+3)是第一行第一个元素往后跳三个,即元素 a[1][0]且其值为 4。

(5) 数组名
数组名是数组的首地址。数组名不能单独引用,不能通过一个数组名代表全部元素。数组名是地址常量,不能对数组名赋值,所以 a++是错误的。但数组名可以作为地址与一个整数相加得到一个新地址。

(6) 数组元素形式的转换
为便于转换可遵循"脱衣服法则",如：a[2]转换成 *(a+2),a[2][3]转换成 *(a+2)[3],也可转换成 *(*(a+2)+3)。

习 题 6

1. 选择题

(1) 以下关于数组的描述正确的是(　　)。
   A. 数组的大小是固定的,但可以有不同的类型的数组元素
   B. 数组的大小是可变的,但所有数组元素的类型必须相同
   C. 数组的大小是固定的,所有数组元素的类型必须相同
   D. 数组的大小是可变的,可以有不同的类型的数组元素

(2) 以下对一维整型数组 a 的正确说明是(　　)。
   A. int a(10);　　　　　　　　　　　B. int n=10,a[n];
   C. int n;　　　　　　　　　　　　　D. #define SIZE 10
      scanf("%d",&n);　　　　　　　　　　 int a[SIZE];
      int a[n];

(3) 在 C 语言中,引用数组元素时,其数组下标的数据类型允许是(　　)。
   A. 整型常量　　　　　　　　　　　　B. 整型表达式
   C. 整型常量或整型表达式　　　　　　D. 任何类型的表达式

(4) 以下对一维数组 m 进行正确初始化的是(　　)。
   A. int m[10]=(0,0,0,0);　　　　　B. int m[10]={};
   C. int m[]={0};　　　　　　　　　　D. int m[10]={10*2};

(5) 不能把字符串"Hello!"赋给数组 b 的语句是(　　)。
   A. char str[10]={'H','e','l','l','o','!'};
   B. char str[10];str="Hello!";
   C. char str[10];strcpy(str,"Hello!");
   D. char str[10]="Hello!";

(6) 若定义"int a[10];",则对 a 数组元素的正确引用是(　　)。
   A. a[10]　　　　B. a[4.3]　　　　C. a(5)　　　　D. a[6-6]

(7) 以下对一维数组进行正确初始化的语句是(　　)。
   A. int a[3]={0,1};　　　　　　　　B. int a[3]={};
   C. int a[]=[0];　　　　　　　　　　D. int a[3]={3*2};

(8) 若有数组定义"char array[]="China";",则数组 array 所占的空间为(　　)字节。
   A. 4　　　　　　B. 5　　　　　　　C. 6　　　　　　D. 7

(9) 下面不正确的字符串常量是(　　)。
   A. 'abc'　　　　B. "12'12"　　　　C. "0"　　　　　D. " "

(10) 有以下程序

```
main()
{ char a[10] = "abcd";
   printf("%d,%d\n",strlen(a),sizeof(a));}
```

程序运行后的输出结果是(　　)。
   A. 7,4　　　　　B. 4,10　　　　　C. 8,8　　　　　D. 10,10

2. 填空题

(1) 运行下面的程序,如果从键盘上输入 ABC 时,输出的结果是_____。

```c
#include<string.h>
main()
{
  char ss[10] = "12345";
  strcat(ss, "6789" );
  gets(ss);printf("%s\n",ss);
}
```

(2) 以下程序运行后,输出的结果是_____。

```c
#include<stdio.h>
#include<string.h>
main()
{
  char w[][10] = {"ABCD","EFGH","IJKL","MNOP"},k;
  for (k = 1;k<3;k++)
  printf("%s\n",&w[k][k]);
}
```

(3) 以下程序运行结果是_____。

```c
#include<stdio.h>
main()
{
  int a[3][3] = {1,2,3,4,5,6,7,8,9},i,s1 = 0,s2 = 1;
  for(i = 0;i<=2;i++)     { s1 = s1 +a[i][i];
                            s2 = s2*a[i][i];};
  printf("s1 = %d,s2 = %d",s1,s2);
}
```

3. 程序设计题

(1) 定义一个二维数组,存入 5 位学生的数学、语文、英语、物理、化学 5 门课程的成绩,计算并输出每一门课程的平均成绩和每一位学生的平均成绩。

(2) 已有一个已排好序的数组,现在输入一个数,要求按原来排序的规律将它插入数组中。

(3) 有一篇文章,共有 3 行文字,每行有 80 个字符。要求分别统计出其中英文大写字母、小写字母、空格以及其他字符的个数。

(4) 有 15 个数按由小到大顺序存放在一个数组中,输入一个数,要求用折半查找法找出该数是数组中第几个元素的值。如果该数不在数组中,则打印出"无此数"。

(5) 输入 10 个分数,去掉最高分和最低分后求平均分,保留一位小数。

(6) 已知数组声明为"int a[6] = {10,20,30,40,50};",前 5 个数组元素是按升序排列的,输入一个整数并插入到数组 a 中,要求 6 个数组元素是按升序排列的,输出数组。

(7) 输入 10 个数到数组 t 中,再输入 x,如果有与 x 相等的数组元素,输出该数组元素的下标;否则,输出 -1。

(8) 输入 9 个整数到数组 t 中(数组长度为奇数),将数组 t 中的数组元素倒置,输出倒置以后的数组 t。例如:数组 t 中 9 个数组元素依次为 2、4、6、8、9、7、5、3、1,倒置以后 9 个数组元素依次为 1、3、5、7、9、8、6、4、2。已知变量声明和数组声明为"int i, tmp, t[9];",要求不再声明其他的变量或数组。

第 7 章

函 数

Chapter 7

在 C 语言中,函数是程序的基本组成单位。C 语言将一些最常用的操作已预先定义为函数,这些函数称为标准函数,或称为库函数,在程序设计时不需定义而可以直接调用。实际应用中,大量函数是程序设计人员根据实际问题的需要由用户自定义的,这些函数称为用户自定义函数。

学习目标	(1) 理解函数的概念和定义。 (2) 掌握函数的调用。 (3) 掌握函数的嵌套与递归方法。 (4) 掌握变量的作用域、生存期与存储类别。 (5) 掌握内部函数和外部函数的定义与使用。

7.1 函数概述

在前面的学习中,我们对函数有了初步的认识。从本质上讲,函数就是一组实现特定功能的语句集合,需要该功能的时候,直接调用该函数即可。对于一些常用的函数,C 语言已经分门别类地放在不同的头文件中,使用时只要引入对应的头文件即可,我们称为库函数。比如我们最熟悉的输出函数 printf()和输入函数 scanf()。此外,我们也可以自己编写函数,称为用户自定义函数(User-Defined Function)。用户自定义函数和库函数没有本质的区别,表现形式和使用方法一样,只是开发者不同而已。这一章我们就来讲解如何编写和使用自己的函数。

本节学习目标:
- 理解函数的概念和定义。
- 掌握函数的分类。

【任务提出】

任务 7.1:使用 C 语言编写两个程序,分别用主函数 main()直接调用输出函数 printf(),输出"Hello World!",和编写自定义函数 fun(),调用输出函数 printf(),输出"Hello World!"。

【任务分析】

此任务比较简单,输出"Hello World!",即 printf("Hello World! \n"),自定义函数也是在函数中执行该语句。

【任务实现】

参考代码如下。

(1) 主函数直接实现：

```
1  #include <stdio.h>
2  int main()
3  {
4    printf("Hello World!\n");
5    return 0;
6  }
```

(2) 用户定义函数实现：

```
1  #include <stdio.h>
2  void fun()
3  {
4    printf("Hello World!\n");
5  }
6  int main()
7  {
8    fun();
9    return 0;
10 }
```

程序运行结果如图 7.1 所示。

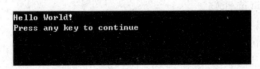

图 7.1　任务 7.1 程序运行结果

程序分析：在第二个程序的执行过程中，先从第 6 行主函数 main()开始执行，执行到第 8 行语句时调用函数 fun()，跳转至第 2 行，待函数 fun()执行结束后，返回到第 8 行主函数 main()调用函数 fun()处，继续往下执行。

【知识讲解】

1. C 语言函数的概念和定义

在前面章节的学习中，本书大多数例题都只有一个主函数 main()，但在实际应用中，程序往往是由若干个程序模块组成的，不同的模块可以由不同的程序员开发并实现特定的功能，特定功能的模块可以被多次使用，最后将所有模块组装成一个完整的程序。C 语言程序的模块就是函数，一个 C 程序往往由多个函数组成，相当于其他高级语言的子程序。可以说 C 程序的全部工作都是由各式各样的函数完成的，所以也把 C 语言称为函数式语言。

一个 C 程序的各个函数可以集中存放在一个程序文件中，也可以分散存放在几个程序文件中，函数之间的逻辑关系是通过函数调用实现的，如图 7.2 所示是 C 函数逻辑关系示意图。

在 C 语言中，包括主函数 main()在内所有函数的定义都是平行的。即在一个函数的函数

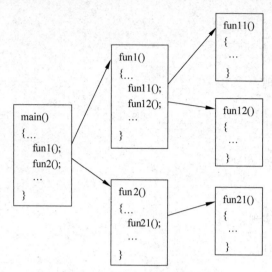

图 7.2 C 函数逻辑关系示意图

体内,不能再定义另一个函数(不能嵌套定义)。但是函数之间允许相互调用,也允许嵌套调用。习惯上把调用者称为主调函数。函数还可以自己调用自己,称为递归调用。main()函数是主函数,它可以调用其他函数,而不允许被其他函数调用。因此,C 程序的执行总是从 main()函数开始,完成对其他函数的调用后再返回到 main()函数,最后由 main()函数结束整个程序。一个 C 源程序必须有也只能有一个主函数 main()。

由于采用了函数模块式的结构,C 语言易于实现结构化程序设计。使用函数的好处如下。

(1) 程序结构清晰,可读性好。

(2) 减少重复编码的工作量。

(3) 可多人共同编制一个大程序,缩短程序设计周期,提高程序设计和调试的效率。

2. C 语言函数的分类

在 C 语言中可从不同的角度对函数分类。

(1) 从函数定义角度分类

从函数定义的角度看,C 语言函数可分为库函数和用户自定义函数两种。

① 库函数。由 C 系统提供,用户无须定义,也不必在程序中作类型说明,只需在程序前包含有该函数原型的头文件即可在程序中直接调用。在前面各章的例题中反复用到的 printf()、scanf()、getchar()、putchar()、gets()、puts()、strcat()等函数均属此类。

② 用户自定义函数。由用户按需要编写的函数。对于用户自定义函数,不仅要在程序中定义函数本身,而且在主调函数模块中还必须对该被调函数进行类型说明,然后才能使用。

(2) 从函数形式分类

从函数形式看,C 语言函数分为无参函数和有参函数两种。

① 无参函数。函数定义、函数说明及函数调用中均不带参数。主调函数和被调函数之间不进行参数传送。此类函数通常用来完成一组指定的功能,可以返回或不返回函数值。

② 有参函数。也称为带参函数。在函数定义及函数说明时都有参数,称为形式参数(简称为形参)。在函数调用时也必须给出参数,称为实际参数(简称为实参)。进行函数调用时,主调函数将把实参的值传送给形参供被调函数使用。

(3) 从函数作用范围分类

从函数作用范围看,C 语言函数又可分为外部函数和内部函数。

① 外部函数。可以被任何编译单位调用的函数。

② 内部函数。只能在本编译单位中被调用的函数。

(4) 从有无返回值分类

从有无返回值看,C 语言的函数兼有其他语言中的函数和过程两种功能,可把函数分为有返回值函数和无返回值函数两种。

① 有返回值函数。此类函数被调用执行完后将向调用者返回一个执行结果,称为函数返回值。如数学函数即属于此类函数。由用户定义的这种要返回函数值的函数,必须在函数定义和函数说明中明确返回值的类型。

② 无返回值函数。此类函数用于完成某项特定的处理任务,执行完成后不向调用者返回函数值。这类函数类似于其他语言的过程。由于函数无须返回值,用户在定义此类函数时可指定它的返回为"空类型",空类型的说明符为 void。

【知识小结】

(1) 一个 C 程序中,有且仅有一个主函数 main()。C 程序的执行总是从主函数 main() 开始,调用其他函数后最终回到主函数 main(),在主函数 main() 中结束。

(2) 一个 C 程序由一个或多个函数组成,所有函数都是平行的。主函数可以调用其他函数,其他函数可以相互调用。

(3) 按函数定义,C 语言函数可分为库函数和用户自定义函数;按函数形式,C 语言函数可分为无参函数和有参函数;按有无返回值,C 语言函数可分为有返回值函数和无返回值函数;按函数作用范围,C 语言函数可分为外部函数和内部函数。

7.2 函数的定义和返回值

C 语言不仅提供了极为丰富的库函数,还允许用户定义自己的函数。用户可以把自己的算法编成一个个相对独立的函数模块,函数被调用时,通过函数的参数来传递数据,调用后通过返回值返回数据的结果。

本节学习目标:

- 掌握函数的定义方法。
- 掌握实参与形参间的数据传递方式。
- 掌握函数的返回值。

【任务提出】

任务 7.2:使用 C 语言编写函数求 3 个整数的最大值,其中 3 个整数由键盘输入。

【任务分析】

可以先定义函数 max(),通过参数传递接收由主函数输入 3 个数,得到最大值后通过返回值将最大值返回主函数,最后由主函数输出。

【任务实现】

参考代码如下：

```c
1  #include<stdio.h>
2  int max(int x,int y,int z)
3  {
4      int m;
5      if (x>y) m = x;
6      else m = y;
7      if (z>m) m = z;
8      return(m);
9  }
10 int main()
11 {
12     int n1,n2,n3,result;
13     scanf("%d,%d,%d",&n1,&n2,&n3);
14     result = max(n1, n2, n3);    /*调用max()函数*/
15     printf("最大值result = %d\n",result);
16     return 0;
17 }
```

程序运行结果如图7.3所示。

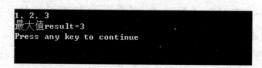

图7.3 任务7.2程序运行结果

【知识讲解】

1. 函数的定义

C语言中的函数相当于其他高级语言的子程序，C程序的全部工作都是由各种各样的函数完成的。函数本质上是一个完成特定功能的程序模块，该程序模块可以被其他函数调用，除主函数之外，其他的函数是不能独立运行的。

C函数的定义的一般形式如下：

```
返回值类型 函数名([形式参数表列])    /*函数头*/
{
    声明部分
    语句                           /*函数体*/
}
```

相关说明如下：

（1）一个函数包括函数头（函数首部）和函数体两部分。

① 函数头（函数首部）由函数返回值类型、函数名、参数表三部分组成。

- 函数返回值类型可以是基本数据类型，也可以是构造类型，若省略，则默认为int类型；若不返回值，则定义为void类型（空类型）。

- 函数名是编译系统识别函数的依据,函数名与其后的圆括号之间不能留空格,C编译系统依据一个标识符后有无圆括号来判定它是不是函数,和数组名一样,函数名代表该段程序代码在内存的首地址,即函数入口地址,函数名由用户命名,命名规则同标识符。
- 参数表可以没有参数也可以有多个参数,无参函数没有参数传递,但"()"不可省略,参数表说明参数的类型和参数的名称,各参数用","分隔,函数定义时的参数称形参,在函数调用的时候,实际参数将被拷贝到这些形式参数中。

② 函数体是由函数头下面用一对"{}"括起来的部分。若函数体内由多个"{}",最外层是函数体的范围,函数体一般包括声明部分和执行部分。

- 声明部分。定义本函数所使用的变量和进行有关声明。
- 执行部分。由若干条语句组成命令系列的程序段,在该程序段中可以调用其他函数。

(2) 除主函数外,函数不能单独运行,函数可以被主函数或其他函数调用,也可以调用其他函数,但不能调用主函数。

(3) 可以定义空函数,其形式为

返回值类型 函数名()
{}

例如定义空函数 Dummy:

Dummy()
{}

调用空函数时,表示什么工作也不做,仅起到占位符的作用,表示此处可能要调用一个函数,等以后扩充函数功能时再加以补充。空函数是程序设计的一个技巧,在软件开发的过程中一些模块暂时空缺,留待以后扩充完成。

2. 函数的参数

函数的参数分为形式参数和实际参数两种。

(1) 形式参数

定义时函数名后面括号中的变量名称为"形式参数",简称"形参"。

(2) 实际参数

主调函数中调用一个函数时,函数名后面括号中的参数(可以是一个表达式)称为"实际参数",简称"实参"。

形参出现在函数定义中,在整个函数体内都可以使用,离开该函数则不能使用;实参出现在主调函数中,进入被调函数后,实参变量也不能使用。发生函数调用时,主调函数把实参的值传送给被调函数的形参,从而实现主调函数向被调函数的数据传送。

C语言函数的形参和实参具有以下特点。

(1) 实参变量与形参变量在内存中占用各自不同的存储单元,形参变量只有在被调用时才分配内存单元,在调用结束时,即刻释放所分配的内存单元。因此,形参只在函数内部有效。函数调用结束,返回主调函数后则不能再使用该形参变量。

(2) 实参可以是常量、变量、表达式、函数等,无论实参是何种类型的量,在进行函数调用时,它们都必须具有确定的值,以便把这些值传送给形参。因此应预先采用赋值、输入等方法使实参获得确定值。

（3）实参和形参在数量上、类型上、顺序上应严格一致，否则会发生"类型不匹配"的错误。

（4）函数调用中发生的数据传送是单向的。即只能把实参的值传送给形参，而不能把形参的值反向地传送给实参。因此在函数调用过程中，形参的值发生改变，而实参中的值不会变化。

一个 C 语言程序是由若干相对独立的函数组成的，在程序运行期间，数据必然在函数中流入流出，这就是函数之间的数据传递，数据传递有参数传递和全局变量传递两种方法，参数传递又有传值与传址两种方式。C 语言提供的是传值方式，传值方式将对应实参表达式的值传递给相应的形参。C 语言的形参是函数调用的入口参数，它将数据从主调函数带进被调函数是单向传递，而数据的带回、数据的出口通过函数名进行。

例 7.1 编写 C 程序，实现通过调用 swap() 函数，对调主函数中变量 x 和 y 的值，请观察程序的输出结果。

参考代码如下：

```c
#include <stdio.h>
float swap(float a, float b)
{
    float t;
    printf("swap函数运行,交换前a= %.2f, b= %.2f\n", a, b);
    t = a; a = b; b = t;
    printf("swap函数运行,交换后a= %.2f, b= %.2f\n", a, b);
    return 0;
}
int main()
{
    float x = 10.0, y = 20.0;
    printf("调用前 x= %.2f, y= %.2f\n", x, y);
    swap(x, y);
    printf("调用后 x= %.2f, y= %.2f\n", x, y);
    return 0;
}
```

程序运行结果如图 7.4 所示。

```
调用前x=10.00 , y=20.00
swap函数运行,交换前a=10.00, b=20.00
swap函数运行,交换后a=20.00, b=10.00
调用后x=10.00 , y=20.00
Press any key to continue
```

图 7.4 例 7.1 程序运行结果

从运行结果可以看到：x 和 y 的值已传递给函数 swap() 中对应的形参 a 和 b，在函数 swap() 中，a 和 b 也确实进行了交换。但由于在 C 语言中，数据只能从实参单向传递给形参，形参数据的变化并不影响对应的实参，所以在本程序中，不能期望通过调用 swap() 函数使主函数中的 x 和 y 的值进行交换。这就是参数的传值方式。

传址方式是将实参地址传递给形参，实参与形参共享存储单元，此时一方面可完成批量数据的传递，另一方面形参的改变将引起对应实参的改变，实现数据的双向传递，并将多个数据带回。传址方式增加了函数之间的联系,但不利于程序中错误的隔离。C语言不直接提供传址方式,而是借由指针、数组完成,用以从函数中带回多个值。

3. 函数的返回值

函数的返回值是指函数被调用后返回给主调函数的值。通过在函数中使用返回语句,返回结果的同时终止被调函数的运行,程序运行流程返回主函数。返回语句的一般格式如下:

return(表达式);

或

return 表达式;

例如:

return max;
return a + b;
return (100 + 200);

有关说明如下。

(1) 在函数中允许有多个 return 语句,但每次调用只能有一个 return 语句被执行,因此只能返回一个函数值。一旦遇到 return 语句,不管后面有没有代码,函数立即运行结束,将值返回。例如:

```
int func()
{
    int a = 100, b = 200, c;
    return a + b;
    return a * b;
    return b/a;
}
```

返回值始终是 a+b 的值,也就是 300。

(2) 函数值的类型和函数定义中函数的类型应保持一致。如果两者不一致,则以函数类型为准,能够进行类型转换的自动进行类型转换,否则编译出错。

(3) 如函数值为整型,在函数定义时可以省去类型说明。

(4) 不返回函数值的函数,可以明确定义为"空类型",类型说明符为 void。

例如:

```
void func()
{
    printf("Hello world!\n");
}
```

若没有返回语句,则该函数执行到最后一个大括号时,自动返回。但一个没有 return 语句的函数,并不意味着没有返回值。实际上任何一个类型不是 void 的函数都有一个返回值,包含 return 语句的函数带回一个确定的值,而没有 return 语句的函数则返回一个不确定的值,这可能使程序的执行产生难以预料的后果。所以,通常为了减少出错,对不要求返回值的函数都应定义为空类型。

【知识拓展】

拓展任务 7.1：使用 C 语言编写程序进行函数调用，要求数组名作为函数参数。

任务分析：数组用作函数参数有两种形式：一种是把数组元素（下标变量）作为实参使用；另一种是把数组名作为函数的形参和实参使用。当数组名作为实参向被调函数传递时，只传递数组的首地址，而不是将数组元素都复制到函数中去。注意，没有下标的数组名就是一个指向该数组第一个元素的指针（指针的概念将在后续章节讨论）。

参考代码如下：

```c
#include <stdio.h>
int arrx(int *n);        /*函数原型声明*/
main()
{
    int i;
    int m[10];
    for(i = 0; i < 10; i++)
        m[i] = i;
    arrx(m);              /*函数调用,按指针方式传递数组*/
    return 0;
}
int arrx(int *n)          /*arrx函数定义*/
{
    int j;
    for(j = 0; j < 10; j++)
        printf("%3d", *(n++));
    printf("\n");
}
```

程序运行结果如图 7.5 所示。

图 7.5　拓展任务 7.1 程序运行结果

当然，当要传递数组的某个元素时，可将数组元素作为实参，按简单变量作为实参传递的方法使用数组元素。

【知识小结】

(1) 函数调用时，主调函数把实参的值传送给被调函数的形参，从而实现主调函数向被调函数的数据传递。

(2) 函数被调用后，可以通过返回值返回给主调函数，从而实现被调函数向主调函数的数据传递。

7.3 函数的声明和调用

函数在定义完成之后,需要先声明再调用。声明是告诉编译程序函数是怎样定义的,函数的使用称为函数调用。

本节学习目标:
- 理解函数声明的作用。
- 掌握函数的调用方法。

【任务提出】

任务 7.3:使用 C 语言编写程序计算 sum=1!+2!+3!+…+10!。

【任务分析】

可分别定义两个函数,sum()用于求和、factorial()用于求阶乘;主函数 main()调用函数 sum()用于求各阶乘之和,函数 sum()调用函数 factorial()用于求每个数的阶乘。

【任务实现】

参考代码如下:

```
1   #include<stdio.h>
2   int factorial(int n);         /*函数声明*/
3   int sum(int n);               /*函数声明*/
4   int main()
5   {
6       printf("1! + 2! + … + 9! + 10! = %ld\n", sum(10));
7       return 0;
8   }
9   int factorial(int n)          /*求阶乘*/
10  {
11      int i;
12      int result = 1;
13      for(i = 1; i <= n; i++)
14      {
15          result *= i;
16      }
17      return result;
18  }
19  int sum(int n)                /*求累加*/
20  {
21      int i;
22      int result = 0;
23      for(i = 1; i <= n; i++)
24      {
25          result += factorial(i);   /*嵌套调用*/
26      }
27      return result;
28  }
```

程序运行结果如图 7.6 所示。

图 7.6　任务 7.3 程序运行结果

【知识讲解】

1. 函数的声明

阅读本章前面的几个程序,细心的读者会发现自定义函数是写在主函数之前的。当然,自定义函数也可以放在主函数之后,这样的好处是整个程序结构清晰,主干在前枝叶在后,便于阅读和理解。当采用这种结构时,对于函数类型为整型或字符型的自定义函数放在主函数之前或之后都可以,不需在主函数中声明,但除此之外的其他自定义函数,就需要在主函数中先对自定义函数作原型声明(函数声明位置),如例 7.1,其结构可以这样调整:

```
#include <stdio.h>
main()
{
    float swap(float a, float b);    /*函数原型声明*/
    float x = 10.0, y = 20.0;
    printf("调用前 x = %.2f, y = %.2f\n", x, y);
    swap(x, y);                      /*调用 swap()函数*/
    printf("调用后 x = %.2f, y = %.2f\n", x, y);
}
float swap(float a, float b)         /*swap()函数的定义*/
{
    float t;
    printf("swap()函数运行,交换前 a = %.2f, b = %.2f\n", a, b);
    t = a; a = b; b = t;
    printf("swap()函数运行,交换后 a = %.2f, b = %.2f\n", a, b);
}
```

C 语言中的所有函数与变量一样,在使用之前必须说明。如果在函数调用之前没有对函数作声明,则编译系统会把第一次遇到的该函数形式(函数定义或函数调用)作为函数声明,并将函数类型默认为 int 型。所以当一个函数的类型不是 int 型并且没有在调用它之前声明,则在编译时会报错,为了避免此类错误发生,建议初学者在主函数的首部(或程序的首部)对所有自定义函数进行声明。

为了确保函数调用时编译程序检测形参和实参的类型、个数是否相同等基本信息,就有必要通过一种方法来告诉编译程序被调函数是怎样定义的,C 语言正是通过函数原型来保证函数之间的正确调用的。

函数声明(函数原型)的一般形式如下:

函数类型 函数名(数据类型 形式参数 1,…,数据类型 形式参数 n);

从上面可以看出,函数原型声明就是这样一条语句:原样书写自定义函数的函数头部,然后再加上分号";"。值得注意的是:在函数原型声明语句中,函数括号内必须正确写清楚参数的类型、个数、顺序,这是调用该函数和定义该函数的依据,至于使用什么变量名作参数则无关紧要。

调用标准库函数则通过头文件来进行声明。一般库函数的声明都包含在相应的头文件"*.h"中,在程序的开头用♯include ＜*.h＞或♯include "*.h"说明,其作用就是将有关标准函数的信息"包含"到本程序中。

另外,函数的声明和函数的定义是完全不同的。函数的定义是对函数功能的建立,包括明确函数的名称、类型、参数以及函数体的建立。而声明是把函数的名称、类型、形参的个数、执行顺序通知编译系统,以便在调用时进行对照检查。

2. 函数的调用

函数的使用称为函数调用,被调用的函数称为被调函数,调用其他函数的函数称为主调函数。函数调用通过函数名进行,在调用时一般要进行数据传递,即以实参代替形参,调用完成返回主调函数继续执行程序。C语言函数不能嵌套定义,但可嵌套调用。除主函数外,其他函数都必须通过函数的调用来执行。

(1) 函数调用的一般形式

函数调用的一般形式如下:

函数名(参数表);

提示:

① 调用时实参与形参的个数应相同、类型应一致、顺序应对应,且必须一一传递数据。调用后形参得到实参的值。

② 实参可以是表达式,此时数据传递过程是先计算表达式的值,再将值传递给形参。

③ 如果调用无参函数,则无实参表,但此时小括号不能省略。

④ 对于实参表的求值顺序,有的系统按照自左至右的常规顺序求值,有的系统则按照自右至左的顺序求实参数值,大多数C语言采用自右至左的顺序求值。例如:

```
main()
{
    int i = 8;
    printf("%d, %d, %d, %d", ++i, --i, i++, i--);
}
```

实参求值自左至右,输出如下:

9, 8, 8, 9

实参求值自右至左,输出如下:

8, 7, 7, 8

为避免出现意外情况,应尽可能将参数表达式的计算移至调用函数之前进行。

⑤ main()函数由系统调用。

(2) 函数调用的方式

按照函数调用在程序中出现的位置不同,可分为三种函数调用方式。

① 函数表达式。函数作为表达式中的一项出现在表达式中,以函数返回值参与表达式的运算。这种方式要求函数是有返回值的。例如: z = max(x,y)是一个赋值表达式,意即把max 的返回值赋给变量 z。

② 函数语句。把函数调用作为一个语句常用于只要求函数完成一定的操作,不要求函

数返回值。函数调用的一般形式加上分号即构成语句方式。例如:"printf("%D",a);scanf("%d",&b);"是以函数语句的方式调用函数。

例 7.2 使用 C 语言编写一个函数 func(),在该函数中输出"这是一个 C 函数调用!",func()函数被调用且 func()函数没有返回值。

参考代码如下:

```
#include<stdio.h>
func()
{
    printf("这是一个C函数调用!\n");
}

main()
{
    func();
}
```

③ 函数实参。函数作为另一个函数调用的实际参数出现。这种情况是把该函数的返回值作为实参进行传递,因此要求该函数必须是有返回值的。例如:"printf("%d",max(x,y));"是把 max()调用的返回值又作为 printf()函数的实参来使用。另外,函数调用结果进一步还可以作为其他函数的一个实参,参与主调函数的运算。

例 7.3 使用 C 语言编写求两个实数的最大值函数 fmax(),并调用该函数实现求三个数中的最大数。

参考代码如下:

```
#include<stdio.h>
float fmax (float x, float y)        /*函数定义*/
{
    float m;
    m = x > y?x:y;
    return(m);
}
main()
{
    float a, b, c, result;
    scanf("%f, %f, %f",&a, &b, &c);
    result = fmax(fmax (a, b), c);    /*调用max()函数*/
    printf("最大值 result = %f\n",result);
}
```

程序运行结果如图 7.7 所示。

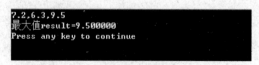

图 7.7 例 7.3 程序运行结果

函数调用作为函数的参数,实质上也是函数表达式调用的一种,因为函数的参数本来就要求是表达式。

在函数调用中还应该注意的一个问题是实参求值顺序的问题。这在前面关于函数调用的几点说明中已详细阐明,在此不多述。

【知识小结】

(1) 函数与变量一样,在使用之前必须说明。
(2) 函数的调用方式分为函数表达式、函数语句和函数实参三种方式。

7.4 函数的嵌套调用和递归调用

函数的嵌套调用和递归调用是函数调用的常用方法,嵌套是指一个函数在使用过程中调用另外一个函数,而被调用的函数又调用其他函数;递归是指一个函数直接或间接地调用该函数自身,C语言递归调用是嵌套调用的特例。

本节学习目标:
- 掌握函数的嵌套调用。
- 掌握函数的递归调用。

【任务提出】

任务7.4:有5个人坐在一起,问第5个人多少岁?他说比第4个人大2岁;问第4个人岁数,他说比第3个人大2岁;问第3个人岁数,又说比第2个人大2岁;问第2个人岁数,说比第1个人大2岁;最后问第1个人岁数,他说是10岁;请问第5个人多少岁?使用C语言编写程序求解上述问题。

【任务分析】

该题可转化为对应的递推公式,即
age(n)----第 n 个人的岁数
age(1)=10
age(2)=age(1)+2
age(3)=age(2)+2
age(4)=age(3)+2
age(5)=age(4)+2
其递归公式如下:

$$age(n) = \begin{cases} 10 & (当 n=1) \\ age(n-1)+2 & (当 n>1) \end{cases}$$

【任务实现】

参考代码如下:

```
1   #include <stdio.h>
2   int age(int n);
3   int main()
4   {
5       printf("%d\n",age(5));
6       return 0;
```

```
 7    }
 8    int age(int n)
 9    {
10        int c;
11        if(n == 1) c = 10;
12        else c = age(n - 1) + 2;
13        return c;
14    }
```

程序运行结果如图7.8所示。

图7.8　任务7.4程序运行结果

【知识讲解】

1. 函数的嵌套调用

在任务7.3中,我们看到主函数main()调用函数sum(),函数sum()又调用函数factorial(),像这样一个函数在使用过程中调用另外一个函数,而被调用的函数又调用其他函数,这种情况称为函数的嵌套调用。这与其他语言的子程序嵌套的情形是类似的。图7.9所示为两层嵌套的C函数调用示意图。

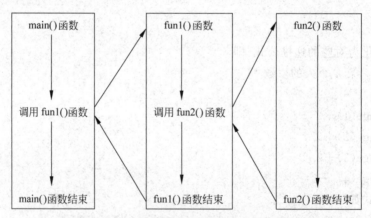

图7.9　两层嵌套的C函数调用示意图

图7.9所示的函数嵌套调用执行过程为:在main()函数中执行调用fun1()函数的语句时,即转去执行fun1()函数,在fun1()函数中执行调用fun2()函数的语句时,又转去执行fun2()函数,fun2()函数执行完后返回fun1()函数的断点继续执行,在fun1()函数执行完后返回main()函数的断点继续执行,直至main()函数结束。

2. 函数的递归调用

所谓递归,是指在调用一个函数的过程中又直接或间接地调用该函数自身,前者称为直接递归调用,后者称为间接递归调用。含有直接或间接调用自身的函数称为递归函数。C语言递归调用是嵌套调用的特例。

例如：如图 7.10 所示，在函数 func()中又调用了函数 func()，这是函数直接递归调用的情况。

又例如：如图 7.11 所示，在执行过程中，fun1()中调用了 fun2()，而 fun2()中又调用了 fun1()，这种情况的调用即为间接递归调用。

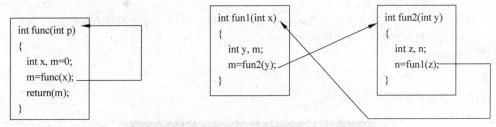

图 7.10　直接递归调用示例　　　　　　　图 7.11　间接递归调用示例

函数递归调用时，如无使递归调用渐趋结束的语句，函数就会无休止地调用其自身而进入死循环状态，这显然是不允许的。为了防止递归调用无终止地进行，必须在函数内有使递归调用终止的手段，常用的方法是加条件判断，满足某种条件后就不再做递归调用，然后逐层返回。

【知识拓展】

拓展任务 7.2：使用 C 语言编写两个函数，分别求两个整数的最大公约数和最小公倍数，用主函数调用这两个函数，并输出结果。

任务分析：在数学上，两数的最小公倍数＝两数乘积/两数的最大公约数。求两数的最大公约数可用辗转相除法。已知两个整数 M 和 N（设 $M>N$），则求 $M\%N$，若余数 r 为 0，则 N 即为所求；若余数 r 不为 0，则求 $N\%r$，再求其余数……如此反复直到余数为 0，则除数就是 M 和 N 的最大公约数。

参考代码如下：

```c
# include <stdio.h>
int gcd(int a, int b)                  /*运用辗转相除法求最大公约数*/
{
    int r, t;
    if (a < b) {t = a; a = b; b = t;}
    r = a % b;
    while (r!= 0)
    {
        a = b;
        b = r;
        r = a % b;
    }
    return(b);
}
int lcm(int a, int b)                  /*求最小公倍数*/
{
    int r;
    r = gcd(a, b);
    return(a * b/r);
```

```
}
main()
{
    int x, y;
    printf("请输入两个整数：\n");
    scanf("%d, %d", &x, &y);
    printf("最大公约数 = %d\n",gcd(x, y));    /*调用gcd()作为printf()的参数表达式*/
    printf("最小公倍数 = %d\n",lcm(x, y));
    return 0;
}
```

程序运行结果如图 7.12 所示。

图 7.12　拓展任务 7.2 程序运行结果

在上面的任务中，主函数首先调用子函数 gcd() 求最大公约数，然后调用子函数 lcm() 求最小公倍数，而函数 lcm() 又调用了子函数 gcd()，这就是一个函数嵌套调用的过程。

拓展任务 7.3：使用 C 语言编写程序，用递归调用求 $n!$，并输出结果。

任务分析：在数学上，$n!=n\times(n-1)\times(n-2)\times\cdots\times1$。

其递归公式如下：

$$n!=\begin{cases}1 & (n=0,1)\\ n\times(n-1)! & (n>1)\end{cases}$$

上述公式将 $n!$ 分解为 $n!=n\times(n-1)!$，$(n-1)!$ 又分解为 $(n-1)!=(n-1)\times(n-2)!$，以此类推，直至 $n!=1$ 为止。

参考代码如下：

```
#include <stdio.h>
float fac(int n)                /*定义计算n!的函数*/
{
    float f;
    if (n<0) printf("n<0, data error!\n");
    else if (n==0||n==1) f=1;
        else f=n*fac(n-1);      /*递归调用*/
    return(f);
}
main()
{
    int n;
    float y;
    printf("请输入一个整数：\n");
    scanf("%d", &n);
    y=fac(n);
    printf("%d!= %f\n",n, y);
}
```

程序运行结果如图 7.13 所示。

图 7.13 拓展任务 7.3 程序运行结果

上述程序的执行过程如图 7.14 所示。

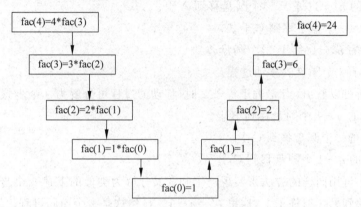

图 7.14 递归程序的执行过程

从图 7.14 可以看出，fac() 函数共被调用了 4 次，其中 fac(4) 是 main() 函数调用的，其余 3 次是在 fac() 函数中调用的，即递归调用 3 次。调用是逐层分解，直到 fac(0) 才得到确定的值，然后再递推出 fac(1)、fac(2)、fac(3)、fac(4)。

拓展任务 7.4：使用 C 语言编写程序求解 Hanoi 塔问题。

这是一个古典的数学问题。古代有一个梵塔，塔内有 3 根柱子 A、B、C。A 柱上套有 64 个大小不等的圆盘，大的在下，小的在上。如图 7.15 所示。要把这 64 个圆盘从 A 柱移到 C 柱上，要求：每次只能移动一个圆盘，移动可以借助 B 柱进行，但在任何时候，任何柱上的圆盘都必须保持大盘在下、小盘在上。求移动的步骤。

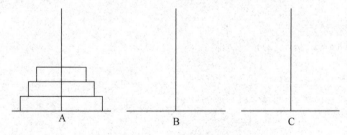

图 7.15 Hanoi 塔示意图

任务分析：设 A 上有 n 个盘子。如果 $n=1$，则将圆盘从 A 直接移动到 C 上。如果 $n=2$，则：
(1) 将 A 上的 $n-1$（此时 $n-1$ 等于 1）个圆盘移到 B 上。
(2) 再将 A 上的一个圆盘移到 C 上。
(3) 最后将 B 上的 $n-1$（等于 1）个圆盘移到 C 上。
如果 $n=3$，则：

(1) 将 A 上的 $n-1$(此时 $n-1$ 等于 2,令其为 n')个圆盘移到 B(借助于 C),具体步骤和 $n=2$ 类似。

① 将 A 上的 $n'-1$(等于 1)个圆盘移到 C 上。

② 将 A 上的一个圆盘移到 B 上。

③ 将 C 上的 $n'-1$(等于 1)个圆盘移到 B 上。

(2) 将 A 上的一个圆盘移到 C 上。

(3) 将 B 上的 $n-1$(此时 $n-1$ 等于 2,令其为 n')个圆盘移到 C(借助 A),步骤如下。

① 将 B 上的 $n'-1$(等于 1)个圆盘移到 A 上。

② 将 B 上的一个盘子移到 C 上。

③ 将 A 上的 $n'-1$(等于 1)个圆盘移到 C 上。

至此,完成了 3 个圆盘的移动过程。

从上面分析可以看出,当 n 大于等于 2 时,移动的过程可分解为 3 个步骤。

① 把 A 上的 $n-1$ 个圆盘移到 B 上。

② 把 A 上的一个圆盘移到 C 上。

③ 把 B 上的 $n-1$ 个圆盘移到 C 上。

其中①和③可用同样的方法来实现。①和③又分解为类似的上述 3 个步骤,即把 n' 个圆盘从一根柱子移到另一根柱子上,这里 $n'=n-1$。显然这是一个递归过程。

参考代码如下:

```c
#include <stdio.h>
void move(char one, char two)
{
    printf("%c--->%c\n", one, two);
}
void hanoi(int n, char x, char y, char z)
{
    if(n == 1) move(x, z);
    else
    {
        hanoi(n-1, x, z, y);
        move(x, z);
        hanoi(n-1, y, x, z);
    }
}
int main()
{
    int m;
    printf("\n Input the number of disks:");
    scanf("%d", &m);
    printf("The steps to moving %3d diskes is:\n", m);
    hanoi(m, 'A', 'B', 'C');
    return 0;
}
```

程序运行结果如图 7.16 所示。

```
Input the number of disks:3
The steps to moving    3 diskes is:
A--->C
A--->B
C--->B
A--->C
B--->A
B--->C
A--->C
Press any key to continue
```

图 7.16　拓展任务 7.4 程序运行结果

3 个圆盘经过 7 步完成了从 A 柱到 C 柱的移动。想想看，64 个圆盘要经过多少步才能完成从 A 柱到 C 柱的移动？

从上面的几个例子可以看出，递归调用过程实际上分为两个阶段。

(1) 递推阶段。将原有问题不断分解为新的子问题，逐渐从未知的向已知的方向推测，最终达到已知条件，递归即结束，此时递推阶段结束。

(2) 回归阶段。从已知条件出发，按照"递推"的逆过程，逐一求值回归，最终达到"递推"的开始处，结束回归阶段，完成递归调用。

适用递归解决的问题一般具有下述特征。

(1) 原有问题能分解为一个新问题，而新问题又用到了原有的解法。

(2) 按照分解原则分解下去，每次出现的新问题是原有问题的简化的子问题。

(3) 最终分解出来的新问题是一个已知解的问题。

【知识小结】

(1) 函数的嵌套调用是指一个函数在使用过程中调用另外一个函数，而被调用的函数又调用其他函数。

(2) 函数的递归是指在调用一个函数的过程中又直接或间接地调用该函数自身，含有直接或间接调用自身的函数称为递归函数。

7.5　变量的作用域和生存期

C 语言可以灵活地定义数据的存储方式，通过变量的作用域和生存期来控制。作用域决定变量的代码使用范围，生存期决定变量的时间范围。

本节学习目标：
- 掌握变量作用域的概念和使用。
- 掌握变量生存期的概念和使用。

【任务提出】

任务 7.5：使用 C 语言编写函数，根据长方体的长、宽、高求它的体积以及 3 个面的面积。

【任务分析】

由于函数的返回值只有 1 个，而本题中结果有 4 个，故可以设体积 v 以及 3 个面的面积 s_1、s_2、s_3。体积 v 通过返回值返回，面积 s_1、s_2、s_3 设置为全局变量，在函数中修改 s_1、s_2、s_3 的值,能够影响到包括 main()在内的其他函数。

【任务实现】

参考代码如下:

```
1    #include <stdio.h>
2    int s1, s2, s3;    /*面积*/
3    int fun(int a, int b, int c)
4    {
5        int v;    /*体积*/
6        v = a * b * c;
7        s1 = a * b;
8        s2 = b * c;
9        s3 = a * c;
10       return v;
11   }
12   int main(){
13       int v, length, width, height;
14       scanf("%d %d %d", &length, &width, &height);
15       v = fun(length, width, height);
16       printf("v = %d, s1 = %d, s2 = %d, s3 = %d\n", v, s1, s2, s3);
17       return 0;
18   }
```

程序运行结果如图 7.17 所示。

```
2 3 4
v=24, s1=6, s2=12, s3=8
Press any key to continue
```

图 7.17 任务 7.5 程序运行结果

【知识讲解】

1. 变量的作用域

在讨论函数的形参变量时曾经提到,形参变量只在被调用期间才分配内存单元,调用结束立即释放。这一点表明形参变量只有在函数内才是有效的,离开该函数就不能再使用了。这种变量有效性的范围称变量的作用域。不仅对于形参变量,C 语言中所有的变量都有自己的作用域。变量说明的方式不同,其作用域也不同。通常,变量的作用域是通过它在程序中的位置隐式说明的。变量的作用域决定了程序中的哪些语句可以使用它,换句话说,就是变量在程序其他部分的可见性。按 C 程序的变量的作用域不同主要有局部变量和全局变量之分。

(1) 局部变量(Local Variable)

在函数(包括主函数)内部或复合语句的说明部分定义的变量称为局部变量。局部变量的作用域仅限于它所定义的函数体或复合语句之内,离开该函数后就是无效的。前面章节各个例子中出现的大多数变量都是局部变量,它们都是声明在函数内部,无法被其他函数的代码所访问。

C 语言中,关于使用局部变量的几点说明。

① 在函数体内定义的变量,在本函数范围内有效,作用域局限于函数体内;主函数中定

义的变量也只能局限于主函数中使用,不能在其他函数中使用。同时,主函数中也不能使用其他函数中定义的变量。主函数本身也是一个函数,与其他函数一致。

② 形参变量是属于被调函数的局部变量,实参变量是属于主调函数的局部变量。

③ 可以在不同的函数中使用相同的变量名,它们表示不同的数据,分配不同的内存,互不干扰,也不会发生混淆。

④ 在复合语句中定义的变量,在本复合语句范围内有效,其作用域局限于复合语句内。

(2) 全局变量(Global Variable)

当一个变量是在所有函数的外部定义,也就是在程序的开头定义,那么这个变量就是全局变量。全局变量的作用域为:从定义开始一直到程序结束。对于具有全局作用域的变量,可以在程序的任何位置访问它们。例如:

```
void add(int);
int num;
main()
{
    int n = 8;
    add(n);
    printf ("%d\n", num);    /*输出 9*/
}

void add(num)              /*形式参数没有指定类型*/
{
    num ++ ;
    printf("%d\n", num);    /*输出 9*/
}
```

上面的 main()和 add()里面并没有声明 num,但是在最后却要求输出 num,这是由于在程序的开始声明了 num 是全局变量,也就是在所有函数里都可以使用这个变量。这时候如果一个函数里改变了变量的值,其他函数里的值将会受影响。上面的例子输出都是 9,因为在 add()函数里改变了 num 的值,由于 num 是全局变量,所以在 main()函数里的 num 值也随之改变了。

注意:函数中改变一个全局变量的值,在其他函数中都可以使用。但是,使用全局变量会使函数的通用性降低,使程序的模块化、结构化变差,所以要慎用、少用全局变量。

2. 变量的存储类型和生存期

变量从空间上分为局部变量、全局变量。从变量存在时间的长短(即变量生存期)来看,变量还可以分为动态存储变量和静态存储变量。静态存储变量是指程序运行期间会为之分配固定的存储空间,动态存储变量是指根据需要为其动态分配存储空间,静态存储变量是一直存在的,而动态存储变量则时而存在时而消失。C 程序把用户的存储空间分成三个部分,即程序区、静态存储区、动态存储区,如图 7.18 所示。C 程序把不同性质的变量存放在不同的存储区里,局部变量可以存放在内存的动态区、静态区和 CPU 的寄存器(Register)里,全局变量则存放在静态存储区里。

C 语言中变量的使用不仅对数据类型有要求,而且还有存储类型的要求,变量的数据类型

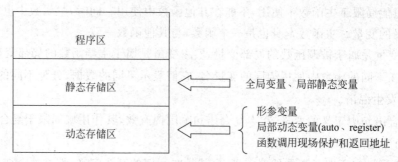

图 7.18　变量存储类别

是操作属性,而变量的存储类型是存储属性,它表示变量在内存中的存储方法。前面声明变量时用如下类似的形式:

```
int num;
float total;
```

它们都没有存储类型修饰符,在声明时也可以通过存储类型修饰符来告诉编译器将要处理什么类型的变量。存储类型有以下四种:自动(auto)、静态(static)、外部(extern)、寄存器(register)。其中,自动变量和寄存器变量属于动态存储方式,存放在内存的动态存储区;外部变量和静态变量属于静态存储方式,存放在内存的静态存储区。因此,对一个变量的说明不仅应说明其数据类型,还应说明其存储类型。变量说明的完整形式应如下:

存储类型说明符　数据类型说明符　变量名,变量名…;

例如:

```
static int a,b;              /*说明 a、b 为静态类型变量*/
auto char c1,c2;             /*说明 c1、c2 为自动字符变量*/
static int a[5]={1,2,3,4,5}; /*说明 a 为静态整型数组*/
```

(1) 自动存储类型(auto)

自动存储类型说明符是 auto,这种存储类型是 C 程序中使用最广泛的一种类型。C 语言规定,函数内凡是未加存储类型说明的变量均视为自动变量,也就是说自动变量可省去说明符 auto。在前面各章的程序中所定义的变量凡是未加存储类型说明符的都是自动变量。

变量的存储类型决定了变量的生存期。自动变量具有以下特点。

① 自动变量的作用域仅限于定义该变量的个体内。在函数中定义的自动变量只在该函数内有效。在复合语句中定义的自动变量只在该复合语句中有效。

② 自动变量属于动态存储方式,只有在使用它(即定义该变量的函数被调用)时才给它分配存储单元,开始它的生存期。函数调用结束,释放存储单元,结束生存期。因此,函数调用结束之后,自动变量的值不能保留。在复合语句中定义的自动变量,在退出复合语句后也不能再使用,否则将引起错误。

③ 由于自动变量的作用域和生存期都局限于定义它的个体内(函数或复合语句内),因此,不同的个体中允许使用同名的变量而不会混淆。即使在函数内定义的自动变量也可与该函数内部的复合语句中定义的自动变量同名。

④ 对构造类型的自动变量如数组等不可作初始化赋值。

(2) 静态存储类型(static)

静态存储类型的类型说明符是 static。静态变量当然采用静态存储方式,但是采用静态存储方式的变量不一定就是静态变量,例如外部变量虽采用静态存储方式,但不一定是静态变量,必须由 static 加以定义后才能成为静态外部变量,或称静态全局变量。对于自动变量,前面已经介绍它一般采用动态存储方式,但是也可以用 static 定义它为静态自动变量,或称静态局部变量,从而变为静态存储方式。

由此看来,一个变量可由 static 进行再说明,并改变其原有的存储方式。

① 静态局部变量。在局部变量的说明前再加上 static 说明符就构成静态局部变量。例如:

```
static int a,b;
static float array[5]={1,2,3,4,5};
```

静态局部变量属于静态存储方式,它具有以下特点。

- 静态局部变量在函数内定义,但不像自动变量那样,当调用时就存在而退出函数时就消失。静态局部变量始终存在,也就是说它的生存期为整个程序运行周期。
- 静态局部变量的生存期虽然为整个程序运行周期,但是其作用域仍与自动变量相同,即只能在定义该变量的函数内使用该变量,退出该函数后,尽管该变量还继续存在,但不能使用它。
- 允许对构造类静态局部变量赋初值。
- 对基本类型的静态局部变量若在说明时未赋初值,则系统自动赋默认值。而对自动变量如果不赋初值则其值是不确定的。根据静态局部变量的特点,可以看出它是一种生存期为整个程序运行周期的变量。虽然离开定义它的函数后不能使用,但如再次调用定义它的函数时,它又可继续使用,而且保存了前次被调用后留下的值。因此,当多次调用一个函数且要求在调用之时保留某些变量的值时,可考虑采用静态局部变量。虽然用全局变量也可达到上述目的,但全局变量有时会造成意外的副作用,因此仍以采用局部静态变量为宜。

例如:

```
main()
{
    int i;
    void f();           /*函数说明*/
    for(i=1;i<=5;i++)
        f();            /*函数调用*/
}

void f()                /*函数定义*/
{
    auto int j=0;       /*j定义为自动变量*/
    ++j;
    printf("%d\n",j);
}
```

程序中定义了函数 f(),其中的变量 j 声明为自动变量并赋初始值为 0。当 main()中多次调用 f()时,j 均赋初值为 0,故每次输出值均为 1。现在把 j 改为静态局部变量,主函数不变,函数

f()修改如下:

```
void f()              /*函数定义*/
{
    static int j = 0;   /*j定义为静态变量*/
    ++j;
    printf("%d\n",j);
}
```

由于j为静态变量,能在每次调用后保留其值并在下一次调用时继续使用,所以输出值成为累加的结果。请读者自行分析其执行过程。

② 静态全局变量。全局变量(外部变量)的声明之前加 static 标识符就构成了静态的全局变量。全局变量本身就采用静态存储方式,静态全局变量当然也采用静态存储方式。这两者在存储方式上并无不同,区别在于非静态全局变量的作用域是整个程序运行周期,当一个源程序由多个源文件组成时,非静态的全局变量在各个源文件中都是有效的。而静态全局变量则限制了其作用域,即只在定义该变量的源文件内有效,在同一源程序的其他源文件中不能使用它。由于静态全局变量的作用域局限于一个源文件内,只能为该源文件内的函数公用,因此可以避免在其他源文件中引起错误。从以上分析可以看出,把局部变量改变为静态变量后是改变了它的存储方式即改变了它的生存期。把全局变量改变为静态变量后是改变了它的作用域,限制了它的使用范围。因此 static 这个说明符在不同的地方所起的作用是不同的,应予以注意。

(3) 外部存储类型(extern)

外部存储类型声明了程序将要用到的但尚未定义的外部变量。通常,外部存储类型都是用于声明在另一个转换单元中定义的变量。

当一个源程序由若干个源文件组成时,在一个源文件中定义的外部变量在其他的源文件中也有效。例如,有一个源程序由源文件 F1.C 和 F2.C 组成。

```
F1.C
int a,b;        /*外部变量定义*/
char c;         /*外部变量定义*/
main()
{
    ...
}

F2.C
extern int a,b;  /*外部变量说明*/
extern char c;   /*外部变量说明*/
func (int x,y)
{
    ...
}
```

在 F1.C 和 F2.C 两个文件中都要使用 a、b、c 三个变量。在 F1.C 文件中把 a、b、c 都定义为外部变量。在 F2.C 文件中用 extern 把三个变量说明为外部变量,表示这些变量已在其他文件中定义,并把这些变量的类型和变量名通知编译系统,编译系统不再为它们分配内存空间。

当编译器编译 F2.C 时,无法确定 a、b、c 三个变量的地址。这时,外部存储类型声明告诉编译器,把所有对 a、b、c 三个变量的引用当作暂且无法确定的引用,等到所有编译好的目标代码连接成一个可执行程序模块时,再来处理对变量 a、b、c 的引用。

外部变量的声明既可以在引用它的函数内部也可以在外部。如果变量声明在函数外部,如上例的 F2.C,那么同一转换单元内的所有函数都可以使用这个外部变量。反之,如果在函数内部,那么只有这一个函数可以使用该变量。

(4) 寄存器存储类型(register)

上述各类变量都存放在存储器内,因此当对一个变量频繁读/写时,必须要反复访问内存储器,从而花费大量的存取时间。为此,C 语言提供了另一种变量,即寄存器变量。这种变量存放在 CPU 的寄存器中,使用时不需要访问内存,而直接从寄存器中读/写,这样可提高效率。寄存器变量的说明符是 register。对于循环次数较多的循环控制变量及循环体内反复使用的变量均可定义为寄存器变量。

例 7.4 使用 C 语言编写程序求 $1+2+3+\cdots+500$ 的和。

参考代码如下:

```
main()
{
    register i,s = 0;
    for(i = 1;i <= 500;i++ )
      s = s + i;
    printf("s = %d\n",s);
}
```

本程序循环 500 次,i 和 s 都将频繁使用,因此可定义为寄存器变量。

对寄存器变量说明以下几点。

① 只有局部自动变量和形式参数才可以定义为寄存器变量。因为寄存器变量采用动态存储方式。凡需要采用静态存储方式的变量不能定义为寄存器变量。

② 能否把一个声明为寄存器类的变量真正保存在 CPU 寄存器中,是编译系统根据具体情况具体处理的,分配寄存器的条件是有空闲的寄存器并且变量所表示的数据长度不超过机器寄存器的长度,否则编译程序将把寄存器变量当作自动变量处理,把它们保存在内存单元中。

③ 由于 CPU 中寄存器的个数是有限的,因此所使用的寄存器变量的个数也是有限的。

④ 寄存器变量作用域局限在相应的函数内部,生命期是相应函数被调用运行期间。注意,取地址运算符"&"不能作用于寄存器变量。

【知识小结】

(1) 变量的作用域分为:局部变量与全局变量。

(2) 变量的生存期分为:动态变量与静态变量。

(3) 变量的存储类型分为:自动变量(auto)、静态变量(static)、外部变量(extern)和寄存器变量(register)。

7.6 内部函数和外部函数

函数一旦定义后就可被其他函数调用。C语言根据函数能否被其他源文件中的函数调用,将函数分为内部函数和外部函数。

本节学习目标:
- 掌握内部函数的定义及调用范围。
- 掌握外部函数的定义及调用范围。

【任务提出】

任务 7.6:使用 C 语言编写程序调用外部函数对 10 个数进行简单选择排序。

【任务分析】

创建一个项目,分别建立两个 c 文件,一个为 file2.c,编写外部函数 sort(),作用为排序;一个为 file1.c,编写主函数 main()输入数据,并调用外部函数,然后输出数据。

【任务实现】

参考代码如下:

file1.c
```
1    #include <stdio.h>
2    int main()
3    {
4        extern void sort(int array[],int n);
5        int a[10],i;
6        for(i=0;i<10;i++)
7            scanf("%d",&a[i]);
8        sort(a,10);
9        for(i=0;i<10;i++)
10           printf("%d ",a[i]);
11       printf("\n");
12       return 0;
13   }
```

file2.c
```
1    void sort(int array[],int n)
2    {
3        int i,j,k,t;
4        for(i=0;i<n-1;i++)
5        {
6            k=i;
7            for(j=i+1;j<n;j++)
8                if(array[j]<array[k])
9                    k=j;
10           if(k!=i)
11           {
12               t=array[i];
```

```
13                    array[i] = array[k];
14                    array[k] = t;
15             }
16       }
17  }
```

程序运行结果如图 7.19 所示。

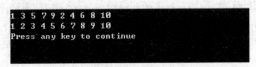

图 7.19　任务 7.6 程序运行结果

【知识讲解】

1. 内部函数

如果在一个源文件中定义的函数只能被本文件中的函数调用,而不能被同一源程序其他文件中的函数调用,这种函数称为内部函数。定义内部函数的一般形式如下:

static 类型说明符 函数名(形参表)

例如:

static int f(int a, int b)

内部函数也称为静态函数。但此处静态 static 的含义已不是指存储方式,而是指对函数的调用范围只局限于本文件,因此在不同的源文件中定义同名的静态函数不会引起混淆。

2. 外部函数

外部函数在整个源程序中都有效,其定义的一般形式如下:

extern 类型说明符 函数名(形参表)

例如:

extern int f(int a, int b)

如在函数定义中没有说明 extern 或 static,则隐含为 extern。在一个源文件的函数中调用其他源文件中定义的外部函数时,应用 extern 说明被调函数为外部函数。

3. 多个源程序文件的编译和连接

多个源程序文件的编译和连接的一般过程如下。

创建 Project(项目)文件 → 编辑各源文件 → 编译、连接、运行 →查看结果。

(1) 创建 Project(项目)文件。创建一个扩展名为.PRJ 的项目文件,该项目文件中仅包括将被编译、连接的各源文件名,一行一个,其扩展名.C 可以默认;文件名的顺序仅影响编译的顺序,与运行无关。

注意:如果有某个(些)源文件不在当前目录下,则应在文件名前加上路径。

(2) 编辑各源文件。

(3) 编译、连接、运行。与单个源文件的编译、连接、运行相同。编译产生的目标文件以及连接产生的可执行文件,它们的主文件名均与项目文件的主文件名相同。

注意:对于 VC++ 6.0,当前项目文件调试完后,应选取 Project→Clear project,将其项目名称从 Project name 中清除(清除后为空)。否则,编译、连接和运行的始终是该项目文件。

(4) 查看结果。

注意:对于 VC++ 6.0,一个工作空间(Workspace)里可以有多个项目(Project),但某一时刻,只能有且仅有一个活动项目(Active Project)。一个项目(Project)里可以有多个源程序文件,但只能有且仅有一个源程序文件里包含一个且仅有一个 main()函数。

【知识小结】

(1) 内部函数(静态函数)只能被本文件中的函数调用。

(2) 外部函数(extern)在整个源程序中都有效。

本 章 总 结

本章在介绍函数定义和调用的基础上,着重介绍函数间传递数据的各种方法。对函数的正确调用是本章的重点,在定义和调用函数时,要注意如何把函数要调用的数据带入被调函数,如何把被调函数处理后的结果数据带回主调函数。现将本章知识点归纳如下所述。

(1) 函数的分类。

① 库函数。由 C 语言系统提供的函数。

② 用户定义函数。由用户自己定义的函数。

③ 有返回值的函数。向调用者返回函数值,应说明函数类型(即返回值的类型)。

④ 无返回值的函数。不返回函数值,说明为空(void)类型。

⑤ 有参函数。主调函数向被调函数传送数据。

⑥ 无参函数。主调函数与被调函数间无数据传送。

⑦ 内部函数。只能在本源文件中使用的函数。

⑧ 外部函数。可在整个源程序中使用的函数。

(2) 函数定义的一般形式:[extern/static] 类型说明符 函数名([形参表])。方括号内为可选项。

(3) 函数说明的一般形式:[extern] 类型说明符 函数名([形参表])。

(4) 函数调用的一般形式:函数名([实参表])。

(5) 函数的参数分为形参和实参两种,形参出现在函数定义中,实参出现在函数调用中。发生函数调用时,将把实参的值传送给形参。

(6) 函数的值是指函数的返回值,它是在函数中由 return 语句返回的。

(7) 数组名作为函数参数时不进行值传送而只是进行地址传送。形参和实参实际上为同一数组的两个名称。因此形参数组的值发生变化,实参数组的值当然也会发生变化。

(8) C 语言中,允许函数的嵌套调用和函数的递归调用。

(9) 可从三个方面对变量分类,即变量的数据类型、变量作用域和变量的存储类型。

(10) 变量的作用域是指变量在程序中的有效范围,分为局部变量和全局变量。

(11) 变量的存储类型是指变量在内存中的存储方式,分为静态存储和动态存储,表示了变量的生存期。

(12) 函数分为内部函数和外部函数。内部函数只能被定义本内部函数的文件中的函数调用,而不能被同一源程序其他文件中的函数调用,外部函数则在整个源程序的各个文件中都有效。

习 题 7

1. 选择题

(1) 下面的函数调用语句中 func()函数的实参个数是( )。

func (f2(v1, v2), (v3, v4, v5), (v6, max(v7, v8)));

  A. 3   B. 4   C. 5   D. 8

(2) 以下叙述中错误的是( )。

  A. 用户定义的函数中可以没有 return 语句

  B. 用户定义的函数中可以有多个 return 语句,以便可以调用一次返回多个函数值

  C. 用户定义的函数中若没有 return 语句,则应当定义函数为 void 类型

  D. 函数的 return 语句中可以没有表达式

(3) 若函数调用时的实参为变量时,以下关于函数形参和实参的叙述中正确的是( )。

  A. 函数的实参和其对应的形参共占同一存储单元

  B. 形参只是形式上的存在,不占用具体存储单元

  C. 同名的实参和形参占同一存储单元

  D. 函数的形参和实参分别占用不同的存储单元

(4) 以下叙述中错误的是( )。

  A. 改变函数形参的值,不会改变对应实参的值

  B. 函数可以返回地址值

  C. 可以给指针变量赋一个整数作为地址值

  D. 当在程序的开头包含文件 stdio.h 时,可以给指针变量赋 NULL

(5) 以下程序的输出结果是( )。

  A. 0   B. 29   C. 31   D. 无定值

```
fun(int x, int y, int z)
{ z = x*x + y*y;}
main()
{
    int a = 31;
    fun(5,2,a);
    printf("%d",a);
}
```

(6) C 语言中,若对函数类型无说明,则函数的默认类型是( )。

  A. 整型   B. float   C. double   D. 指针类型

(7) 若用数组名作为函数调用的实参,传递给形参的是( )。

  A. 数组元素的个数   B. 数组第一个元素的值

  C. 数组中全部元素的值   D. 数组的首地址

(8) 下述函数定义形式正确的是( )。

    A. int f(int x；int y)　　　　　　　　B. int f(int x,y)

    C. int f(int x，int y)　　　　　　　　D. int f(x,y：int)

(9) 关于函数参数,说法正确的是( )。

    A. 实参与其对应的形参各自占用独立的内存单元

    B. 实参与其对应的形参共同占用一个内存单元

    C. 只有当实参和形参同名时才占用同一个内存单元

    D. 形参是虚拟的,不占用内存单元

(10) 有以下程序

```
void fun ( int a, int b, int c)
{ a = 456; b = 567; c = 678;}
int main()
{   int x = 10, y = 20, z = 30;   fun (x,y,z);
printf(" %d,/%d, %d\n",x,y,z);   return 0; }
```

输出结果是( )。

    A. 30,20,10　　B. 10,20,30　　C. 456,567,678　　D. 678,567,456

2. 填空题

(1) C 程序是由_____构成的。

(2) C 语言中,从参数的形式看,函数可以分为两类：无参函数和_____函数。

(3) 在 C 语言中,函数的返回值是由_____语句传递的；若确实不要求返回函数值,则应将函数定义为_____类型。

(4) 在 C 语言中,在调用一个函数的过程中又出现_____或间接地调用该函数本身,这一现象称为函数的递归调用。

(5) C 程序的变量按作用域可分为局部变量和_____变量。

3. 程序设计题

(1) 编写一个函数 fun(),其功能是：输入一任意整数,计算该数各位数字之和。例如,输入 123,输出为 1+2+3=6。

(2) 编写函数 fun(),其功能是：输入数字 n,求 Fibonacci 数列的前 n 项($n \leqslant 20$)。Fibonacci 序列的定义如下。

    Fib(n)=1　　　　　　　　　　(n=1||n=2);

    Fib(n)=Fib(n-1)+Fib(n-2)　(n>2);

例如,输入"n=5",输出为"1,1,2,3,5"。

第 8 章

指 针

Chapter 8

指针是 C 语言中广泛使用的一种数据类型,也是 C 语言的一个重要特色。利用指针变量可以表示各种数据结构;能方便地使用数组和字符串;并能像汇编语言一样处理内存地址。正确熟练地使用指针可以编制出简洁、紧凑、高效的程序。

学习目标	(1)掌握指针的定义、初始化和引用。 (2)掌握指向变量的指针变量。 (3)掌握指向数组的指针变量。 (4)掌握指向结构体的指针变量。

8.1 指针与指针变量

指针是 C 语言的精髓,利用指针可以解决一些编程中碰到的基本问题。如通过指针的使用使得不同存储区域的代码可以轻易地共享内存数据,在函数的调用中,要在函数中修改被传递过来的对象,就必须通过这个对象的指针来完成;同时也使得一些复杂的链接性的数据结构的构建成为可能,比如链表、链式二叉树等。

本节学习目标:
- 掌握指针的概念及定义。
- 掌握指针变量的赋值。
- 掌握指针变量的引用,取地址运算符 & 和取内容运算符 *。

【任务提出】

任务 8.1:通过指针变量的方式输出变量的值和地址。

【任务分析】

在本任务中,首先需定义一个指针变量和一个整型变量,然后把整型变量地址赋值给指针变量,再用指针变量的方式输出变量的值和地址。任务实现步骤可概括如下。

(1)定义简单变量 iX 和指针变量 piX。
(2)给指针变量 piX 赋值,即将 iX 的地址赋给指针变量 piX。
(3)输出变量的值。
(4)输出变量的地址。

【任务实现】

参考代码如下:

```
1    #include <stdio.h>
2    int main()
3    {
4        int iX,*piX;                    //定义简单变量 iX 和指针变量 piX
5        piX = &iX;                       //把变量 iX 的地址赋给指针变量 piX
6        printf("piX = %X\n",piX);        //输出指针变量 piX 的值
7        printf("&iX = %X\n",&iX);
8        iX = 10;
9        printf("*piX = %d\n",*piX);      //通过指针变量输出变量 iX 的值
10       printf("iX = %d\n",iX);          //直接输出变量 iX 的值
11       return 0;
12   }
```

程序运行结果如图 8.1 所示。

```
piX=18FF44
&iX=18FF44
*piX=10
iX=10
Press any key to continue
```

图 8.1 任务 8.1 程序运行结果

【知识讲解】

1. 指针与地址

在计算机中,所有的数据都存储在内部存储器中。内部存储器是由许多存储单元组成的,这些存储单元又称为内存单元,每个单元可以存放 8 位二进制数,即 1 字节的数据。为了正确地访问这些内存单元,必须对每个内存单元进行统一编号,根据一个内存单元的编号就能准确地找到该内存单元,如图 8.2 所示,每个内存单元都有唯一的地址。我们将一个内存单元的编号称为该内存单元的地址,相当于一栋楼房的房间号。在地址所标志的内存单元中存放数据,就像在各个房间中存放物品一样。

如果在程序中定义了一个变量,在编译时就会给这个变量分配连续的内存单元。C 语言中不同类型的数据所占用的内存单元数是不等的,例如一个实型变量需要分配连续的 4 个内存单元,而一个字符型变量占 1 个内存单元。当一个变量只占用一个内存单元时,则这个内存单元的地址就是该变量的地址;当一个变量占用连续多个内存单元时,则最前面的内存单元的地址为该变量的地址,称为首地址。

例如,程序中有如下声明语句:

```
char ch = 'a';
int i = 10;
int j = 20;
```

内存分配的情况如图 8.3 所示。地址为 2001 的内存单元给变量 ch,地址为 2002 和 2003 的内存单元给变量 i,地址为 2004 和 2005 的内存单元给变量 j。变量 ch 的地址为 2001,变量 i 的地址为 2002,变量 j 的地址为 2004。如果有语句"i=i+j;",则从 2002、2003 内存单元中取出 i 的值(10),再从 2004、2005 内存单元中取出 j 的值(20),将它们相加后的和(30)送到 i 的地址的连续两个内存单元中。

图8.2 内存单元的地址

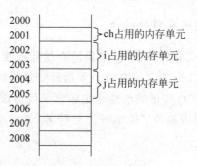
图8.3 变量的地址

从上述操作中,可看到通过地址能找到所需的变量单元,起到寻找操作对象(数据)的"指向"作用,所以就把地址形象化地称为"指针"。一个变量的地址称为该变量的指针,例如地址2001是变量ch的指针,地址2002是变量i的指针。如果有一个变量专门用来存放另一个变量的地址(即指针),则它称为"指针变量",指针变量的值(指针变量中存放的值)是指针(地址)。

值得注意的是,内存单元的指针(地址)和内存单元的内容是两个不同的概念,对于一个内存单元来说,单元的地址即为指针,其中存放的数据才是该单元的内容。同样,指针和指针变量也是两个不同的概念,"指针"是指地址,是常量,"指针变量"是指存放变量地址的变量,定义指针变量的目的是为了通过指针去访问内存单元。若一个指针变量存放了某个变量的地址,则它就指向了该变量。

2. 指针变量的定义

C语言规定所有变量在使用前必须定义,要指定其类型并按此分配内存单元。指针变量不同于整型变量和其他类型的变量,它是用来专门存放地址的。必须将它定义为"指针类型"。指针变量说明的一般形式如下:

数据类型 *指针变量名;

其中,格式中的"*"是一个说明符,说明是一个指针变量。格式中的"数据类型"表示本指针变量只能用于存放这种类型变量的地址。数据类型可以是任何基本数据类型,也可以是后续章节介绍的结构体、共用体等复杂数据类型。需要注意的是该数据类型不是指针变量中存放的数据类型,而是指针变量将要指向的变量或对象的数据类型。例如:

```
int a,b;      //定义两个整型变量a和b
float x,y;    //定义两个实型变量x和y
int *i;       //定义一个指向整型变量的指针变量i
```

指针变量i中只能存放整型变量的地址,可以用来指向整型变量a和b,但不能指向实型变量x和y。

提示:

(1)指针变量前面的"*"表示该变量的类型为指针变量,如上述代码中指针变量名是i,而不是*i。

(2)指针变量中存放变量地址,为什么还要指定数据类型?在本章的稍后将要介绍指针的移动和运算(加、减),可结合后续内容理解。

3. 指针变量的赋值

当定义指针变量时,如果没有给指针变量赋值(未确定指向),则指针变量的值是随机的,也就没有实际意义。要将一个指针变量指向另一个变量,即是将变量的地址赋值给指针变量。在 C 语言中,变量的地址是由编译系统分配的,用户不知道变量的具体地址,为了表示变量的地址,C 语言提供了取地址运算符 &,表示变量的地址的一般形式如下:

& 变量名;

例如,&i 表示 i 的地址,&ch 表示 ch 的地址。

给指针变量赋值可以将一个变量的地址赋给指针变量,也可以将一个指针变量的值赋给另一个指针变量,例如:

```
int i = 100, *p = &i;    //把变量 i 的地址赋给 p
int *q;                  //指针变量 q
q = p;                   //将指针变量 p 的值赋给指针变量 q
```

将变量 i 的地址存放到指针变量 p 中,因此 p 就"指向"了变量 i。将 p 的值赋给 q,即表示将变量 i 的地址也存放到了指针变量 q 中,因此 q 也"指向"了变量 i(等同于 q = &i)。q、p 和 i 之间的关系如图 8.4 所示。

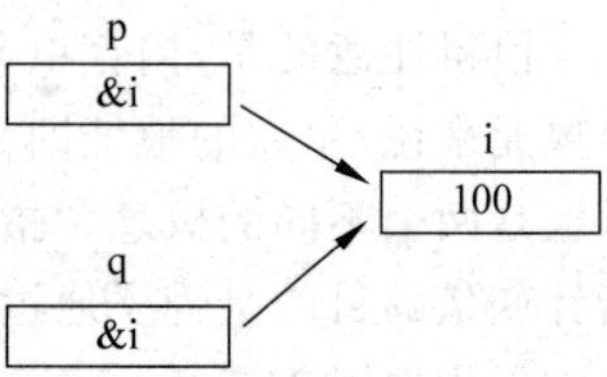

图 8.4 指针与其所指变量间的关系

提示:

(1)将变量地址存放到指针变量之前,必须先对变量进行定义,否则在指针变量进行初始化时将不能获取变量的地址。下面的赋值是错误的。

```
int *p = &i;    //错误,必须先定义变量 i
```

(2)不允许把一个常数赋给指针变量,下面的赋值是错误的。

```
int *x;
x = 1000;       //错误
```

(3)被赋值的指针变量前不能再加" * "说明符,下面的赋值也是错误的。

```
int x, *y;
*y = &x;        //错误
```

(4)指针变量可以赋值为 0,表示空指针,不指向任何的存储单元,虽可以使用但与不赋初值不同。

4. 指针变量的引用

C 语言规定,程序中引用指针变量有多种形式,除了赋值引用之外,常见的还有以下两种。

(1)直接引用指针变量名

当需要用到地址时,可以直接引用指针变量。例如,格式化输入函数 scanf()中,必须通过输入变量的地址来接收输入的数据,这时就可以引用指针变量来接收输入的数据,并存入它所指向的变量中。例如:

```
int i,j, *p = &i;
scanf("%d,%d",p,&j);    //使用指针变量p接收输入数据并存放在i中
```

(2) 通过指针变量来引用它所指向的变量

格式如下：

*指针变量名

在程序中，"*指针变量名"代表它所指向的变量，也将"*"叫作取内容运算符，通过取内容运算符*可以存取指针变量所指的内存单元的内容。但这种方式必须预先将变量的地址值赋给指针变量。例如：

```
int x = 100,y,*px = *x;
y = *px;
```

由于px指向x,所以*px就是x,结果y等于100。这里的"y=*px;"等价于"y=x;"。

例8.1 取内容运算符的使用。

参考代码如下：

```
1   #include <stdio.h>
2   int main()
3   {
4       int a,*p;              //定义了变量a和指针p
5       p = &a;                //p指向了a
6       *p = 100;              //等价于a = 100;
7       printf("%d\n",a);      //等价于printf("%d",*p);
8       a = 200;               //等价于*p = 200;
9       printf("%d\n",*p);     //等价于printf("%d",a);
10      return 0;
11  }
```

程序运行结果如图8.5所示。

图8.5 例8.1程序运行结果

注意：本例中定义了指针变量p,并将p指向a,则程序中第6行和第9行的*p就代表p所指向的变量a,即*p与a是等价的,在程序中可互相代替。另外，程序中第4行的*是指针说明符，表示定义一个指针变量，而第6行和第9行的*是取内容运算符，应该注意区别。

5. 直接访问和间接访问

内存单元的访问方式有两种，一种是通过变量名访问内存单元，这种方式称为"直接访问"方式；另一种是通过取内容运算符和指针变量来访问内存单元，这种方式称为"间接访问"方式。

例如，在例8.1中，第6行和第9行的代码通过*p访问内存单元，是"间接访问"方式。第7行和第8行的代码通过变量a访问内存单元，是"直接访问"方式。

【知识拓展】

拓展任务 8.1：输入 x 和 y 两个整数，按先大后小的顺序输出 x 和 y。

参考代码如下：

```
1    #include<stdio.h>
2    int main()
3    {
4        int *p1,*p2,*p,x,y;
5        scanf("%d,%d",&x,&y);
6        p1 = &x;
7        p2 = &y;
8        if(x<y)
9        {p=p1;p1=p2;p2=p;}
10       printf("\nx=%d,y=%d\n",x,y);
11       printf("\max=%d,min=%d\n",*p1,*p2);
12       return 0;
13   }
```

程序运行结果如图 8.6 所示。

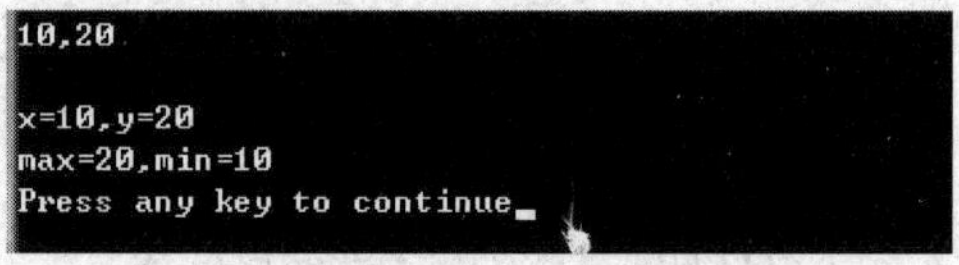

图 8.6　拓展任务 8.1 程序运行结果

上述代码运行结果中，x 和 y 并未交换，它们仍保持原值，但 p1 和 p2 的值改变了。p1 的值原为 &x，后来变成 &y，p2 原值为 &y，后来变成 &x，即将两者的指向进行对换，在输出 *p1 和 *p2 时，就是输出 y 和 x 的值。

拓展任务 8.2：编写程序，用指针访问方式从键盘任意输入 3 个整数，再把最小的数输出。

参考代码如下：

```
1    #include<stdio.h>
2    int main()
3    {
4        int a,b,c,*p0,*p1,*p2,min;
5        p0 = &a,p1 = &b;p2 = &c;
6        printf("input data:\n");
7        scanf("%d%d%d",p0,p1,p2);
8        if(*p0<*p1)
9            min = *p0;
10       else
11           min = *p1;
12       if(*p2<min)
13           min = *p2;
14       printf("min=%d\n",min);
15       return 0;
16   }
```

程序运行结果如图 8.7 所示。

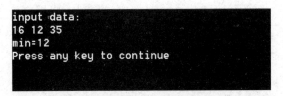

图 8.7　拓展任务 8.2 程序运行结果

【知识小结】

(1) 变量的存取方式有直接访问(通过变量的名称访问变量)和间接访问(通过变量的指针访问变量)两种。变量的指针是变量的首地址,指针变量用来存放变量的地址。

(2) 指针变量的定义也必须要指定数据类型。表示指针所要指向的变量数据类型。

(3) 在使用指针变量之前,必须为其赋值,即使指针变量指向某一确定的值。

(4) & 为取地址运算符,* 为指针运算符(也叫取值运算符)。

8.2　指针与数组

一个数组包含若干个元素,每个数组元素都在内存中占用存储单元,和变量一样也有相应的地址。既然指针变量可以用于存放变量的地址指向变量,当然也可以用于存放数组元素的地址或数组的首地址,也就是说指针变量也可以指向数组元素或数组,对数组元素或数组的引用也可以使用指针变量。

本节学习目标:
- 掌握指向数组的指针变量的运算。
- 熟练使用指针变量访问数组元素。

【任务提出】

任务 8.2:定义含有 6 个元素的数组,然后用 4 种访问方式输出数组。

【任务分析】

在本任务中,首先需定义一个一维数组和一个指针变量,再把一维数组的首地址赋值给指针变量,然后使用循环语句以 4 种方式输出数组。任务实现步骤可概括如下。

(1) 定义含有 6 个元素的数组并初始化。
(2) 定义指针变量并使其指向数组。
(3) 用数组名下标法输出数组各元素的值。
(4) 用数组名指针法输出数组各元素的值。
(5) 用指针变量下标法输出数组各元素的值。
(6) 用指针变量指针法输出数组各元素的值。

【任务实现】

参考代码如下:

```
1    #include <stdio.h>
2    int main()
3    {
4        int iData[6] = {0,3,6,9,12,15};
5        int *pInt = iData,i;
6        for(i=0;i<6;i++)
7            printf(i==5?"%3d\n":"%3d",iData[i]);
8        for(i=0;i<6;i++)
9            printf(i==5?"%3d\n":"%3d",*(iData+i));
10       for(i=0;i<6;i++)
11           printf(i==5?"%3d\n":"%3d",pInt[i]);
12       for(i=0;i<6;i++)
13           printf(i==5?"%3d\n":"%3d",*(pInt+i));
14       return 0;
15   }
```

程序运行结果如图 8.8 所示。

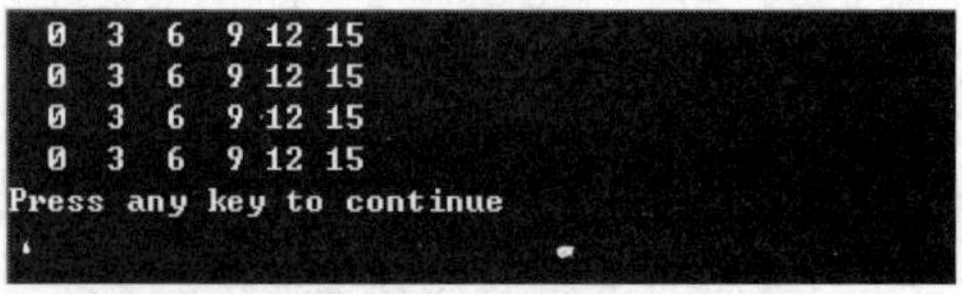

图 8.8 任务 8.2 程序运行结果

【知识讲解】

1. 指向数组元素的指针

当我们定义一个数组时，系统就会给该数组在内存中分配一段连续的存储空间，每个数组元素按其类型不同占有几个连续的内存单元，一个数组元素的地址也是指它所占有的几个内存单元的首地址。如有数组 a，则下标值为 i 的数组元素（a[i]）的地址为 &a[i]。定义一个指向数组元素的指针变量的方法，与以前介绍的指向变量的指针变量相同。例如：

```
int a[5];     //定义 a 为包含 5 个整型数据的数组
int *p;       //定义 p 为指向整型变量的指针变量
p = &a[1];
```

上述代码中将 a[1] 元素的地址赋给指针变量 p，如图 8.9 所示。

提示：如果数组为 int 型，则指针变量也应指向 int 型。

C 语言规定数组名代表数组在内存中的首地址（数组第一个元素的地址，即序号为 0 的元素的地址）。因此，下面两个语句等价。

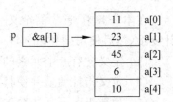

图 8.9 数组的首地址与数组元素的地址

```
p = &a[0];
p = a;
```

上述"p=a;"的作用是"把 a 数组的首元素的地址赋给指针变量 p"，数组名不能代表整个数组，在该语句中的作用不是"把数组 a 各元素的值赋给 p"。若在定义指针变量时，将数组首地址作为指针变量初值，下述几种方法是等价的。

方法一：

int *p = &a[0];

方法二：

int *p;
p = &a[0];   //注意,不是*p = &a[0]

方法三：

int *p = a;

2. 通过指针引用数组元素

假设 p 已定义为一个指向整型数据的指针变量,并将一个数组元素的地址赋给它,使其指向该数组元素。如果有类似于"*p=值1"的赋值语句,表示对 p 当前所指向的数组元素赋一个值(值为值1)。例如：

int a[5],*p = a;
*p = 10;

表示对 p 当前所指向的数组元素 a[0]赋值为 10。

C 语言规定：如果指针变量 p 已指向数组中的一个元素,则 p+1 指向同一数组中的下一个元素,p+n、p-n、p++、++p、p--、--p 等都是合法的表达式(n 为整数)。例如：

int a[8],*p,*p1,*p2;
p = a;   //p 指向数组 a,即指向 a[0]
p1 = p + 1;   //p1 指向第 2 个元素,即 p1 指向 a[1]
p2 = p1 + 2;   //p2 指向从 p1 开始向下数的第 2 个元素,即 p2 指向 a[3]

p、p1 和 p2 的位置关系如图 8.10 所示。

需要注意的是,指针变量的计算不是进行简单的加减运算。例如上述数组元素是整型,每个元素在 Turbo C 中占 2 字节,则 p+1 意味着使 p 的值(地址)加 2 字节,以使它指向下一个元素。p+1 所代表的地址实际上是 p+1*d,d 是一个数组元素所占的字节数(在 Turbo C 中,对整型,d=2；对实型,d=4；对字符型,d=1),其他计算方法可以此类推。但是只能将指向数组的指针变量加上或减去一个整数,对其他指针变量作加减运算是毫无意义的。

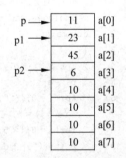

图 8.10　指针变量加上或减去一个整数

指针变量指向数组后,引用一个数组元素可以用以下两种方法。

(1) 下标法。即用 a[i]形式访问数组元素。例如：

int a[8],*p1;
p1 = a;   //p1 指向 a[0]
p1[1] = 10;   /*p1[1]表示从 p1 开始向下数的第 1 个元素,即 a[1]。语句等价于"a[1] = 10;" */
p1 = p1 + 2;   //p1 指向 a[2]
p1[3] = 6;   //p1[3]表示从 p1 开始向下数的第 3 个元素,语句等价于 a[5] = 6;

如果 p 的初值为 &a[0]，那么 p+i 和 a+i 就是 a[i] 的地址，数组元素 a[i] 也可表示为 p[i]。在编译时，对数组元素 a[i] 就是处理成 *(a+i)，即按数组首元素的地址加上相对位移量得到要找的元素的地址，然后找出该单元中的内容。

(2) 指针法。即采用 *(p+i) 或 *(a+i) 形式，其中 p 是指向数组元素的指针变量，a 是数组名。例如：

```
int a[8], *p;
p = a;
*p = 0;              //等价于 a[0] = 0
*(p + 1) = 1;        //等价于"a[1] = 1;"，或"p[1] = 1;"，或"*(a + 1) = 1;"
*(p + 2) = 2;        //等价于"a[2] = 2;"，或"p[2] = 2;"，或"*(a + 2) = 2;"
```

例 8.2 编写程序，输出数组中的全部元素。

参考代码如下。

(1) 下标法

```
1    # include < stdio.h >
2    int main()
3    {
4        int a[5],*p1,i;
5        p1 = a;
6        for(i = 0;i < 5;i++)
7            a[i] = i;                              //给数组元素赋值
8        for(i = 0;i < 5;i++)
9            printf("a[ % d] = % d\n",i,a[i]);      //输出所有数组元素的值
10       return 0;
11   }
```

(2) 通过数组名计算数组元素的地址，找出元素的值

```
1    # include < stdio.h >
2    int main()
3    {
4        int a[5],*p1,i;
5        p1 = a;
6        for(i = 0;i < 5;i++)
7            *(a + i) = i;                          //给数组元素赋值
8        for(i = 0;i < 5;i++)
9            printf("a[ % d] = % d\n",i,*(a + i));  //输出所有数组元素的值
10       return 0;
11   }
```

(3) 用指针变量指向数组元素

```
1    # include < stdio.h >
2    int main()
3    {
4        int a[5],*p1,i;
5        p1 = a;
6        for(i = 0;i < 5;i++)
7            *(p1 + i) = i;                         //给数组元素赋值
8        for(i = 0;i < 5;i++)
```

```
9         printf("a[%d] = %d\n",i,*(p1+i));   //输出所有数组元素的值
10        return 0;
11    }
```

程序运行结果如图8.11所示。

图8.11 例8.2程序运行结果

3. 指向二维数组的指针变量

(1) 指针变量指向二维数组

用指针变量可以指向一维数组中的元素,也可以指向二维数组中的元素。例如,设有整型二维数组 a[3][4]={{0,1,2,3},{4,5,6,7},{8,9,10,11}},a为数组名,表示如下3行4列的矩阵。

$$
\begin{matrix}
0 & 1 & 2 & 3 \\
4 & 5 & 6 & 7 \\
8 & 9 & 10 & 11
\end{matrix}
$$

C语言中允许把一个二维数组按行分解为多个一维数组来处理。因此数组a可分解为三个一维数组。

a[0]数组:a[0][0],a[0][1],a[0][2],a[0][3]
a[1]数组:a[1][0],a[1][1],a[1][2],a[1][3]
a[2]数组:a[2][0],a[2][1],a[2][2],a[2][3]

数组元素的地址表示如下。

第一个一维数组的首地址为a[0]。

第二个一维数组的首地址为a[1]。

第三个一维数组的首地址为a[2]。

C语言中二维数组采用二级存储结构。数组a的存储结构如图8.12所示,将二维数组中的元素按行存储在一段连续的存储空间中,每一行的首地址存储在数组名为a的一维数组中,因此二维数组的首地址可以表示为 &a[0][0]、*a 或 a[0]。

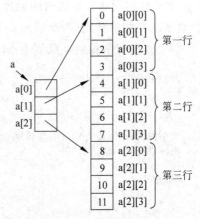

图8.12 二维数组的存储结构

综上所述,使指针变量指向二维数组和通过指针变量引用二维数组元素的方法如下。

① 使指针变量指向二维数组的方法。

格式如下:

数据类型 *指针变量名 = 二维数组名;   //等价于"数据类型 *指针变量名 = &二维数组名[0][0];"

例如:

int a[3][4],*p=a;   //等价于"int a[3][4],*p = &a[0][0];"

或者

```
int a[3][4],*p;
p = a;      //等价于"p = &a[0][0];"
```

② 通过指针变量引用二维数组元素的方法

当指针变量指向二维数组的首地址后,则引用该数组的第 i 行第 j 列元素的方法如下:

*(指针变量 + i * 列 + j)

例如:

```
int a[3][4],*p = a;
```

若要通过指针变量引用数组元素 a[1][3],则元素的地址为 p+1*4+3=p+7,元素引用方法可表示为"*(p+7)"。

提示:a 是二维数组名,代表数组的首地址,不能用 *a 来得到 a[0][0]的值,*a 相当于 *(a+0),即 a[0],它是第 0 行的首地址,**a 才能得到 a[0][0]的值。

(2) 指针变量指向二维数组中的一维数组

如前所述,可将二维数组按行分解为多个一维数组来处理,可以定义一个指针变量,用来指向二维数组中的一维数组,再通过该指针变量来引用或处理二维数组中的某个一维数组元素。

① 指向二维数组中某个一维数组的指针变量的定义。

格式如下:

类型说明符 (*指针变量名)[长度 n];

其中,"类型说明符"为所指向的数组的数据类型;"*"表示其后的变量是指针类型;"长度 n"表示所指向的二维数组的列数。应注意"(*指针变量名)"两边的括号不可少,如缺少括号,则表示是指针数组(本章后面介绍),意义就完全不同了。

将二维数组的首地址赋值给指向二维数组中的一维数组的指针变量的方法如下:

类型说明符 (*指针变量名)[长度 n] = 数组名;

或者

```
类型说明符 (*指针变量名)[长度 n];
指针变量名 = 数组名;
```

例如:

```
int a[3][4],(*p)[4] = a;
```

或者

```
int a[3][4],(*p)[4];
p = a;
```

② 二维数组元素的引用。

当指针变量指向二维数组的首地址后,则二维数组中第 i 行对应的一维数组首地址可表示如下:

*(指针变量名+i)

二维数组中的一维数组元素引用格式如下：

元素地址：*(指针变量名+i)+j
元素引用：*(*(指针变量名+i)+j)

例如：

int a[3][4],(*p)[4] = a;
((p+1)+2) = 10;   //相当于 a[1][2] = 10;

例 8.3 将二维数组中的元素输出。

参考代码如下：

```
1    #include<stdio.h>
2    int main()
3    {
4        int a[3][4] = {0,1,2,3,4,5,6,7,8,9,10,11};
5        int (*p)[4];
         //定义指向二维数组的指针变量 p,p 可以指向列数为 4 的二维数组
6        int i,j;
7        p = a;
         //p 等价于二维数组的首地址,则在使用 a 的地方可以用 p 代替
8        for(i = 0;i<3;i++)
9            for(j = 0;j<4;j++)
10               printf("%2d ",*(*(p+i)+j));
11           printf("\n");
12       return 0;
13   }
```

程序运行结果如图 8.13 所示。

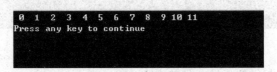

图 8.13　例 8.3 程序运行结果

注意：本程序中，*(*(p+i)+j)代表 a[i][j],也可表示为 p[i][j]。

4. 指针数组

如果数组中的元素均为指针类型数据,则称为指针数组,即指针数组中的每个元素都是指针变量。

指针数组定义的一般形式如下：

类型说明符 *数组名[数组长度 n];

例如：

int *p[3];/*定义一个长度为 3 的指针数组,每个数组元素都可指向一个 int 型变量*/
int a = 2,b = 3;
p[0] = &a; /*p[0]指向 a,则*p[0]与 a 等价 */

```
p[1] = &b; /*p[1]指向 b,*p[1] 与 b 等价 */
*p[0] = 1;/*等价于 a = 1; */
```

【知识拓展】

拓展任务 8.3：编写程序，输入 10 个整数，使用指针求其中的最小值及其下标并输出。

参考代码如下：

```
1    #include<stdio.h>
2    int main()
3    {
4        int a[10],min,i,k,*p;
5        p = a;
6        printf("input data:");
7        for(i = 0;i<10;i++)
8            scanf("%d",p+i);
9        min = *p;k = 0;
10       for(i = 0;i<10;i++)
11           if(*(p+i)<min)
12           {   min = *(p+i);
13               k = i;
14           }
15       printf("min = %d,d = %d\n",min,k);
16       return 0;
17   }
```

程序运行结果如图 8.14 所示。

```
input data:2 4 6 8 10 1 3 5 7 9
min=1,d=5
Press any key to continue_
```

图 8.14 拓展任务 8.3 程序运行结果

例 8.4 比较指向数组的指针变量的大小。

参考代码如下：

```
1    #include<stdio.h>
2    int main()
3    {
4        int a[8],*p1,*p2;
5        p1 = &a[1];        //p1 指向 a[1]
6        p2 = &a[4];        //p2 指向 a[4]
7        if(p1 == p2)       //判断 p1 和 p2 是否相等,即判断它们是否指向同一数组元素
8            printf("p1、p2 指向同一元素");
9        if(p1 > p2)        //判断 p1 是否大于 p2,即判断 p1 是否处于高地址位置
10           printf("p1 处于高地址位置\n");
11       if(p1 < p2)        //判断 p1 是否处于低地址位置
12           printf("p1 处于低地址位置\n");
13       return 0;
14   }
```

程序运行结果如图 8.15 所示。

图 8.15　例 8.4 程序运行结果

注意：指针变量除了相互之间的比较外，还可以与 0 进行比较，p==0 表示判断 p 是否为空指针。

指向数组的两个指针变量可以进行相减运算，其所得之差是两个指针变量所指的数组元素之间相差的元素个数。

例 8.5　两个指针变量相减。

参考代码如下：

```
1    #include <stdio.h>
2    int main()
3    {
4        int a[8],*p1,*p2;
5        p1 = &a[1];        //p1 指向 a[1]
6        p2 = &a[4];        //p2 指向 a[4]
7        printf("%d\n", p2 - p1);
8        return 0;
9    }
```

程序运行结果如图 8.16 所示。

图 8.16　例 8.5 程序运行结果

注意：程序中第 7 行的作用是输出 p2-p1 的值，p2-p1 表示 p1 和 p2 之间间隔的数组元素的个数。

【知识小结】

（1）数组的指针是数组在内存中的起始地址，数组元素的指针是数组元素在内存中的起始地址。

（2）数组名是常量，代表数组的起始地址，也就是第一个数组元素的地址。

（3）指向数组的指针变量同样要经过定义、赋值才能引用。

（4）指向数组的指针变量可以改变本身的值。

（5）当数组名和指向数组首地址的指针变量作函数参数时效果是一样的。即实参与形参结合后，实参数组与形参数组占用同一段内存空间，在函数中改变数组会使主函数中的数组发生变化。

8.3　字符串与指针

前面曾介绍过，字符型数组可以用来存放字符串。如果定义一个字符型的指针变量，使它指向字符串的首地址，那么可以使用该指针变量来处理字符型数组中存放的字符串，也可以很方便地处理字符串中的单个字符。

本节学习目标：
- 掌握字符指针变量的定义方法。
- 掌握字符指针变量的引用方法。
- 掌握指向字符数组的指针变量的使用方法。

【任务提出】

任务 8.3：在一个字符串中查找指定的字符's'。

【任务分析】

在本任务中，首先需定义一个字符指针变量，并将字符串的首地址赋给字符指针变量，然后通过循环判断当前字符是否为's'，如果是，则提前退出循环结构，否则就到字符串结束标记退出循环结构。任务实现步骤可概括如下。

（1）定义一个字符指针变量，并在其中存储字符串的首地址。

（2）定义一个整型变量作为是否有字符's'的标记。

（3）以"*ps!='\0'"作为循环条件进行循环，在循环体中判断当前字符是否为's'，如果是，就退出循环结构，否则就将指针变量指向下一个字符。

（4）如果 flag 的值为 1，表示包含's'字符，否则不包含。

【任务实现】

参考代码如下：

```
1    #include <stdio.h>
2    int main()
3    {
4        char *ps = "this is a book";
5        int flag = 0;
6        while(*ps!= '\0')
7        {
8            if(*ps == 's')
9            {
10               flag = 1;
11               break;
12           }
13           else
14               ps++;
15       }
16       if(flag)
17           printf("There is a 's' in the string\n");
18       else
19           printf("There is no 's' in the string\n");
20       return 0;
21   }
```

程序运行结果如图 8.17 所示。

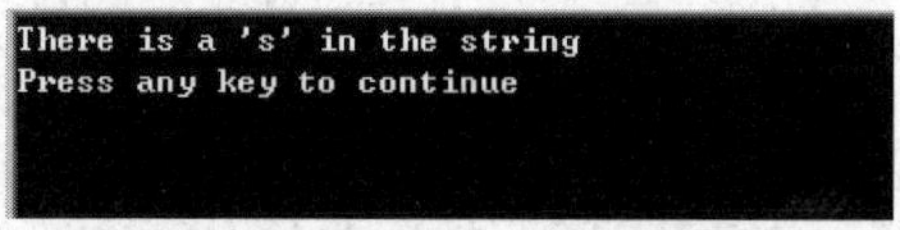

```
There is a 's' in the string
Press any key to continue
```

图 8.17　任务 8.3 程序运行结果

【知识讲解】

1. 指向字符串常量的指针变量

字符型的指针变量可以指向一个字符,也可以指向一个字符串。例如,char c,* p=&c;表示 p 指向字符变量 c,* p 与 c 等价。如果要使指针变量指向字符串常量,常用以下两种方法。
(1) 定义指针变量时进行初始化
格式如下:

char *指针变量名 = 字符串常量;

例如:

char *ps = "book";

(2) 先定义一个字符型指针变量,再将字符串常量赋给它
格式如下:

char *指针变量名;
指针变量名 = 字符串常量;

例如:

char *ps;
ps = "book";

2. 字符指针的引用

当一个字符型指针变量指向了某个字符串常量后,就可以利用指针变量来处理这个字符串。主要有以下两种方法。
(1) 处理整个字符串
例 8.6　利用字符指针输出字符串中第 n 个字符后的所有字符。

```
int main()
{
    char *ps = "this is a book";
    int n = 10;
    ps = ps + n;
    printf("%s\n",ps);
}
```

(2) 处理字符串中的单个字符
格式如下:

*(指针变量 + i)

例 8.7 指向字符串的指针变量。

```
int main()
{
    char *s = "I am a student";
    print("%c",*(s+2));
}
```

【知识拓展】

当一个字符串存放在一个字符数组中时,并将该字符数组的首地址赋给了一个字符指针变量,则该字符指针变量就指向了字符数组,就可使用字符指针变量来处理存放在字符数组中的字符串,也可处理字符串中的单个字符。

拓展任务 8.4:编写程序,在输入的字符串中查找有无's'字符。

参考代码如下:

```
1   #include<stdio.h>
2   int main()
3   {
4       char s[20],*ps;
5       int flag = 0;
6       printf("input a string:\n");
7       ps = s;
8       scanf("%s",ps);
9       while(*ps!='\0')
10      {
11          if(*ps == 's')
12          {
13              flag = 1;
14              break;
15          }
16          else
17              ps++;
18      }
19      if(flag)
20          printf("There is a 's' in the string\n");
21      else
22          printf("There is no 's' in the string\n");
23      return 0;
24  }
```

提示:

(1)字符串指针变量本身是一个变量,用于存放字符串的首地址。而字符数组是由若干个数组元素组成的,可用来存放整个字符串。

(2)字符串指针和字符数组的赋值方式不同,例如:

char *ps = "book";

可以转换为

char *ps;

```
ps = "book";
```

而对数组的赋值方式如下：

```
char s[ ] = {"book"};
```

不能转换为

```
char s[20];
s = {"book"};
```

只能对字符数组的各元素逐个赋值。由此可见，使用指针变量会更加方便。

【知识小结】

（1）字符指针变量的赋值主要有两种方式。

（2）使用字符指针变量指向字符数组后，可使用指针变量来处理存放在数组中的字符串和其中的单个字符。

8.4 指针与函数

在前面的章节中，介绍过函数之间的调用可以使用参数的方式来传递一般变量的值。在掌握指针变量的使用方法之后，指针变量的值也可以作为参数在函数之间传递，也就是地址也是可以通过指针类型的参数进行传递的。除此之外，函数与指针之间还存在着极其密切的关系，如函数的返回值为指针变量、指向函数的指针变量等。

本节学习目标：

- 掌握指针变量作为函数参数的使用。
- 掌握指向数组的指针作为函数参数的使用。
- 掌握指针型函数与指向函数的指针变量的运用。

【任务提出】

任务 8.4：用指针变量作为函数参数，编写实现两变量交换的函数 fnSwap()，并在主程序中调用该函数，输出结果进行验证。

【任务分析】

在本任务中，首先编写交换两变量的函数 fnSwap()，然后在主函数中先定义两个整型变量，再以它们的地址作为实参调用函数 fnSwap()。任务实现步骤可概括如下。

（1）定义两个整型变量并初始化。

（2）将两变量的地址作为实参调用 fnSwap() 函数。

（3）输出两变量，观察交换结果。

交换变量函数 fnSwap() 的算法如下。

（1）以指向待交换的两变量的指针为形参。

（2）定义临时变量 iTemp，用于存储待交换的变量。

（3）将第一形参的值赋给临时变量 iTemp 保存。

（4）将第二形参的值赋给第一形参。

（5）将临时变量 iTemp 的值赋给第二形参，完成两变量的交换。

【任务实现】

参考代码如下：

```
1    #include <stdio.h>
2    void fnSwap(int *iX,int *iY)
3    {   int iTemp;
4        iTemp = *iX;
5        *iX = *iY;
6        *iY = iTemp;
7    }
8    int main()
9    {
10       int iNum1 = 6,iNum2 = 9;
11       fnSwap(&iNum1,&iNum2);
12       printf("In main:a = %d b = %d\n",iNum1,iNum2);
13       return 0;
14   }
```

程序运行结果如图 8.18 所示。

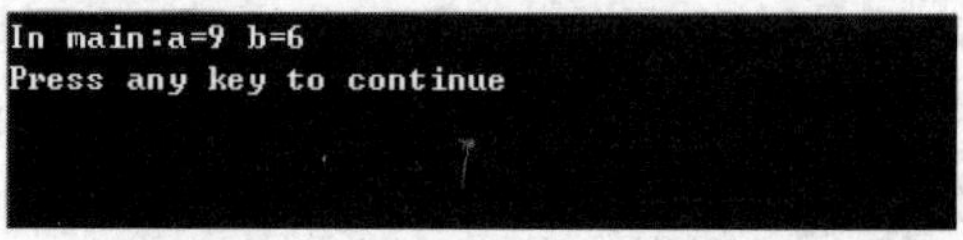

```
In main:a=9 b=6
Press any key to continue
```

图 8.18　任务 8.4 程序运行结果

【知识讲解】

1．指针变量作为函数参数

函数的参数不仅可以是整型、实型、字符型等的数据，还可以是指针类型。它的作用是将一个变量的地址传送到另一个函数中。

比较下列两个例子程序的运行结果。

例 8.8　以整型变量作为函数参数。

参考代码如下：

```
1    #include <stdio.h>
2    void fun(int num)
3    {
4        num = num*2;
5    }
6    int main()
7    {
8        int i = 5;
9        fun(i);
10       printf("%d\n",i);
11   }
```

程序运行结果如图 8.19 所示。

图 8.19　例 8.8 程序运行结果

例 8.9　以指针变量作为函数参数。

参考代码如下：

```
1    #include <stdio.h>
2    void fun(int *num)
3    {
4        *num = *num * 2;
5    }
6    int main()
7    {
8        int i = 5;
9        fun(&i);
10       printf("%d\n",i);
11       return 0;
12   }
```

程序运行结果如图 8.20 所示。

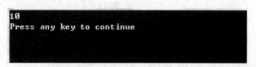

图 8.20　例 8.9 程序运行结果

在例 8.8 中，函数 fun() 的参数 num 是一个一般的变量，在执行 fun(i) 时，将实参 i 的值赋给 num，但 i 和 num 是两个不同的变量，所以在 fun() 函数中修改了 num，但 i 的值保持不变。使用一般的变量或常量作为函数实参时，将实参的值传给对应的形参，这种传递只是从实参到形参的单向传递，这种函数调用方式称为"传值调用"。

在例 8.9 中，函数 fun() 的参数 num 是一个整型的指针变量，在执行 fun(&i) 时，将 i 的地址赋给了 num，即 num 指向了 i，因此 *num 等价于 i，fun() 函数中的语句" *num = *num * 2"等价于"i = i * 2"。所以程序输出 i 的值为 10。使用地址作为函数实参时，形参与对应的实参代表同一内存单元，在函数中对形参的修改等价于对对应的实参的修改，这种传递是双向的，这种函数调用方式称为"传地址调用"。

2. 指向数组的指针作为函数参数

当用数组名作为函数参数时，实参数组名代表该数组首元素的地址，而形参是用来接收从实参传递过来的数组首元素的地址，在 C 语言编译时都是将形参数组名作为指针变量来处理的。因为在 C 语言中用下标法和指针法都可以访问一个数组，所以使用数组名或指针变量作为形参都是可以的。引入指向数组的指针变量后，数组及指向数组的指针变量作为函数参数时，可有四种等价形式。

(1) 形参、实参都用数组名。

(2) 形参、实参都用指针变量。

（3）形参用指针变量、实参用数组名。

（4）形参用数组名、实参用指针变量。

需要注意的是，在实参向形参的传递过程中，应该保持其类型一致性，如形参定义为 int 型的地址，实参也必须表示为 int 型的地址。

例 8.10 编写程序求五门课程的平均成绩。

分析：将计算五门课程的平均成绩作为一个模块，编写函数 average() 实现该模块的功能，并使用指向一维数组的指针作为函数参数。

参考代码如下：

```
1   #include <stdio.h>
2   float average(float *pscore)    //求平均成绩
3   {
4       int i;                       //i 为循环控制变量
5       float av,s = 0;              //av 保存平均分, s 保存五门课程的总成绩
6       for(i = 0; i < 5; i++)       //求 s
7       {
8           s = s + *pscore;
9           pscore++;
10      }
11      av = s/5;                    //s 除以 5, 得到平均分 av
12      return av;
13  }
14  int main()
15  {
16      float score[5], ave;
17      int i;
18      printf("请输入五个分数：");
19      for(i = 0; i < 5; i++)
20          scanf("%f", &score[i]);
21      ave = average(score);        //调用 average() 函数计算平均分
22      printf("平均分为:%.2f\n", ave);
23      return 0;
24  }
```

程序运行结果如图 8.21 所示。

图 8.21 例 8.10 程序运行结果

该程序有两个函数，即 main() 函数和自定义函数 average()，其中，main() 函数用来实现成绩的输入和最后平均值的输出，average() 函数的任务是计算平均成绩。

例 8.11 编写程序，选择排序法（一维数组名作为实参）。

```
1   #include <stdio.h>
2   #define N 10
3   void mysort(int p[], int n)
4   {
5       int i, j, k, t;
6       for(i = 0, i < n-1; i++)
```

```
7       {
8           k = i;
9           for(j = k + 1;j < n;j ++ )
10              if(p[k]> p[j])
11                  k = j;
12          t = p[i];
13          p[i] = p[k];
14          p[k] = t;
15      }
16  }
17  void myout(int *p,int n)
18  {
19      int i;
20      for(i = 0;i < n;i ++ )
21          printf(" % 4d",*(p + i));
22      printf("\n");
23  }
24  int main()
25  {
26      int a[N],i,*q;
27      printf("input data:");
28      q = a;
29      for(i = 0;i < N;i ++ )
30          scanf(" % d",q ++ );
31      printf("before sorted:");
32      myout(a,N);                    //输出一维数组的数据,也可以为 q = a;myout(q,N)
33      mysort(a,N);                   //一维数组的数据排序
34      printf("after sorted:");
35      myout(a,N);                    //输出排序后一维数组的数据
36      return 0;
37  }
```

3. 指针型函数与指向函数的指针变量

(1) 返回指针的函数

在 C 语言中函数的返回值也可是指针变量,也就是说,这种函数的返回值是一个地址数据。这种返回指针值的函数称为指针型函数。定义指针型函数的一般形式如下:

```
类型说明符 *函数名(形参表)
{
    函数体
}
```

例如:

int *max(int a,int b)

max 是函数名,调用它后得到一个指向整型数据的指针(地址)。a 和 b 是函数的形参,max 两侧分别是 * 和()运算符,而()运算符的优先级高于 *,所以 max 先和()结合,显然是一个函数。这个函数前面有一个 *,表示此函数是指针函数(函数值是指针),最前面的 int 表示返回的指针指向整型变量。

例 8.12　编写程序,求两个数的最大值。

参考代码如下:

```
1   #include <stdio.h>
2   int *max(int a,int b)
3   {
4     if(a>b) return &a;      //如果 a>b,则返回 a 的地址
5     else return &b;         //否则,返回 b 的地址
6   }
7   int main()
8   {
9     int x,y,*m;
10    printf("请输入两个整数:");
11    scanf("%d%d",&x,&y);
12    m = max(x,y);
13    printf("最大值为:%d\n",*m);
14    return 0;
15  }
```

程序运行结果如图 8.22 所示。

图 8.22　例 8.12 程序运行结果

注意:函数 max()的返回类型为 int 型的指针,则函数体内必须返回一个 int 型数据的地址。主函数中的语句"m=max(x,y);"调用 max()函数求 x 和 y 的最大值,但要注意 m 必须是一个 int 型的指针。

(2) 指向函数的指针变量的定义

指针变量可以指向变量、字符串、数组,也可以指向一个函数。指向函数的指针变量的定义形式如下:

类型标识符 (*指针变量名)();

这说明了"指针变量名"是指向函数的指针,获取内容不是取得相应地址所存放的数值,而是表示执行由"指针变量名"所指的函数,即"(* 指针变量名)()"表示执行"指针变量名"所指的函数。例如:

int (*p)();

表示定义了一个指向 int 型函数的指针变量,函数名是函数的入口地址,可以将一个函数名赋给 p,但函数的类型必须是 int 型。

例 8.13　编写程序,使用指向函数的指针变量求两个数的最大值。

参考代码如下:

```
1   #include <stdio.h>
2   int max(int a,int b)
3   {
4     if(a>b) return a;       //如果 a>b,则返回 a
5     else return b;          //否则,返回 b
```

```
6      }
7      int main()
8      {
9          int x,y,m;
10         int (*p)();           //定义了一个指向 int 型函数的指针变量 p
11         p = max;              //将 max 赋给 p,max 的返回类型必须为 int 型
12         printf("请输入两个整数:");
13         scanf("%d%d",&x,&y);
14         m = p(x,y);           //等价于"m = max(x,y);"
15         printf("最大值为:%d\n",m);
16         return 0;
17     }
```

程序运行结果如图 8.23 所示。

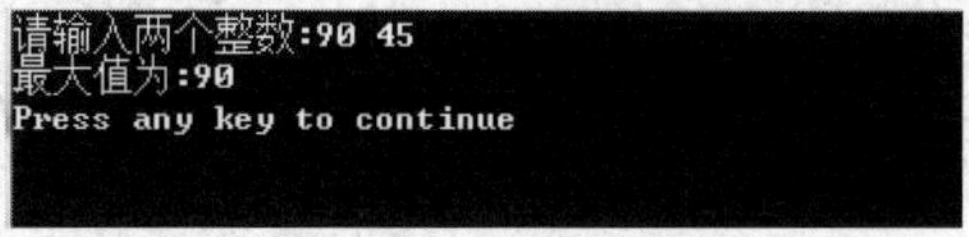

图 8.23 例 8.13 程序运行结果

注意：语句"int（*p）();"定义了一个指向函数的指针变量,其中两对小括号不能省略。语句"p=max;"将 max 赋给 p,则 p 与 max 等价,p 与 max 都可以作为函数名。

【知识拓展】

一维数组名可以作为函数参数传递,二维数组名也可以作为函数参数传递。在用指针变量作形参以接收实参数组名传递来的地址时,有两种方法：一是用指向变量的指针变量；二是用指向一维数组的指针变量。

拓展任务 8.5：有 1 个班,3 个学生,各学 4 门课程,编写程序计算总平均分数,以及第 n 个学生的成绩。

参考代码如下：

```
1      #include <stdio.h>
2      int main()
3      {
4          void average(float *p,int n);
5          void search(float (*p)[4],int n);
6          float score[3][4] = {{70,85,75,89},{80,75,85,79},{90,75,65,69}};
7          average(*score,12);    //求 12 个分数的平均分
8          search(score,2);       //求序号为 2 的学生的成绩
9          return 0;
10     }
11     void average(float *p,int n)
12     {
13         float *p_end;
14         float sum = 0,aver;
15         p_end = p + n - 1;
16         for(;p <= p_end;p++)
17             sum = sum + (*p);
18         aver = sum/n;
19         printf("average = %5.2f\n",aver);
20         return 0;
21     }
```

```
22      void search(float (*p)[4],int n)   //p是指向具有4个元素的一维数组的指针
23      {
24          int i;
25          printf("the score of No. %d are:\n",n);
26          for(i = 0;i < 4;i++)
27              printf("%5.2f",*(*(p+n)+i));
28      }
```

程序运行结果如图8.24所示。

```
average=78.08
the score of No.2 are:
90.00  75.00  65.00  69.00
Press any key to continue
```

图8.24　拓展任务8.5程序运行结果

如果将一个字符串从一个函数传递到另一个函数,可以用地址传递的方法,即用字符数组名作为参数或用指向字符的指针变量作为参数。

拓展任务8.6：用函数调用实现字符串的复制。

参考代码如下：

```
1       #include <stdio.h>
2       void copy_string(char from[],char to[])
3       {
4           int i = 0;
5           while(from[i]!= '\0')
6           {
7               to[i] = from[i];
8               i++;
9           }
10          to[i] = '\0';
11      }
12      int main()
13      {
14          char a[] = "I am a teacher.";
15          char b[] = "You are a teacher.";
16          printf("string a = %s\nstring b = %s\n",a,b);
17          copy_string(a,b);
18          printf("string a = %s\nstring b = %s\n",a,b);
19          return 0;
20      }
```

程序运行结果如图8.25所示。

```
string a=I am a teacher.
string b=You are a teacher.
string a=I am a teacher.
string b=I am a teacher.
Press any key to continue
```

图8.25　拓展任务8.6程序运行结果

【知识小结】

（1）指针变量作为函数参数时,这种传递是"传地址调用"；普通变量作为函数参数时,这种传递是"传值调用"。

(2) 函数指针变量和指针型函数这两者在写法和意义上的区别。如 int(*p)()和 int *p() 是两个完全不同的量。

本 章 总 结

本章主要讲述指针的相关知识。指针是存储特定类型数据的地址。指针依据其所指向的对象的不同,可以分为指向变量的指针、指向数组的指针、指向字符串的指针、指向结构体的指针、指向函数的指针等。指针变量作为函数参数,传递的是地址;数组名作为函数参数,传递的也是地址,但是数组名是常量,而指针是变量。

习 题 8

1. 选择题

(1) 变量的指针,其含义是指该变量的( )。
  A. 值　　　　　　　B. 地址　　　　　　　C. 名　　　　　　　D. 一个标志
(2) 若有定义语句"int a[4][10],*p,*q[4];",且 0≤i<4,则错误的赋值是( )。
  A. p=a　　　　　　B. q[i]=a[i]　　　　C. p=a[i]　　　　　D. p=&a[2][1]
(3) 若有定义语句"char s[3][10],(*k)[3],*p;",则以下赋值语句正确的是( )。
  A. p=s;　　　　　　B. p=k　　　　　　　C. c=s[0]　　　　　D. k=s
(4) 以下程序的执行结果是( )。

```
#include "stdio.h"
main()
{
    int a[] = {1,2,3,4,5,6};
    int *p;
    p = a;
    *(p+3) += 2;
    printf("%d,%d\n",*p,*(p+3));
}
```

  A. 1,3　　　　　　　B. 1,6　　　　　　　C. 3,6　　　　　　　D. 1,4
(5) 以下程序的执行结果是( )。

```
#include "stdio.h"
#include "string.h"
main()
{
    char *s1 = "BaDeg";
    char *s2 = "AdbEg";
    s1 += 2;s2 += 2;
    printf("%d\n",strcmp(s1,s2));
}
```

  A. 正数　　　　　　　B. 负数　　　　　　　C. 零　　　　　　　D. 不确定的值

(6) 若有定义：

char a[ ] = "It is mine";
char *p = "It is mine";

则以下不正确的叙述是（　　）。

  A. a+1 表示字符 t 的地址

  B. p 指向另外的字符串时，字符串的长度不受限制

  C. p 变量中存放的地址值可以改变

  D. a 中只能存放 10 个字符

(7) 若有定义：int a[2][3]，则对数组 a 的第 i 行 j 列元素地址的正确引用为（　　）。

  A. *(a[i]+j)   B. (a+i)   C. *(a+j)   D. a[i]+j

(8) 设 fp 是文件指针，则以下是以追加方式打开 file.txt 文件的是（　　）。

  A. fp=fopen("file.txt","r")   B. fp=fopen("file.txt","w")

  C. fp=fopen("file.txt","a")   D. fp=fopen("file.txt","r+")

(9) 判断文件是否到了该文件的尾部，可以使用函数（　　）。

  A. EOF   B. feof()   C. fbof()   D. ferror()

(10) 以下不能使文件指针重新移到文件开头位置的函数是（　　）。

  A. rewind(fp)

  B. fseek(fp,0,SEEK_SET)

  C. fseek(fp,-(long)ftell(fp),SEEK_CUR)

  D. fseek(fp,0,SEEK_END)

2. 填空题

(1) 请仔细阅读函数 f1()，然后在函数 f2() 中填入正确的内容，使函数 f1() 和函数 f2() 有相同的功能。

```
int f1(char s[])              int f2(char *s)
{                             {
  int k = 0;                    char *ss;
  while(s[k]!='\0')             _____;
     k++;                       while(*s!='\0')
  return k;                        s++;
}                               return _____;
                              }
```

(2) 以下程序是将数组 a 逆序存放，请填空。

```
#define M 8
main()
{
  int a[M],i,j,t;
  for(i=0;i<M;i++) scanf("%d",a+i);
  i=0;j=M-1;
  while(i<j)
    {t = *(a+i);
     _____;
     *(_____) = t;
```

```
        i++;j--;
    }
    for(i=0;i<M;i++)
        printf("%3d",*(a+i));
}
```

(3) 下面程序段的输出结果是_____。

```
char str[]="abc\0def\0ghi",*p=str;
printf("%s",p+5);
```

(4) 以下程序的运行结果是_____。

```
fun(int b,int *a)
{
    b=b+*a;
    *a=*a+b;
}
main()
{
    int a=3,b=6;
    fun(b,&a);
    printf("%d %d\n",a,b);
}
```

(5) 使用 fopen("abc","r+")打开文件时,若"abc"不存在,则返回_____。

(6) 假设数组 array 声明为 double array[4]={2.3,43.3,5.6,10.78},则将数值 5.6 写入文件指针 fp 所指向的文件的语句是_____。

3. 程序设计题

(1) 编写一个函数,该函数从一个一维整型数组中寻找一个指定的数,若找到,返回该数在数组中的下标值;否则返回-1。要求使用指针法访问数组。

(2) 编写一个函数 sort(),完成对 n 个字符串的排序,然后在 main()函数中调用 sort()对"Beijing"、"Shanghai"、"Shenzhen"、"Nanjing"、"Dalian"、"Qingdao"这 6 个字符串排序。要求使用指针数组表示这 6 个字符串。

(3) 从键盘输入 3 个学生的基本信息(学号、姓名、性别、年龄、成绩),并将这些数据存入名为"d:\student.dat"的文件中。

(4) 编写程序,输入 10 个整数,使用指针求其中的最小值及其下标并输出。

(5) 从键盘输入 8 个数,用选择法按由大到小的顺序排列并输出,要求用指针实现。

(6) 编写程序,使用指针实现两个字符串的连接功能。

(7) 从键盘输入一个字符串与一个指定字符,将字符串中出现的指定字符全部删除,要求用指针实现。

第 9 章 结构体与共用体

在前面章节里,我们已经学习了基本数据类型和数组(各元素的数据类型相同),但在实际应用中,常常碰到一组相互关联的数据,其数据类型不同,但却是一个整体。为了解决这个问题,C 语言提供了构造数据类型——结构体和共用体。

学习目标	(1) 掌握结构体的使用方法。 (2) 掌握结构体数组的应用。 (3) 掌握结构体在函数中的应用。 (4) 掌握共用体的用法。

9.1 结 构 体

前面章节所讲述的数组是一组具有相同数据类型的数据集合。但在实际的应用中,常常碰到需要一组数据类型不同的数据,例如,在学生信息表中,姓名为字符型,学号为字符型或整型,性别为字符型,成绩为实型。因为数据类型不同,不能用数组来存放。

为了解决这个问题,C 语言给出了构造数据类型——结构体。结构体能把这些数据有机地结合起来,用一个变量来描述。

本节学习目标:
- 掌握结构体类型的定义。
- 掌握结构体变量的定义、引用及初始化。
- 掌握结构体数组的定义、引用及初始化。
- 掌握结构体变量及数组作函数的参数。

【任务提出】

任务 9.1:假设某班级学生成绩表的表头见表 9.1。编写一个 C 程序,以结构体数组类型存储表中学生的信息,计算每位学生的总分,并打印学号、姓名、各门成绩及总分。

表 9.1 学生成绩表

学号	姓名	数据结构	大学英语	高等数学	大学语文	总分

【任务分析】

在本任务中,首先定义一个结构体类型 S 和两个函数。用函数 input (S stud[])实现对学生信息的录入;用函数 output(S stud[])实现对学生信息的输出,然后在 main()函数中调用相关函数即可。主要实现步骤如下。

(1) 定义学生成绩表结构体类型。

(2) 编写输入函数,录入所有学生信息,并计算该生总分。

(3) 编写输出函数,打印所有学生的学号、姓名、各门成绩及总分。

(4) 在主函数中调用输入函数完成信息的录入及总分计算,调用输出函数打印相关信息。

【任务实现】

参考代码如下:

```
1    #include<stdio.h>
2    #include<stdlib.h>
3    #define N 3              //学生数
4    char *subject[4]={"数据结构","大学英语","高等数学","大学语文"};
5    typedef struct student
6    {   char no[10],name[10];
7        int t[4];
8        int totalScore;
9    } S;
10   void input(S stud[]);
11   void output(S stud[]);
12   int main()                //主函数
13   {
14       S stu[N];
15       input(stu);
16       system("cls");
17       output(stu);
18   }
19   void input(S stud[])     //输入函数
20   {
21       int i,j;
22       int sum;
23       for(i=0;i<N;i++)
24       {
25           printf("请输入第%d位学生信息\n",i+1);
26           printf("请输入该生学号:");
27           scanf("%s",stud[i].no);
28           printf("请输入该生姓名:");
29           scanf("%s",stud[i].name);
30           sum=0;
31           for(j=0;j<4;j++)
32           {   printf("请输入该生[%s]成绩:",subject[j]);
33               scanf("%d",&stud[i].t[j]);
34               sum+=stud[i].t[j];
35           }
36           stud[i].totalScore=sum;
37       }
38   }
39   void output(S stud[])    //输出函数
40   {
```

```
41      int i,j;
42      printf("\n学号   姓名   数据结构 大学英语 高等数学 大学语文   总分\n");
43      for(i=0;i<N;i++)
44      {
45          printf("%-8s%-8s",stud[i].no,stud[i].name);
46          for(j=0;j<4;j++)
47              printf("%-10d",stud[i].t[j]);
48          printf("%-8d\n",stud[i].totalScore);
49      }
50  }
```

程序运行结果如图 9.1 所示。

```
学号    姓名    数据结构  大学英语  高等数学  大学语文  总分
201801  小明    90        85        88        92        355
201802  小红    89        80        92        90        351
201803  小语    85        85        95        90        355
Press any key to continue_
```

图 9.1 任务 9.1 程序运行结果

【知识讲解】

1. 结构体类型的定义

结构体是集合，包含若干个成员，每个成员的数据类型既可以相同，也可以不同。定义结构体类型的一般形式如下：

```
struct 结构体类型名
    {
        数据类型 成员 1;
        数据类型 成员 2;
        …
        数据类型 成员 n;
    };
```

struct 是关键字，结构体类型名按照标识符规则进行命名，每个数据成员都要定义其数据类型。注意不要省略了右大括号后面的分号。

假设某结构体类型名为 sample，包含一个整型成员 a，一个实型成员 b，一个字符型成员 c，则该结构体的定义如下：

```
struct sample
{
    int a;
    float b;
    char c;
};
```

2. 结构体类型变量

前面虽然定义了结构体类型，但是没有具体数据，系统也不会为其分配具体内存单元。为了能够使用结构体类型数据，还需要定义结构体类型变量。定义结构体类型变量有三种形式。

(1) 先定义结构体类型,再定义其变量。

假设已经定义了某结构体类型 struct sample,则定义其结构体变量 s1 和 s2 的形式如下:

struct sample s1,s2;

(2) 在定义结构体类型的同时定义其变量。一般形式如下:

struct 结构体类型名
{
    数据类型 成员 1;
    数据类型 成员 2;
    …
    数据类型 成员 n;
}结构体变量名;

(3) 直接定义结构体类型变量。一般形式如下:

struct
{
    数据类型 成员 1;
    数据类型 成员 2;
    …
    数据类型 成员 n;
}结构体变量名;

第三种方法与第二种方法相比,省去了结构体类型名直接给出结构体变量。其缺点是不能在程序中其他地方定义该类型的结构体变量。

3. 结构体变量的初始化

同其他数据类型的变量一样,在定义结构体变量的同时,可以指定其初始值。

例 9.1 开学时,都要发新的课本,假设课本的信息包括书名(name)、作者(author)、价格(price),某课本对应的值为"C 语言程序设计""小 C""48.5 元"。编写程序存储课本信息并打印输出。

分析题意可知,课本信息可以用结构体来表示,该结构体包括三个成员,即书名、作者和价格。

参考代码如下:

```
1    #include <stdio.h>
2    int main()
3    {   struct books
4        {   char name[50];
5            char author[50];
6            float price;
7        } book ={"C语言程序设计","小 C",48.5};
8        printf("书名\t\t作者\t价格\n");
9        printf("%-16s%-8s%-6.2f\n",book.name, book.author, book.price);
10       return 0;
11   }
```

程序的运行结果如图 9.2 所示。

图 9.2　例 9.1 程序运行结果

4. 结构体中成员的引用

引用结构体中成员需要使用成员运算符".",其一般形式如下:

结构体变量名.成员名

注意:不能将结构体变量作为一个整体进行输入或输出,一般都是结构体变量通过成员运算符引用其成员来实现的。

5. 结构体数组

结构体数组是指该数组中的每一个元素的数据类型都是结构体类型。

(1) 结构体数组的定义

结构体数组的定义同结构体变量的定义类似,只需要将其声明为数组即可,通常也分为三种情况。

① 先定义结构体类型,再定义结构体数组。一般形式如下:

struct 结构体类型名 数组名[数组长度];

② 在定义结构体类型的同时定义结构体数组。一般形式如下:

struct 结构体类型名
{
　　数据类型 成员 1;
　　数据类型 成员 2;
　　…
　　数据类型 成员 n;
}数组名[数组长度];

③ 直接定义结构体数组。一般形式如下:

struct
{
　　数据类型 成员 1;
　　数据类型 成员 2;
　　…
　　数据类型 成员 n;
}数组名[数组长度];

(2) 结构体数组元素的引用

结构体数组元素也是通过数组名和下标来引用的,由于其每个元素都是结构体类型,访问其成员还需要通过成员运算符".",一般形式如下:

数组名[下标].成员名

例9.2 在例9.1的基础上,打印输出小明同学本学期的课本信息,并统计课本费。

分析题意可知,以课本信息为成员,定义结构体类型及其对应的结构体数组,然后统计课本的总费用并输出。

参考代码如下:

```
1    #include <stdio.h>
2    #define N 3        //课本数
3    struct books
4    {   char name[50];
5        char author[50];
6        float price;
7    };
8
9    int main()
10   {   int i;
11       float totalPrice = 0;
12       struct books book[N] = { {"C语言程序设计","小C",48.5},
13               {"高等数学","小高",30.0},{"大学英语","小英",45.5}};
14       printf("书名\t\t作者\t价格\n");
15       for(i = 0;i < N;i++)
16       {
17           totalPrice += book[i].price;
18           printf("%-16s%-8s%-6.2f\n",book[i].name,book[i].author,book[i].price);
19       }
20       printf("总价: %-6.2f\n",totalPrice);
21       return 0;
22   }
```

程序运行结果如图9.3所示。

图9.3 例9.2程序运行结果

6. 结构体在函数中应用

结构体可作为函数参数及返回值在函数中应用。结构体变量作为函数参数是采用"值传递"方式,结构体数组作为函数参数是采用"地址传递"方式,分别与简单变量作为函数参数和数组作为函数参数的处理方式相同。

例9.3 在例9.1的基础上,编写一个结构体变量作为参数的函数printInfo(struct books book),实现课本信息的输出。

分析题意可知,将原代码主函数中的输出功能写进函数printInfo(struct books book)即可。

参考代码如下:

```
1    #include <stdio.h>
2    struct books
```

```
3    {   char name[50];
4        char author[50];
5        float price;
6    } book ={"C语言程序设计","小C",48.5};
7    void printInfo(struct books book);     //结构体变量作为函数参数
8    int main()
9    {
10       printInfo(book);
11       return 0;
12   }
13   void printInfo(struct books book)
14   {
15       printf("书名\t\t作者\t价格\n");
16       printf("%-16s%-8s%-6.2f\n",book.name,book.author,book.price);
17   }
```

程序运行结果如图 9.4 所示。

```
书名            作者    价格
C语言程序设计    小C     48.50
Press any key to continue
```

图 9.4 例 9.3 程序运行结果

【知识拓展】

拓展任务 9.1：在任务 9.1 中，如果每门课程成绩由平时成绩、期末成绩和总评成绩三部分组成，表头见表 9.2。假设总评成绩＝平时成绩×40％＋期末成绩×60％，编写程序输入各科目平时成绩和期末成绩，计算各科总评成绩及总分。

表 9.2 学生成绩表

学号	姓名	数据结构			大学英语			高等数学			大学语文			总分
		平时	期末	总评	平时	期末	总评	平时	期末	总评	平时	期末	总评	

任务分析：在任务 9.1 的基础上，将每门课程的成绩定义为结构体类型 scores，scores 结构体类型包括三个成员（平时成绩、期末成绩和总评成绩），然后将 scores 结构体类型作为结构体类型 student 的一个成员。

参考代码如下：

```
1    #include<stdio.h>
2    #include<stdlib.h>
3    #define N 1              //学生数
4    char *subject[4]={"数据结构","大学英语","高等数学","大学语文"};
5    struct scores
6    {   int a;               //平时分
7        int b;               //期末分
8        float t;             //总评分
9    };
10   typedef struct student
```

```
11      {   char no[10],name[10];
12          struct scores total[4];
13          float totalScore;       //各科总分
14      } S;
15      void input(S stud[]);
16      void output(S stud[]);
17      int main()
18      {
19          S stu[N];
20          input(stu);
21          system("cls");
22          output(stu);
23          return 0;
24      }
25      void input(S stud[])
26      {
27          int i,j;
28          float sum;
29          for(i = 0;i < N;i++ )
30          {
31              printf("请输入第%d位学生信息\n",i+1);
32              printf("请输入该生学号:");
33              scanf("%s",stud[i].no);
34              printf("请输入该生姓名: ");
35              scanf("%s",stud[i].name);
36              sum = 0;
37              for(j = 0;j < 4;j++ )
38              {   printf("请输入该生[%s]平时成绩和期末成绩: ",subject[j]);
39                  scanf("%d%d",&stud[i].total[j].a,&stud[i].total[j].b);
40                  stud[i].total[j].t = stud[i].total[j].a*0.4f + stud[i].total[j].b*0.6f;
41                  sum += stud[i].total[j].t;
42              }
43              stud[i].totalScore = sum;
44          }
45      }
46      void output(S stud[])
47      {
48          int i,j;
49          printf("\n学号   姓名   数据结构   大学英语   高等数学   大学语文   总分\n");
50          printf("         平时 期末 总评 平时 期末 总评 平时 期末 总评 平时 期末 总评\n");
51          for(i = 0;i < N;i++ )
52          {
53              printf("%-8s%-8s",stud[i].no,stud[i].name);
54              for(j = 0;j < 4;j++ )
55              printf("%-5d%-5d%-6.1f",stud[i].total[j].a,stud[i].total[j].b,stud[i].total[j].t);
56              printf("%-8.1f\n",stud[i].totalScore);
57          }
58      }
```

程序运行结果如图 9.5 所示。

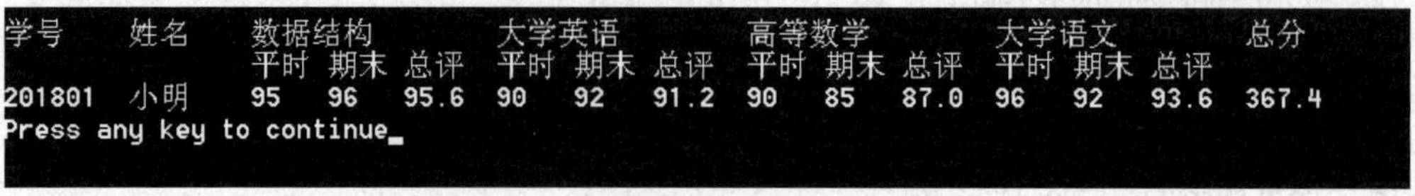

图 9.5 拓展任务 9.1 程序运行结果

【知识小结】

（1）结构体类型在定义时，其成员可以为结构体类型。

（2）结构体变量的定义要在结构体定义的同时或之后进行，对尚未定义的结构体类型，不能用它来定义结构体变量。

（3）结构体变量占用的内存空间为该结构体变量中所有成员占用的内存空间之和，其实际占用空间大小可以用 sizeof() 运算求出来。

9.2 共 用 体

在 C 语言中，有一种同结构体非常相似的语法，称为共用体。共用体是一种特殊的数据类型，能把不同类型数据存放在同一个内存区域。

本节学习目标：
- 掌握共用体类型的定义。
- 掌握共用体变量的定义、引用及初始化。

【任务提出】

任务 9.2：体育课考试项目，男生和女生一般有区别。假如某班体育课期末考试男生考引体向上，成绩为具体的个数，如 9 个；女生考立定跳远，成绩为距离，如 1.8 米。该班体育课成绩见表 9.3。

表 9.3 体育课成绩表

学号	姓名	性别	引体向上(个)/立定跳远(米)

【任务分析】

如果把每个学生的信息当作一个结构体变量，那么男生和女生的前三个成员变量是一样的，第四个成员变量可能是引体向上的个数或者是立定跳远的距离。经过分析，可以把第四个成员变量设计成一个共用体。假设 m 表示男生，f 表示女生。

【任务实现】

参考代码如下：

```
1    #include <stdio.h>
2    #define TOTAL 2                    //学生数
```

```
3    union sc
4    {    int count;
5         float distance;
6    };
7    struct student{
8         int num;                          //学号
9         char name[20];                    //姓名
10        char sex;                         //性别
11        union sc score;
12   } stu[TOTAL];
13   int main(){
14        int i;
15        for(i = 0; i < TOTAL; i++ ){      //输入学生信息
16            printf("Input info: ");
17            scanf("%d %s %c",&(stu[i].num),stu[i].name, &(stu[i].sex));
18            if(stu[i].sex =='m'){         //如果是男生
19                scanf("%d", &stu[i].score.count);
20            }else if(stu[i].sex =='f'){   //如果是女生
21                scanf("%f", &stu[i].score.distance);
22            }
23        }
24        //输出学生信息
25        printf("\n学号\t姓名\t性别\t引体向上(个)/立定跳远(米)\n");
26        for(i = 0; i < TOTAL; i++ ){
27            if(stu[i].sex =='m'){         //如果是男生
28                printf("%d\t%s\t%c\t%d\n", stu[i].num,stu[i].name, stu[i].sex, stu[i].score.count);
29            }else if(stu[i].sex =='f'){   //如果是女生
30                printf("%d\t%s\t%c\t%-8.1f\n", stu[i].num,stu[i].name, stu[i].sex, stu[i].score.distance);
31            }
32        }
33        return 0;
34   }
```

程序运行结果如图 9.6 所示。

图 9.6 任务 9.2 程序运行结果

【知识讲解】

1. 共用体类型的定义

共用体类型的定义与结构体类型的定义类似，一般形式如下：

```
union 共用体类型名
{数据类型 成员 1;
  数据类型 成员 2;
  ...
  数据类型 成员 n;
};
```

2. 共用体变量的定义

共用体变量的定义同结构体变量的定义类似,也有不同的形式,即先定义共用体类型,再定义共用体变量;在定义共用体类型的同时定义共用体变量和直接定义共用体变量。比如:

union 共用体类型名 共用体变量名;

3. 共用体变量中的成员引用

定义好共用体类型变量后就可以对共用体变量进行引用了,其一般形式如下:

共用体变量名.成员名

例 9.4 观察下面的程序,分析程序运行结果。

参考代码如下:

```
1    #include<stdio.h>
2    union data
3    {
4        int i;
5        float f;
6    };
7    int main()
8    {
9        union data num;
10       num.i =100;
11       num.f =123.4f;
12       printf("num.i = %d\n", num.i);
13       printf("num.f = %-8.1f\n", num.f);
14       return 0;
15   }
```

程序运行结果如图 9.7 所示。

```
num.i=1123470541
num.f=123.4
Press any key to continue
```

图 9.7 例 9.4 程序运行结果

仔细观察程序,发现共用体成员 i 的值输出错误,这是因为共用体的不同数据项占用内存中同一存储单元。如果需要正确输出成员 i 的值,需要将第 11 行和第 12 行语句进行调换。

【知识小结】

(1) 共用体变量可以包含若干个成员及若干种类型,但共用体成员不能同时使用,共用体变量中起作用的成员值是最后一次存放的成员值。

(2) 结构体和共用体的区别是结构体中各个成员占用不同的内存空间,而共用体中各个成员占用同一段内存空间,所占空间大小是其占用空间最多的那一个成员所占用的空间。

本章总结

结构体和共用体是两种构造类型,是用户定义新数据类型的重要手段。本章主要介绍了这两种数据类型的定义、使用方法,以及结构体数组和结构体在函数中的应用。

习 题 9

1. 选择题

(1) 设有定义"struct {char mark[12];int num1;double num2;} t1,t2;",若变量均已正确赋值,则以下语句中错误的是(　　)。

　　A. t1＝t2;　　　　　　　　　　　　B. t2.num1＝t1.num1;
　　C. t2.mark＝t1.mark;　　　　　　　D. t2.num2＝t1.num2;

(2) 有以下程序。

```
struct ord
{
    int x,y;
} dt[2]={1,2,3,4};
main()
{
  struct ord *p=dt;
  printf("%d,",++(p->x));
  printf("%d,",++(p->y));
}
```

程序运行后的输出结果是(　　)。

　　A. 1,2　　　　　　B. 4,1　　　　　　C. 3,4　　　　　　D. 2,3

(3) 声明一个结构体变量时,系统分配给它的存储空间是(　　)。
　　A. 该结构体中第一个成员所需存储空间
　　B. 该结构体中最后一个成员所需存储空间
　　C. 该结构体中占用最大存储空间的成员所需存储空间
　　D. 该结构体中所有成员所需存储空间的总和

(4) 声明一个共用体变量时,系统分配给它的存储空间是(　　)。
　　A. 该共用体中第一个成员所需存储空间
　　B. 该共用体中最后一个成员所需存储空间
　　C. 该共用体中占用最大存储空间的成员所需存储空间
　　D. 该共用体中所有成员所需存储空间的总和

(5) 以下程序中,值为2的表达式是(　　)。

```
struct stu
{
  int x;
  int y;
```

```
}d[ ] = {1,2,3,4};
```
  A. d[0].y   B. y   C. d.y[0]   D. d.y[1]

(6) 共用体类型在任何给定时刻,( )。

  A. 所有成员一直驻留在内存中   B. 只有一个成员驻留在内存中

  C. 部分成员驻留在内存中   D. 没有成员驻留在内存中

(7) 假设有以下结构体定义:

```
struct student{
    char name[10];
    int age;
    char sex;
}stu;
```

则下面的叙述不正确的是( )。

  A. struct 是定义结构体类型的关键字

  B. struct student 是用户定义的结构体类型

  C. name、age 和 sex 都是结构体成员名

  D. stu 是用户定义的结构体类型名

(8) 假设有以下结构体定义:

```
struct student{
    char name[10];
    int age;
    char sex;
}stu[5];
```

对结构体变量成员正确引用的是( )。

  A. scanf("%d",&stu.age)   B. scanf("%d",&stu[0].age)

  C. scanf("%s",stu)   D. scanf("%c",&sex)

(9) 有以下程序段,则 y.a 的值是( )。

```
union h
{
  int a;
  int b;
  float c;
}y;
y.a=1;y.b=2;y.c=4;
```

  A. 1   B. 2   C. 4   D. 0

(10) 设定义了"union u{int a;int b;}v={1,2};",则( )。

  A. a 和 b 的值都为 1   B. a 和 b 的值都为 2

  C. a 和 b 的值分别为 1、2   D. 该定义错误

2. 填空题

(1) 结构体是由 _____ 的数据组成的集合体。

(2) 引用结构体变量成员的一般形式是 _____ 。

(3) 共用体类型变量在某一时刻,只有其中一个成员的值有意义,共用体类型实质上采用

了_____技术。

(4) 以下程序的执行结果是_____。

```c
struct s
{
  int x;
  char c;
};
func(struct s b)
{
  b.x = 30;
  b.c = 'a';
};
main()
{
  struct s m = {10,'x'};
  func(m);
  printf("%d,%c\n",m.x,m.c);
}
```

(5) 下面程序的运行结果是_____。

```c
#include <stdio.h>
main()
{struct date
    {int year, month, day;
    }today;
    printf("%d\n",sizeof(struct date));
}
```

3. 程序设计题

(1) 定义一个结构体变量包含年月日,计算该日在本年中是第几天。

要求:

① 定义一个结构体变量。

② 年月日由键盘输入。

(2) 一个班的实训小组有 5 名学生,学生信息包括学号和两门实训课的成绩,写一个函数,输出总成绩最低的学生的信息。

要求:用结构体数组作为函数参数来实现。

(3) 输入 5 位用户的姓名和电话号码,按姓名的字典顺序排序后,输出用户的姓名和电话号码。

(4) 输入 5 名考生的数据信息(准考证号码、姓名、性别、年龄、成绩),并编写函数,通过调用函数实现:

① 找出成绩最高的考生信息并输出。

② 按考生考试成绩从大到小排序。

(5) 图书馆的图书信息包括:书号、书名、作者、出版日期、书价等信息。试定义一个结构体类型,声明图书信息的结构体变量 book,从键盘为 book 输入数据并输出数据。

第 10 章

预处理命令

在前面各章中,读者已经知道,在使用库函数之前,需要使用♯include 命令来引用对应的头文件。在源程序中,这种以♯号开头的命令都放在函数之外,而且一般都放在源文件的前面,称为预处理命令。

C 语言提供了多种预处理功能。合理地使用预处理功能编写的程序便于阅读、修改、移植和调试,也有利于模块化程序设计。本章介绍常用的几种预处理功能。

学习目标	(1) 理解预处理命令的概念。 (2) 掌握文件包含的使用。 (3) 掌握宏定义的使用。 (4) 掌握条件编译的使用。

10.1 概　　述

在第 1 章的学习中读者已经知道 C 语言的源程序在计算机上是不能直接执行的,必须经过编辑→编译→连接→运行四个过程,把源程序编译成目标程序(机器指令构成的程序)并连接成可执行程序,才可以在计算机上执行。

在实际开发中,为了减少 C 语言源程序编写的工作量,改善程序的组织和管理,帮助程序员编写易读、易改、易于移植、便于调试的程序,有时候在编译之前还需要对源文件进行简单的处理,即编译器在对源程序正式编译前,可以根据预处理指令先做一些特殊的处理工作。当对一个源文件进行编译时,系统将自动调用预处理程序对源程序中的预处理部分作处理,处理完毕自动进入对源程序的编译过程。

C 语言的预处理主要有三个方面的内容:宏定义、文件包含、条件编译。这三种功能分别以三条编译预处理命令♯include、♯define、♯if 来实现,合理地使用它们会使编写的程序便于阅读、修改、移植和调试,也有利于模块化程序设计。

由于编译预处理指令不属于 C 语言的语法范畴,因此,为了和 C 语句区别开来,预处理指令一律以符号"♯"开头,以"回车"结束,每条预处理指令必须独占一行。

10.2 宏　定　义

在 C 语言源程序中允许用一个标识符来表示一个字符串,称为"宏"。被定义为"宏"的标识符称为"宏名"。在编译预处理时,对程序中所有出现的"宏名"都用宏定义中的字符串去替换,称为"宏展开"。

本节学习目标:
- 掌握宏定义的概念和分类。
- 掌握有参宏和无参宏的展开方法和注意事项。

【任务提出】

任务 10.1 编写 C 语言程序,输入半径 r,用宏定义计算圆周长、圆面积。

【任务分析】

分别定义宏求周长和面积。

【任务实现】

参考代码如下:

```
1    #define PI 3.14159
2    #define C(r) 2*PI*(r)
3    #define S(r) PI*(r)*(r)
4    #include<stdio.h>
5    int main()
6    {
7        float r;
8        scanf("%f",&r);
9        printf("%\nf",C(r));
10       printf("%f\n",S(r));
11       return 0;
12   }
```

程序运行结果如图 10.1 所示。

```
10
62.831800
314.159000
Press any key to continue
```

图 10.1 任务 10.1 程序运行结果

【知识讲解】

C 语言的"宏"分为有参数和无参数两种。

1. 无参数的宏定义

无参数的宏定义的一般形式如下:

#define 标识符 具体常量

这种方法使得用户能以一个简单易记的常量名称代替一个较长而难记的具体常量,人们把这个标识符(名称)称为"宏名",预处理时用具体的常量字符串替换宏名,这个过程称为"宏展开"。例如:

#define PI 3.14159

它的作用是指定名称 PI 对应常数 3.14159,程序中原先需要使用 3.14159 而其含义又为

圆周率 π 的地方都可以改用 PI。这样一来，凡是程序中出现 PI 的地方，在编译前经预处理后都会被替换成 3.14159。

2. 有参数的宏定义

#define 还可以定义带参数的宏，其一般形式如下：

#define 宏名(参数表) 替换字符串

在尾部的替换字符串中一般都含有宏名括号里所指定的参数，它不仅进行简单的常量字符串替换，还要进行参数替换。在预处理时，编译器将会用程序中的实际参数代替宏中有关的形式参数。

例如：

#define SQ(n) n*n

当程序中出现下列语句：

sq = SQ(5);

替换后，则为

sq = 5*5;

3. 使用宏定义时应注意的事项

（1）宏定义中的标识符(宏名)一般采用大写字母。在 C 语言中，一般默认用大写字母表示宏名，以便与变量名区别。

（2）宏定义的行末不需加分号。因为预处理命令本身不是语句，所以行末不需加分号。如果加了分号，不会报错，而是将该分号作为所定义的字符串的一部分来处理。

（3）宏定义不进行语法检查。宏定义是用宏名来表示一个字符串，在宏展开时又以该字符串取代宏名，这只是一种简单的替换。字符串中可以含任何字符，可以是常数，也可以是表达式，预处理程序对它不作任何检查，如有错误，只能在编译已被宏展开后的源程序时发现。

例如，将数字 0 误写为字母 o，预处理照样代换并不报错，而在编译中进行语法检查时才报错。

（4）宏定义中注意表达式的括号。

例如：

#define N (5+5)

程序中如果求 $N\times N$，宏展开则得到 $(5+5)\times(5+5)=100$。

#define N 5+5

程序中如果求 $N\times N$，宏展开则得到 $5+5\times 5+5=35$。

再如：

#define SQ(n) n*n

当程序中出现下列语句：

sq = SQ(a + b);

替换后,则为

sq = a + b * a + b;

而不能将替换的结果写成

a = (a + b) * (a + b);

如果要将替换后的结果写成上述形式,则需要将宏定义改写为

#define SQ(n) (n)*(n)

由此可见,在宏定义中,对宏定义体内的形参加上括号是很重要的,它可以避免在优先级上可能出现的问题。

对上述宏定义最好写成下述形式:

#define SQ(n) ((n)*(n))

(5) 宏定义中宏名的作用域为定义该命令的文件中,并从定义时起到终止宏定义命令(#undef<标识符>)为止,如果没有终止宏定义命令,则到该文件结束为止。通常放在文件开头,表示在此文件内有效。

终止宏定义命令的格式如下:

#undef(标识符)

其中,undef 是关键字;"标识符"表示要终止的宏名,该宏名是在该文件中已定义的标识符。

例如:

```
#define PI 3.141569      // PI 开始有效
int main()
{
   ...
}
#undef PI                //PI 开始无效
int fun()
{
   ...
}
```

(6) 宏定义可以嵌套。例如:

```
#define WIDTH 20
#define LENGTH (WIDTH + 20)
#define AREA (LENGTH * WIDTH)
```

在第二个宏定义中引用了第一个宏定义的宏名 WIDTH,而在第三个宏定义中引用了第一个宏定义的宏名 WIDTH 和第二个宏定义的宏名 LENGTH,第二个和第三个宏定义便是宏定义的嵌套使用。嵌套的宏定义在替换时,要进行层层替换。

例如,在上述宏定义的文件中,出现如下语句:

```
s = AREA;
```

则替换步骤如下。

① 先替换 AREA。

```
s = (LENGTH * WIDTH);
```

② 再替换 LENGTH。

```
s = ((WIDTH + 20) * WIDTH);
```

③ 最后替换 WIDTH。

```
s = ((10 + 20) * 10);
```

(7) 一般编译系统对于加有双引号的字符串的宏名不予以替换。但是,有的编译系统对字符串的宏名也会予以替换。使用时应该注意该编译系统对字符串内宏名的处理规则。例如:

```
#define PI 3.14159
int main()
{
    printf("PI\n");
    return 0;
}
```

运行结果为 PI。

(8) 使用带参宏定义,宏名与左圆括号之间不能出现空格符,否则空格符后将作为宏体的一部分。例如:

```
#define ADD  (x,y)x+y
```

将认为 ADD 是不带参数的宏名,而字符串"(x,y)x+y"作为宏体。显然,这不是原来的含义。因此,宏名后与左圆括号间一定不能加空格符。

(9) 带参数的宏定义与函数的区别:宏展开仅仅是字符串的替换,不会对表达式进行计算,宏在编译之前就被处理掉了,它没有机会参与编译,也不会占用内存;而函数是一段可以重复使用的代码,会被编译,会给它分配内存,每次调用函数都会执行这块内存中的代码。

【知识小结】

(1) 宏定义是用宏名来表示一个字符串,在宏展开时又以该字符串取代宏名,是编译前的直接替换。

(2) 宏定义可以带有参数,宏调用时是以实参代换形参,而不是"值传送",这一点与函数有区别。

(3) 为了避免宏代换时发生错误,宏定义中的字符串应加必要的括号。

10.3 文件包含

文件包含是 C 语言程序常用的一条预处理命令,它的功能是把指定的文件插入该命令行位置并取代该命令行,从而把指定的文件和当前的源程序文件连接成一个源文件。

第10章 预处理命令

本节学习目标：
- 掌握文件包含命令的使用形式。
- 掌握文件包含使用的注意事项。

【任务提出】

任务 10.2：实现任务 10.1 的编写，要求程序代码编写在文件 f1.c 中，宏定义部分写在另一个头文件 f2.h 中，执行文件 f1.c 时，将它包含进去。

【任务分析】

分别编写 f2.h 头文件和 f1.c 文件。

【任务实现】

参考代码如下。
f2.h 代码如下：

```
1   #define PI 3.14159
2   #define C(r) 2*PI*(r)
3   #define S(r) PI*(r)*(r)
```

f1.c 代码如下：

```
1   #include "f2.h"
2   #include <stdio.h>
3   int main()
4   {
5       float r;
6       scanf("%f",&r);
7       printf("%f/n",C(r));
8       printf("%f/n",S(r));
9       return 0;
10  }
```

程序运行结果如图 10.2 所示。

```
10
62.831800
314.159000
Press any key to continue
```

图 10.2　任务 10.2 程序运行结果

【知识讲解】

文件包含命令的一般格式如下：

#include <文件名>

或者

#include "文件名"

其中，include 是关键字；"文件名"是要被包含的文件名称，这里要求使用文件全名，包括路径名和扩展名。

文件包含的功能就是将指定的被包含文件的内容放置在文件包含命令出现的地方,一般用来引入对应的头文件(*.h),也可以是 C 文件(*.c)。#include 的处理过程很简单,就是将被包含文件的内容插入到该命令所在的位置,从而把头文件和当前源文件连接成一个源文件,这与复制并粘贴的效果相同。

例如,在任务 10.2 中,f1.c 中的编译预处理命令 #include "f2.h",编译时先将 f2.h 的内容复制嵌入到 f1.c 中来,即进行"包含"预处理,然后对调整好的完整的 f1.c(见图 10.3)进行编译,得到相应的目标代码。换句话说,由 f1.c 和 f2.h 组成程序的目标代码(.obj)和用一个源文件的目标代码(.obj)完全一样。但是用 #include 包含 f2.c 的方式编写程序可以使其他的程序重用 f2.h 的代码,并且使源文件简洁明了。

```
#define PI 3.14159
#define C(r) 2*PI*(r)
#define S(r) PI*(r)*(r)
#include <stdio.h>
int main()
{
    float r;
    scanf("%f",&r);
    printf("%f",C(r));
    printf("%f",S(r));
    return 0;
}
```

图 10.3 f1.c 和 f2.h 连接后的代码

文件包含的用途在于减少程序人员的重复劳动,使得 C 语言程序更加简洁,提高程序的可读性。但是,如果对文件包含命令使用不当,会增加程序的代码长度,并包含了一些该程序所不需要的内容。因此,选择包含的文件时要慎重,当定义被包含的文件时文件要尽可能短小。

对文件包含命令还要注意以下几点。

(1) 包含命令中的文件名用<>和""号括起来虽然都是允许的。

```
#include <stdio.h>
#include "math.h"
```

但是这两种形式是有区别的:使用尖括号表示在包含文件目录中去查找(包含目录是由用户在设置环境时设置的),而不是在源文件目录中去查找;使用双引号则表示首先在当前的源文件目录中查找,若未找到才到包含目录中去查找。用户编程时可根据自己文件所在的目录来选择某一种命令形式。

(2) 一个 include 命令只能指定一个被包含文件。若有多个文件要包含,则需用多个 include 命令。

(3) 文件包含允许嵌套,即在一个被包含的文件中又可以包含另一个文件。

【知识小结】

(1) 文件包含 include 命令可把多个源文件连接成一个源文件进行编译,结果将生成一个目标文件。

(2) 一个 include 命令只能指定一个被包含文件。

(3) include 命令允许嵌套。

10.4 条件编译

条件编译指令可以控制源文件中某部分的编译，按不同的条件去编译不同的程序部分，因而产生不同的目标代码文件，主要用于程序的移植和调试。

本节学习目标：

掌握条件编译指令的用法。

【任务提出】

任务 10.3：编写程序，输入一个十进制数，可根据条件编译所设置的不同条件，使它按十六进制输出或按八进制输出。

【任务分析】

使用条件编译预处理命令#ifdef。

【任务实现】

参考代码如下：

```
1    #include<stdio.h>
2    #define N 1
3    int main()
4    {
5        int num=16;
6        #ifdef N
7            printf("%x\n",num);
8        #else
9            printf("%o\n",num);
10       #endif
11   }
```

程序运行结果如图10.4所示。

图 10.4 任务 10.3 程序运行结果

【知识讲解】

条件编译有两种形式。

1. 条件编译预处理命令#ifdef

#ifdef 是一种特殊形式的条件编译预处理命令，它是通过测试标识符（宏名或常量）是否被定义来决定编译对象的。

一般包含如下两种格式。

格式一：

```
#ifdef 标识符
    程序段 1
#else
    程序段 2
#endif
```

"#ifdef 标识符"意思为"if defined 标识符"，其作用是：如果定义了该标识符就将程序段 1 编译成相应目标代码，否则将程序段 2 编译成相应目标代码。如果没有程序段 2，也可以写成：

```
#ifdef 标识符
    程序段 1
#endif
```

格式二：

```
#ifndef 标识符
    程序段 1
#else
    程序段 2
#endif
```

"#ifndef 标识符"意思为"if not defined 标识符"，其作用是：如果被测标识符没被定义就将程序段 1 编译成相应目标代码，否则将程序段 2 编译成相应目标代码。我们可以看出其测试意义与#ifdef 恰恰相反。

2. 条件编译预处理命令#if

一般格式如下：

```
#if 逻辑条件表达式
    程序段 1
#else
    程序段 2
#endif
```

这种形式的条件编译命令，含义直观而明确。它也有一种简化形式：

```
#if 逻辑条件表达式
    语句组 1
#endif
```

条件编译中的逻辑条件表达式是用于在进行编译时求其逻辑状态值的，因此条件中只能使用已定义的宏名或常量，而不能使用语句中的变量（因为变量是在最后的目标程序的运行中才进行访问的）。

【知识小结】

(1) 条件编译允许只编译源程序中满足条件的程序段。

(2) 条件编译主要有两种形式：#ifdef 和#if，条件编译指令及说明见表 10.1。

表 10.1　条件编译指令及说明

指　令	说　　明
#if	如果给定条件为真,则编译下面代码
#ifdef	如果宏已经定义,则编译下面代码
#ifndef	如果宏没有定义,则编译下面代码
#else	如果前面的#if给定条件不为真,则编译下面代码
#endif	结束一个条件编译块

本 章 总 结

本章重点介绍了预处理命令的三种形式,即宏定义、文件包含和条件编译,现将本章知识点归纳如下。

(1) 预处理功能是C语言特有的功能,它是在对源程序正式编译前由预处理程序完成的。程序员在程序中用预处理命令来调用这些功能。

(2) 宏定义是用一个标识符来表示一个字符串,这个字符串可以是常量、变量或表达式。在宏调用中将用该字符串代换宏名。

(3) 文件包含的功能是把多个源文件连接成一个源文件进行编译,结果将生成一个目标文件。

(4) 条件编译允许只编译源程序中满足条件的程序段,使生成的目标程序较短,从而减少了内存的开销并提高了程序的效率。

习　题　10

1. 选择题

(1) 有以下程序:

```
#include <stdio.h>
#define f(x) x*x*x
main()
{ int a=3,s,t;
  s=f(a+1);t=f((a+1));
  printf("%d,%d\n",s,t);
}
```

程序运行后的输出结果是(　　)。

　　A. 10,64　　　　　　B. 10,10　　　　　　C. 64,10　　　　　　D. 64,64

(2) 有以下程序:

```
#include <stdio.h>
#define PT 3.5;
#define S(x) PT*x*x;
main()
{int a=1,b=2; printf("%4.1f\n",S(a+b));}
```

程序运行后输出的结果是（　　）。
　　A. 14.0　　　　　　　　　　　　B. 31.5
　　C. 7.5　　　　　　　　　　　　　D. 程序有错无输出结果

(3) 以下叙述中错误的是（　　）。
　　A. 在程序中凡是以"♯"开始的语句行都是预处理命令行
　　B. 预处理命令行的最后不能以分号表示结束
　　C. ♯define MAX 是合法的宏定义命令行
　　D. C 程序对预处理命令行的处理是在程序执行的过程中进行的

(4) 若程序中有宏定义行"♯define N 100"，则以下叙述中正确的是（　　）。
　　A. 宏定义行中定义了标识符 N 的值为整数 100
　　B. 在编译程序对 C 源程序进行预处理时用 100 替换标识符 N
　　C. 对 C 源程序进行编译时用 100 替换标识符 N
　　D. 在运行时用 100 替换标识符 N

(5) 下面叙述中正确的是（　　）。
　　A. 宏定义是 C 语句，所以要在行末加分号
　　B. 可以使用♯undef 命令来终止宏定义的作用域
　　C. 在进行宏定义时，宏定义不能层层嵌套
　　D. 对程序中用双引号括起来的字符串内的字符与宏名相同的要进行置换

(6) 在"文件包含"预处理语句中，当♯include 后面的文件名用双引号括起时，寻找被包含文件的方式为（　　）。
　　A. 直接按系统设定的标准方式搜索目录
　　B. 先在源程序所在目录搜索，若找不到，再按系统设定的标准方式搜索
　　C. 仅仅搜索源程序所在目录
　　D. 仅仅搜索当前目录

(7) 下面叙述中不正确的是（　　）。
　　A. 函数调用时，先求出实参表达式，然后带入形参。而使用带参的宏只是进行简单的字符替换
　　B. 函数调用是在程序运行时处理的，分配临时的内存单元。而宏展开则是在编译时进行的，在展开时也要分配内存单元，进行值传递
　　C. 对于函数中的实参和形参都要定义类型，二者的类型要求一致，而宏不存在类型问题，宏没有类型
　　D. 调用函数只可得到一个返回值，而用宏可以设法得到几个结果

(8) 下面叙述中不正确的是（　　）。
　　A. 使用宏的次数较多时，宏展开后源程序长度增加。而函数调用不会使源程序变长
　　B. 函数调用是在程序运行时处理的，分配临时的内存单元。而宏展开则是在编译时进行的，在展开时不分配内存单元，不进行值传递
　　C. 宏替换占用编译时间
　　D. 函数调用占用编译时间

(9) 下面叙述中正确的是（　　）。
　　A. 可以把 define 和 if 定义为用户标识符

B. 可以把 define 定义为用户标识符,但不能把 if 定义为用户标识符

C. 可以把 if 定义为用户标识符,但不能把 define 定义为用户标识符

D. define 和 if 都不能定义为用户标识符

(10) 下面叙述中正确的是(　　)。

　　A. ♯define 和 printf 都是 C 语句　　B. ♯define 是 C 语句,而 printf 不是

　　C. printf 是 C 语句,但 ♯define 不是　　D. ♯define 和 printf 都不是 C 语句

2. 填空题

(1) 以下程序的输出结果是_____。

```
#define MAX(x,y) (x)>(y)?(x):(y)
main()
{
  int a=5,b=2,c=3,d=3,t;
  t=MAX(a+b,c+d)*10;
  printf("%d\n",t);
}
```

(2) 下面程序的运行结果是_____。

```
#define N 10
#define s(x) x*x
#define f(x) (x*x)
main()
{
  int i1,i2;
  i1=1000/s(N);
  i2=1000/f(N);
  printf("%d,%d\n",i1,i2);
}
```

(3) 设有如下宏定义:

```
#define MYSWAP(z,x,y) {z=x; x=y; y=z;}
```

以下程序段通过宏调用实现变量 a、b 内容交换,请填空。

```
float a=5,b=16,c;
MYSWAP(_____,a,b);
```

(4) 计算圆的周长、面积和球的体积。

```
_____
main()
{
  float l,r,s,v;
  printf("input a radus: ");
  scanf("%f",_____);
  l=2.0*PI*r;
  s=PI*r*r;
  v=4.0/3*(_____);
  printf("l=%.4f\n s=%.4f\n v=%.4f\n",l,s,v);
}
```

(5) 计算圆的周长、面积和球的体积。

```
#define PI 3.1415926
#define _____ L=2*PI*R;_____;
main()
{
  float r,l,s,v;
  printf("input a radus: ");
  scanf("%f",&r);
  CIRCLE(r,l,s,v);
  printf("r=%.2f\n l=%.2f\n s=%.2f\n v=%.2f\n",_____);
}
```

3. 程序设计题

(1) 定义一个带参的宏，求两个整数的余数。通过宏调用，输出求得的结果。

(2) 利用条件编译实现：如果输入两个实数，则交换后输出；如果输入的是三个实数，则只输出。

第 11 章

文 件

Chapter 11

凡是用过计算机的人都不会对文件这一概念感到陌生,大多数人都使用过文件,比如用 Word 文件存储一篇文章,用图片文件存储一张照片,包括随电子邮件发送的附件都是以文件形式保存信息的。文件也是程序设计中一个非常重要的概念。在前几章的程序中,数据都是由键盘输入由显示器输出。当程序运行完后,数据就会从内存中清空,如果想永久保存,数据就要以文件的形式进行存放。C 语言中的文件正是为了解决此类问题。在本章中主要掌握以下内容。

学习目标	(1)掌握文件的基本概念。 (2)掌握文件的打开与关闭。 (3)掌握文件的顺序读/写。 (4)文件的随机读/写与检测。

11.1　C 文件概述

在计算机中,数据信息主要以文件的形式存储。文件是数据源的一种,大家平时所使用的 Word 文档、Excel 表格、PowerPoint 演示文稿一般是以文件的形式进行存储的。文件是用来保存数据的,可以保存文本、声音、图片以及视频等。本节将对 C 语言中文件的定义与分类进行介绍。

本节学习目标:
- 掌握 C 文件的定义。
- 掌握 C 文件的分类。

【任务提出】

任务 11.1:什么是 C 语言文件,在 C 语言中文件分为哪几类。

【任务分析】

大多数计算机程序都使用了文件。文件本身是存储在某种设备(磁盘、光盘、软盘或硬盘)上的一些列字节。通常而言,计算机通过操作系统来管理文件,跟踪它们的位置、大小、创建时间等。这里我们只掌握将程序与文件相连的途径、让程序读取文件内容的途径以及如何让程序创建和写入文件等。

计算机作为一种先进的数据处理工具,它所面对的数据信息量十分庞大,仅依赖键盘输入和显示输出等方式是完全不够的。通常情况下,解决这个问题的办法是将这些数据记录在某些媒体上,利用这些媒体的存储特性,携带数据或长久地保存数据。这种记录在外部媒体上的数据的集合称为"文件"。本章仅讨论以磁盘作为存储媒体的文件。

在前面的章节中已经多次涉及文件,例如源程序文件、目标文件、可执行文件和库文件(头文件)等。

从文件编码的方式来看,文件可分为文本文件和二进制文件两种。

文本文件在磁盘中存放时,每个字符对应一个字节,用于存放对应的 ASCII 码,其内容可以在屏幕上按字符显示,文件内容较容易读懂。C 源程序就是文本文件。

二进制文件是按二进制的编码方式来存放文件的,虽然也可以在屏幕上进行显示,但其内容难以读懂。系统在处理这些文件时,会将内容看成是字符流,按字节进行处理。输入和输出字符流的开始和结束只由程序控制而不受物理符号(如回车符)的控制,因此也把这种文件称为流式文件。

【任务实现】

记录在外部媒体上的数据的集合称为"文件"。

文件可以按数据的存放形式分为文本文件和二进制文件。

【知识拓展】

在 UNIX 系统下,用缓冲文件系统来处理文本文件,用非缓冲文件系统来处理二进制文件。ANSI C 标准只采用缓冲文件系统来处理文本文件和二进制文件。C 语言中对文件的读/写都是用库函数来实现的。

【知识小结】

(1) 文件的定义

所谓文件,一般是指存储在外部媒体(如磁盘、磁带)上数据的集合。

(2) 文件的分类

从用户观点分类:

- 特殊文件(标准输入/输出文件或标准设备文件)。
- 普通文件(磁盘文件)。

按数据的组织形式分类:

- ASCII 码文件(文本文件)。
- 二进制文件。

(3) C 语言对文件的处理方法

- 缓冲文件系统。
- 非缓冲文件系统。

11.2 文件的打开与关闭

在程序开发过程中,经常需要进行文件的打开与关闭操作。需要操作硬盘上某个文件时,一般的顺序为首先打开文件,然后对其进行读/写操作,最后关闭文件。在 C 语言中可以通过调用标准函数库来完成文件的打开与关闭操作。本节将对此进行详细讲解。

本节学习目标：
- 掌握文件的打开方法。
- 掌握文件的关闭方法。

【任务提出】

任务 11.2：编写程序，使用只读方式打开 C 盘根目录下名为 file 的文件。

【任务分析】

首先确定文件 file 的磁盘路径，使用文件打开函数 fopen() 打开文件，指定文件使用方式为只读方式。设置文件指针，判断返回的指针是否为空，如果为空，则表示不能打开 C 盘根目录下的 file 文件，退出程序。流程图如图 11.1 所示。

【任务实现】

参考代码如下：

```
1    #include<stdio.h>
2    #include<process.h>
3    int main()
4    {
5        FILE *fp;
6        if(fp=fopen("c:\\file","rb")==NULL)
7        {
8            printf("\nerror on open c:\\file file!");
9            exit(1);
10       }
11   }
```

程序分析：如果返回的指针为空，表示不能打开 C 盘根目录下的 file 文件，则给出提示信息"error on open c:\ file file!"，然后执行 exit(1) 退出程序。其中，exit() 函数是在头文件 process.h 中定义的一个库函数，使用时，应事先加上预处理命令：#include <process.h>。

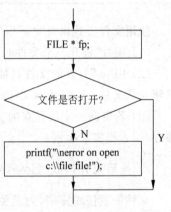

图 11.1 打开文件流程图

【知识讲解】

大家在使用纸质笔记本时通常都是先打开，然后再进行阅读或在适当的地方书写。程序中的文件处理过程也同样如此。首先打开文件，定位到文件开头，然后找到要读取或写入的位置进行读/写操作，操作完毕将文件关闭。

1. 打开文件函数 fopen()

所谓打开文件，实际上是建立文件的各种信息，并使文件指针指向该文件，以便进行其他操作。fopen() 函数用来打开一个文件，其调用的一般形式如下：

文件指针名 = fopen(文件名,使用文件方式);

其中,"文件指针名"必须是 FILE 类型的指针变量;"文件名"是被打开的文件的名称(包含扩展名),是字符串常量或字符串数组;"使用文件方式"是指文件的类型和操作要求。

例如:

fp = fopen("a1","rt");

表示要打开名字为 a1 的文件,使用文件方式为"只读"。

使用文件方式共有 12 种,其符号和意义见表 11.1。

表 11.1 使用文件方式的符号和意义

使用文件方式的符号	意 义
rt	只读打开一个文本文件,只允许读数据
wt	只写打开或建立一个文本文件,只允许写数据
at	追加打开一个文本文件,并在文件末尾写数据
rb	只读打开一个二进制文件,只允许读数据
wb	只写打开或建立一个二进制文件,只允许写数据
ab	追加打开一个二进制文件,并在文件末尾写数据
rt+	读/写打开一个文本文件,允许读和写
wt+	读/写打开或建立一个文本文件,允许读和写
at+	读/写打开一个文本文件,允许读或在文件末尾追加数据
rb+	读/写打开一个二进制文件,允许读和写
wb+	读/写打开或建立一个二进制文件,允许读和写
ab+	读/写打开一个二进制文件,允许读或在文件末尾追加数据

使用文件方式由"r""w""a""t""b"和"+"6 个字符拼成,它们都有特定的含义。

(1) 用"r"打开一个文件时,该文件必须已经存在,且只能从该文件读取数据。

(2) 用"w"打开的文件只能向该文件写入数据。若打开的文件不存在,则以指定的文件名建立该文件;若打开的文件已经存在,则将该文件删除,重建一个新文件。

(3) 若要向一个已存在的文件追加新的信息,只能用"a"方式打开文件。但此时该文件必须存在,否则将会出错。

2. 关闭文件函数 fclose()

文件一旦使用完毕,为避免发生文件数据丢失等错误,可用文件关闭函数将文件关闭。函数调用的一般形式如下:

fclose(文件指针);

例如:

fclose(fp);

正常完成关闭文件操作时,fclose()函数返回值为 0,如果返回值为非 0,则表示出现了错误。

【知识拓展】

拓展任务 11.1:编写程序,使用读/写方式打开 D 盘根目录下名为 file2 的文件。

参考代码如下：

```
1    #include<stdio.h>
2    #include<process.h>
3    int main()
4    {
5        FILE *fp;
6        if(fp=fopen("d:\\file2","rt")==NULL)
7        {
8            printf("\nerror on open d:\\file2 file!");
9            exit(1);
10       }
11   }
```

【知识小结】

（1）打开文件函数 fopen()。

文件指针名 = fopen(文件名,使用文件方式);

（2）关闭文件函数 fclose()。

fclose(文件指针);

（3）fopen()函数的参数文件名和文件使用方式都是字符串。该函数调用成功后即返回一个 FILE 类型的指针。

（4）当对文件的读/写操作完成之后，必须调用 fclose()函数关闭文件。

11.3　文件的顺序读/写

在程序开发中，经常需要对文件进行读/写操作。C 语言中提供 fgetc()、fputc()、fread()、fwrite()、fscanf()、fprintf()等函数，这些函数可以以不同形式对文件进行读/写。本节将对这些函数进行分别讲解。

本节学习目标：
- 掌握字符读/写函数 fgetc()和 fputc()。
- 掌握数据块读/写函数 fread()和 fwrite()。
- 掌握格式化读/写函数 fscanf()和 fprintf()。

【任务提出】

任务 11.3：从键盘输入一行字符，写入一个文件，再把该文件内容读出显示在屏幕上。

【任务分析】

首先使用 fopen()函数建立一个允许读/写的文本文件 string.txt，然后使用 fputc()函数将从键盘接收的字符写入文件 string.txt 中，之后使用 fgetc()函数将文件中的字符逐个读出并显示在屏幕上，最后使用 fclose()函数关闭文件。

【任务实现】

参考代码如下：

```
1    #include<stdio.h>
2    int main()
3    {
4      FILE *fp;
5      char ch;
6      if((fp = fopen("d:\\string.txt","wt+")) == NULL)   //以读/写文本文件方式
7      {
8        printf("Cannot open file strike any key exit!");
9        getch();
10       exit(1);
11     }
12     printf("input a string:\n");
13     ch = getchar();        //从键盘读入一个字符后进入循环
14     while(ch!= '\n')       //当读入字符不为回车符时,则把该字符写入文件中
15     {
16       fputc(ch,fp);
17       ch = getchar();
18     }
19     rewind(fp);            //rewind()函数用于把 fp 所指文件的内部位置指针移到文件头
20     ch = fgetc(fp);
21     while(ch!= EOF)
22     {
23       putchar(ch);
24       ch = fgetc(fp);     //读出文件中的一行内容
25     }
26     printf("\n");
27     fclose(fp);
28   }
```

程序运行结果如图 11.2 所示。

图 11.2　任务 11.3 程序运行结果

【知识讲解】

1. 字符读/写函数 fgetc() 和 fputc()

fgetc() 函数的功能是从指定的文件中读一个字符,函数调用的形式如下:

字符变量 = fgetc(文件指针);

例如:

ch = fgetc(fp);

其意义是从打开的文件 fp 中读取一个字符并送入 ch 中。

fputc()函数的功能是把一个字符写入指定的文件中,函数调用的形式如下:

fputc(字符变量,文件指针);

其中,待写入的字符可以是字符常量或变量,例如:

fputc('a',fp);

其意义是把字符 a 写入 fp 所指向的文件中。

2. 数据块读/写函数 fread()和 fwrite()

fread(buffer,size,count,fp);
fwrite(buffer,size,count,fp);

参数说明:
(1) buffer。是一个指针。对 fread()函数来说,它是读入数据的存放地址;对 fwrite()函数来说,是要输出数据的地址(均指起始地址)。
(2) size。要读/写的字节数。
(3) count。要进行读/写多少个 size 字节的数据项。
(4) fp。文件型指针。
例如:

fread(fa,3,4,fp);

其意义是从 fp 所指的文件中每次读 3 字节(一个实数)送入实数组 fa 中,连续读 4 次,即读 4 个实数到 fa 中。

例 11.1 从键盘输入两个学生数据并写入一个文件中,然后再读出这两个学生的数据显示在屏幕上。

参考代码如下:

```
1    #include<stdio.h>
2    #include<process.h>
3    struct stu
4    {
5        char name[10];
6        int num;
7        int age;
8        char addr[15];
9    }boya[2],boyb[2],*pp,*qq;
10   int main()
11   {
12       FILE *fp;
13       char ch;
14       int i;
15       pp = boya;
16       qq = boyb;
17       if((fp = fopen("list","wb+")) == NULL)    /*打开文件*/
18       {
19           printf("\nerror on open file!");
```

C语言程序设计任务教程

```
20          exit(1);
21      }
22      printf("\n 请输入 2 个学生的信息：姓名、学号、年龄、住址\n");
23      for(i = 0;i < 2;i ++ ,pp ++ )
24          scanf("%s%d%d%s",pp -> name,&pp -> num,&pp -> age,pp -> addr);
25      pp = boya;
26      fwrite(pp,sizeof(struct stu),2,fp);          /*写入学生信息*/
27      rewind(fp);                                  /*将位置指针移到文件头部*/
28      fread(qq,sizeof(struct stu),2,fp);           /*读出学生信息*/
29      printf("\n\n 姓名\t 学号      年龄      住址\n");
30      for(i = 0;i < 2;i ++ ,qq ++ )
31          printf("%s\t%5d    %7d      %s\n",qq -> name,qq -> num,qq -> age,qq -> addr);
32      fclose(fp);
33  }
```

程序运行结果如图 11.3 所示。

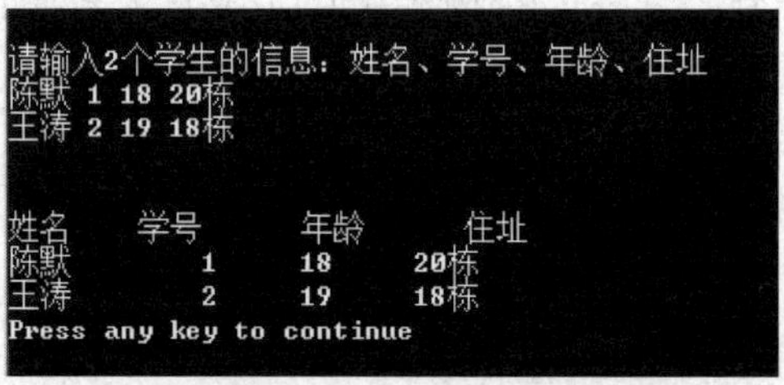

图 11.3 例 11.1 程序运行结果

3. 格式化读/写函数 fscanf()和 fprintf()

fscanf()函数、fprintf()函数与前面使用的 scanf()和 printf()函数的功能相似,都是格式化读/写函数。两者的区别在于 fscanf()函数和 fprintf()函数的读/写对象不是键盘和显示器,而是磁盘文件。这两个函数的调用格式如下:

fscanf(文件指针,格式字符串,输入表列);
fprintf(文件指针,格式字符串,输出表列);

例如:

fscanf(fp,"%d%s",&i,s);
fprintf(fp,"%d%c",j,ch);

【知识拓展】

拓展任务 11.2:从键盘输入两个学生数据并写入一个文件中,然后再读出这两个学生的数据显示在屏幕上。(用 fscanf()和 fprintf()函数完成。)

参考代码如下:

```
1   #include <stdio.h>
2   struct stu
3   {
4       char name[10];
5       int num;
6       int age;
```

```
7         char addr[15];
8   }boya[2],boyb[2],*pp,*qq;
9   int main()
10  {
11      FILE *fp;
12      char ch;
13      int i;
14      pp = boya;
15      qq = boyb;
16      if((fp = fopen("c:\\s3.txt","wb+")) == NULL)/*打开文件*/
17      {
18          printf("\nerror on open c:\\s3.txt file!");
19          exit(1);
20      }
21      printf("\n请输入2个学生的信息：姓名、学号、年龄、住址\n");
22      for(i = 0;i < 2;i++,pp++)
23      scanf("%s%d%d%s",pp->name,&pp->num,&pp->age,pp->addr);
24      pp = boya;
25      for(i = 0;i < 2;i++,pp++)
26      fprintf(fp,"%s %d %d %s\n",pp->name,pp->num,pp->age,pp->addr);
27      rewind(fp);
28      for(i = 0;i < 2;i++,qq++)
29      fscanf(fp,"%s %d %d %s\n",qq->name,&qq->num,&qq->age,qq->addr);
30      printf("\n\n姓名\t学号     年龄     住址\n");
31      qq = boyb;
32      for(i = 0;i < 2;i++,qq++)
33      printf("%s\t%5d    %7d       %s\n",qq->name,qq->num, qq->age,qq->addr);
34      fclose(fp);
35  }
```

程序运行结果如图11.4所示。

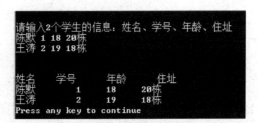

图11.4 拓展任务11.2程序运行结果

【知识小结】

（1）字符读/写函数 fgetc() 和 fputc()

字符变量 = fgetc(文件指针);
fputc(字符变量,文件指针);

（2）数据块读/写函数 fread() 和 fwrite()

fread(buffer,size,count,fp);
fwrite(buffer,size,count,fp);

(3) 格式化读/写函数 fscanf()和 fprintf()

fscanf(文件指针,格式字符串,输入表列);
fprintf(文件指针,格式字符串,输出表列);

11.4 文件的随机读/写与检测

文件中有一个位置指针,指向当前读/写位置。如按照顺序读/写方式来读/写一个文件,位置指针随着每次读/写字符移动指向下一个字符。如果想强制使位置指针指向其他指定的位置,可以使用相关函数来进行文件定位与随机读取。本节将对文件定位、随机读/写以及文件的检测进行介绍。

本节学习目标:
- 掌握文件的定位。
- 掌握文件的随机读/写。
- 掌握文件的检测。

【任务提出】

任务 11.4:从例 11.2 生成的学生文件 list 中读出第二个学生的数据。

【任务分析】

文件 list 已由上一节的程序建立,可使用随机读取的方法读出第二个学生的数据。定义 boy 为 stu 类型变量,qq 为指向 boy 的指针。以读二进制文件方式打开文件,移动文件位置指针。然后再读出的数据即为第二个学生的数据。

【任务实现】

参考代码如下:

```
1    #include<stdio.h>
2    struct stu
3    {
4        char name[10];
5        int num;
6        int age;
7        char addr[15];
8    }boy,*qq;
9    int main()
10   {
11       FILE *fp;
12       char ch;
13       int i=1;
14       qq=&boy;
15       if((fp=fopen("list","rb"))==NULL)
16       {
17           printf("Cannot open file strike any key exit!");
18           getch();
```

```
19              exit(1);
20          }
21          rewind(fp);
22          fseek(fp,i*sizeof(struct stu),0);
23          fread(qq,sizeof(struct stu),1,fp);
24          printf("\n\n 姓名\t 学号      年龄     住址\n");
25      printf(" %s\t %5d    %7d       %s\n",qq->name,qq->num,qq->age,qq->addr);
26      }
```

程序运行结果如图 11.5 所示。

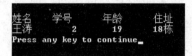

图 11.5　任务 11.4 程序运行结果

程序分析：文件 list 已由上一节的程序建立，本程序用随机读取的方法读出第二个学生的数据。程序中定义 boy 为 stu 类型变量，qq 为指向 boy 的指针。以读二进制文件方式打开文件，程序第 22 行移动文件位置指针。其中的 i 值为 1，表示从文件头开始，移动一个 stu 类型的长度，然后再读出的数据即为第二个学生的数据。

【知识讲解】

1. 文件的定位

移动文件内部位置指针的函数主要有两个，即 rewind() 函数和 fseek() 函数。
rewind() 函数前面已多次使用过，其调用形式如下：

rewind(文件指针);

它的功能是把文件内部的位置指针移到文件首部。
下面主要介绍 fseek() 函数。
fseek() 函数用来移动文件内部位置指针，其调用形式如下：

fseek(文件指针,位移量,起始点);

其中：
(1)"文件指针"指向被移动的文件。
(2)"位移量"表示移动的字节数，要求位移量是 long 型数据，以便在文件长度大于 64KB 时不会出错。当用常量表示位移量时，要求加后缀"L"。
(3)"起始点"表示从何处开始计算位移量，规定的起始点有三种，即文件首、当前位置和文件尾。其表示方法见表 11.2。

表 11.2　fseek() 函数参数说明

起 始 点	表示符号	数 字 表 示
文件首	SEEK_SET	0
当前位置	SEEK_CUR	1
文件尾	SEEK_END	2

例如：

fseek(fp,20L,0);

其意义是把位置指针移到离文件首 20 字节处。

还要说明的是 fseek() 函数一般用于二进制文件。在文本文件中由于要进行转换,故计算的位置往往会出现错误。

2. 文件的随机读/写

11.3 节介绍的对文件的读/写方式都是顺序读/写,即读/写文件只能从头开始,顺序读/写各个数据。但在实际问题中常要求只读/写文件中某一指定的部分。为了解决这个问题,可移动文件内部的位置指针到需要读/写的位置,然后再进行读/写,这种读/写称为随机读/写。实现随机读/写的关键是要按要求移动位置指针,称为文件的定位。

3. 文件的检测

C 语言中常用的文件检测函数有以下几个。
(1) 文件结束检测函数 feof() 函数
feof() 函数调用格式如下：

feof(文件指针);

功能：判断文件是否处于文件结束位置,如文件结束,则返回值为 1；否则为 0。
(2) 读/写文件出错检测函数
ferror() 函数调用格式如下：

ferror(文件指针);

功能：检查文件在用各种输入/输出函数进行读/写时是否出错。如 ferror() 返回值为 0,表示未出错；否则表示有错。
(3) 文件出错标志和文件结束标志置 0 函数
clearerr() 函数调用格式如下：

clearerr(文件指针);

功能：本函数用于清除出错标志和文件结束标志,使它们为 0。

【知识拓展】

拓展任务 11.3：从键盘输入三个球员数据并写入一个文件中,然后再读出第三个球员的数据显示在屏幕上。

参考代码如下：

```
1    #include <stdio.h>
2    #include <process.h>
3    struct stu
4    {
5        char name[10];
6        int num;
```

```
7          int age;
8          char addr[15];
9      }boya[3],boyb[3],*pp,*qq;
10     int main()
11     {
12         FILE *fp;
13         char ch;
14         int i;
15         pp = boya;
16         qq = boyb;
17         if((fp = fopen("c:\\s3.txt","wb + ")) == NULL)/*打开文件*/
18         {
19             printf("\nerror on open c:\\data.txt file!");
20             exit(1);
21         }
22         printf("\n 请输入 3 个球员的信息：姓名、投篮、助攻、三分\n");
23         for(i = 0;i < 3;i ++ ,pp ++ )
24             scanf("%s%d%d%s",pp -> name,&pp -> num,&pp -> age,pp -> addr);
25         pp = boya;
26         fwrite(pp,sizeof(struct stu),3,fp);            /*写入球员信息*/
27         rewind(fp);                                    /*将位置指针移到文件头部*/
28         fseek(fp,2*sizeof(struct stu),0);
29             fread(qq,sizeof(struct stu),1,fp);
30         printf("\n\n 姓名\t 投篮       助攻        三分\n");
31         printf("%s\t%5d     %7d       %s\n",qq -> name,qq -> num,qq -> age,qq -> addr);
32
33         fclose(fp);
34     }
```

程序运行结果如图 11.6 所示。

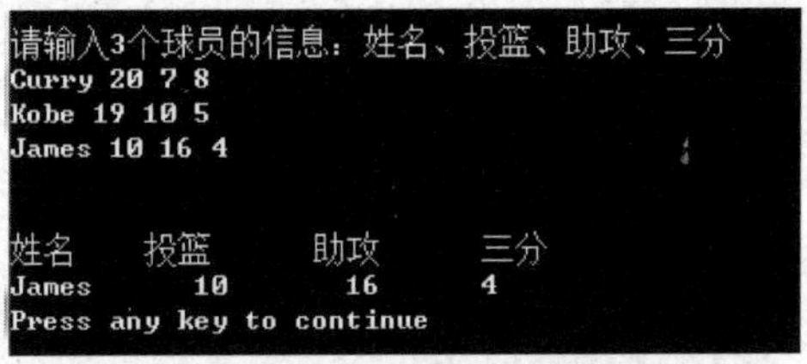

图 11.6 拓展任务 11.3 程序运行结果

【知识小结】

（1）文件的定位

移动文件内部位置指针的函数主要有两个，即 rewind() 函数和 fseek() 函数。

rewind(文件指针);
fseek(文件指针,位移量,起始点);

（2）文件的随机读/写

对文件进行随机读/写。

（3）文件的检测

① rewind() 函数又称为"反绕"函数，功能是使文件的位置指针回到文件开头处。
rewind() 函数调用形式如下：

rewind(文件指针);

② 文件结束检测函数 feof()

feof()函数用来判断二进制文件是否结束,如果是,则返回1;否则返回0。

feof()函数调用形式如下:

foef(文件指针);

③ 读/写文件出错检测函数

ferror()函数调用形式如下:

ferror(文件指针);

④ 文件出错标志和文件结束标志置0函数

clearerr()函数调用形式如下:

clearerr(文件指针);

本 章 总 结

(1) 文件类型指针

文件指针是一个指向结构体类型的指针,定义格式为:FILE *指针变量名。在使用文件时,都需要先定义文件指针。

(2) 文本文件与二进制文件

文本形式存放的是字符的 ASCII 码,二进制形式存放的是数据的二进制。例如,100 如果是文本形式,就是存储'1'、'0'、'0'三个字符的 ASCII 码(00110001 00110000 00110000);如果是二进制形式,就把100转化成二进制(01100100)。

(3) 打开文件

文件的打开形式如下:

```
FILE *fp;
fp = fopen("c:\\lab.c","rb");
```

fopen()函数中的前面一部分为文件名,后面一部分为文件的使用方式。其中 r 代表读;b 代表二进制位。

(4) 文件函数

文件函数包括判断文件结束 feof()函数、移动文件指针位置 fseek()函数、获得文件位置 ftell()函数、文件位置移到开头 rewind()函数、文件字符输入/输出 fgetc()函数和 fputc()函数、文件输入/输出 fscanf()函数和 fprintf()函数、文件字符串输入/输出 fgets()函数和 fputs()函数以及读/写二进制文件 fread()函数和 fwrite()函数等。

以上函数要求知道格式会用,清楚是用于二进制文件还是文本文件。

习 题 11

1. 选择题

(1) 下列关于 C 语言文件的叙述中正确的是(　　)。

　　A. 文件由一系列数据依次排列组成,只能构成二进制文件

　　B. 文件由结构序列组成,可以构成二进制文件或文本文件

C. 文件由数据序列组成,可以构成二进制文件或文本文件

D. 文件由字符序列组成,其类型只能是文本文件

(2) 在 C 语言中,对文件的存取以(　　)为单位。

　　A. 记录　　　　　B. 字节　　　　　C. 元素　　　　　D. 簇

(3) 在 C 语言中,下面对文件的叙述正确的是(　　)。

　　A. 用"r"方式打开的文件只能向文件写数据

　　B. 用"R"方式也可以打开文件

　　C. 用"w"方式打开的文件只能用于向文件写数据,且该文件可以不存在

　　D. 用"a"方式可以打开不存在的文件

(4) 若文本文件 filea.txt 中原有内容为:hello,则运行以上程序后,文件 filea.txt 中的内容为(　　)。

　　A. helloabc　　　B. abclo　　　　C. abc　　　　　D. abchello

(5) 有以下程序

```
#include <stdio.h>
main()
{ FILE *pf;
  char *s1 = "China", *s2 = "Beijing";
  pf = fopen("abc.dat","wb+");
  fwrite(s2,7,1,pf);
  rewind(pf);
  fwrite(s1,5,1,pf);
  fclose(pf);
}
```

以上程序执行后 abc.dat 文件的内容是(　　)。

　　A. China　　　　B. Chinang　　　C. ChinaBeijing　　D. BeijingChina

(6) 设 fp 是文件指针,则以下是以追加方式打开"file.txt"文件的是(　　)。

　　A. fp=fopen("file.txt","r")　　　　B. fp=fopen("file.txt","w")

　　C. fp=fopen("file.txt","a")　　　　D. fp=fopen("file.txt","r+")

(7) 判断文件是否到了该文件的尾部,可以使用函数(　　)。

　　A. EOF　　　　　B. feof()　　　　C. fbof()　　　　D. ferror()

(8) 下面的变量表示文件指针变量的是(　　)。

　　A. FILE *fp　　　B. FILE fp　　　　C. FILER *fp　　　D. file *fp

(9) 下列程序的主要功能是(　　)。

```
#include "stdio.h"
main()
{FILE *fp;
 long count = 0;
 fp = fopen("q1.c","r");
 while(!feof(fp))
 {fgetc(fp);count++;}
 printf("count = %ld\n",count);
```

```
        fclose(fp);
}
```

  A. 读文件中的字符   B. 统计文件中的字符数并输出
  C. 打开文件   D. 关闭文件

(10) 以下不能使文件指针重新移到文件开头位置的函数是(   )。

  A. rewind(fp)
  B. fseek(fp,0,SEEK_SET)
  C. fseek(fp,-(long)ftell(fp),SEEK_CUR)
  D. fseek(fp,0,SEEK_END)

2. 填空题

(1) 请仔细阅读函数 f1(),然后在函数 f2()中填入正确的内容,使函数 f1()和函数 f2()有相同的功能。

```
int f1(char s[])              int f2(char *s)
{                             {
    int k = 0;                    char *ss;
    while(s[k]!='\0')             _____;
        k++;                      while(*s!='\0')
    return k;                         s++;
}                                 return _____;
                              }
```

(2) 以下程序是将数组 a 逆序存放,请填空。

```
#define M 8
main()
{
    int a[M],i,j,t;
    for(i=0;i<M;i++) scanf("%d",a+i);
    i=0;j=M-1;
    while(i<j)
    {   t = *(a+i);
        _____;
        *(_____) = t;
        i++;j--;
    }
    for(i=0;i<M;i++)
        printf("%3d",*(a+i));
}
```

(3) 下面程序段的输出结果是_____。

```
char str[] = "abc\0def\0ghi",*p = str;
printf("%s",p+5);
```

(4) 以下程序的运行结果是_____。

```
fun(int b,int *a)
{
    b = b + *a;
```

```
        *a = *a + b;
}
main()
{
    int a = 3, b = 6;
    fun(b, &a);
    printf("%d %d\n", a, b);
}
```

3. 程序设计题

(1) 有 5 个学生,每个学生有 3 门课的成绩,从键盘输入以上数据(包括学生号、姓名、3 门课成绩),计算出平均成绩,将原有数据和计算出的平均分数存放在磁盘文件 stud 中。

(2) 将上题 stud 文件中的学生数据,按平均分进行排序处理,将已排序的学生数据存入一个新文件 stu_sort 中。

第 12 章 位 运 算

前面介绍的各种运算都是以字节作为最基本单位进行的,但在很多系统程序中常要求在位(bit)一级进行运算或处理。C 语言提供了位运算的功能,这使得 C 语言也能像汇编语言一样用来编写系统程序。

学习目标	(1) 了解位运算的概念和方法。 (2) 掌握位运算符的使用。 (3) 了解复合位运算、位段结构及位段变量的定义。 (4) 掌握位段的使用。

12.1 位运算概述

C 语言既是一种高级语言,广泛用于应用软件的开发,同时又具有低级语言的功能,可用于系统软件的开发和程序设计。如自动控制系统中的过程控制、参数检测、数据通信等控制程序,都可以利用 C 语言中的指针、位运算和位段技术来实现。

所谓位运算,是指对一个数据的某些二进制位进行的运算。每个二进制位只能存放一位二进制数 0 或者 1。为便于讨论位运算,通常将一个数据的二进制形式按二进制位从右到左进行顺序编号,比如,对于一个 2 字节的数据来说,通常把组成该数据的最右边的二进制位称为第 0 位,从右到左依次称为第 1 位、第 2 位……,最左边一位称为最高位,如图 12.1 所示。

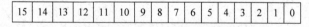

图 12.1 2 字节数据的二进制数的存储顺序

在系统软件或控制程序中,常常要处理二进制位的问题,例如,将一个存储单元中的各二进制位左移或右移若干位、取出某些数据二进制位的低四位或高四位、将一个存储单元中的某些二进制位数据清零、将操作数某些位的二进制值取反等,这些都涉及位运算,因此,学习和掌握位运算,对提高程序设计能力有重要意义。

12.2 位运算符

C 语言提供六种位运算符,见表 12.1。无论是哪一种位运算符,运算对象都只能是整型(包括字符型)的,且以补码形式表示,运算的结果仍然是整型的。位运算符的优先级和结合性见附录 B。

表 12.1　位运算符及其含义

位 运 算 符	含 义	位 运 算 符	含 义
&	按位与	~	取反
|	按位或	<<	左移
^	按位异或	>>	右移

本节学习目标：
- 了解位运算的概念和方法。
- 掌握位运算符的使用。

12.2.1　按位"与"运算

【任务提出】

任务 12.1：从键盘输入一个八进制数，实现输出其低四位对应的数。

【任务分析】

本任务要求取一个整数的低四位构成一个新的数，解题思路是：将一个低四位为 1 的数和要输入的整数进行"与"运算，这样就可以得到输入的那个数的低四位。因为二进制的 0 和 1 进行"与"运算得 0，1 和 1 进行"与"运算得 1，即二进制的 0 或 1 和 1 进行"与"运算得其本身，根据这个特性可以取出数据的某些位。

【任务实现】

参考代码如下：

```
1    #include<stdio.h>
2    int main()
3    {
4        int a,b=15,c;
5        printf("请输入一个八进制数到 a:");
6        scanf("%o",&a);
7        c=a&b;
8        printf("a=%o, c=%o\n",a,c);
9        return 0;
10   }
```

程序运行结果如图 12.2 所示。

```
请输入一个八进制数到a:37
a=37, c=17
Press any key to continue
```

图 12.2　任务 12.1 程序运行结果

程序分析：程序中 a 的八进制值是 37，即二进制的 0001 1111；b=15，b 的二进制表示是 0000 1111，低四位都是 1，第 7 行 c=a&b，得到的是 a 的低四位 1111，即八进制的 17 并赋值给 c。第 8 行分别按八进制格式输出 a 和 c 的值。

【知识讲解】

按位"与"运算符"&"是双目运算符。其功能是参与运算的两个数按对应二进制位进行逻辑"与"运算,即当且仅当参与运算的两个数对应的二进制位均为1时,结果对应的二进制位为1,否则为0,如下所示。

0&0=0　　0&1=0　　1&0=0　　1&1=1

例 12.1　按位"与"运算。

参考代码如下:

```
1    #include<stdio.h>
2    main()
3    {
4      int a=3,b=5,c;
5      c=a&b;
6      printf("a=%d,b=%d,c=%d\n",a,b,c);
7    }
```

程序运行结果如图12.3所示。

```
a=3,b=5,c=1
Press any key to continue
```

图 12.3　例 12.1 程序运行结果

程序分析:程序中a、b均为整数,占2字节,对应的二进制形式分别为0000 0000 0000 1001和0000 0000 0000 0101,则a&b的结果如下:

　　a=　0000 0000 0000 0011　　(3的二进制补码)
　　b=　0000 0000 0000 0101　　(5的二进制补码)
　a&b=0000 0000 0000 0001　　(1的二进制补码)

因此,3&5的值等于1。

【知识小结】

由于一个二进制位与0进行"与"运算,结果为0,与1进行"与"运算,结果为原二进制位值,所以,按位"与"运算通常用来对操作数的某些位清0或保留某些位。例如,把a的高八位清0,保留低八位,可作a&255运算(255的二进制数为0000 0000 1111 1111)。又如,对于数a=(0101 0100)$_2$,若想保留其中的第1、2、4、5位,可作a&54运算(54的二进制数为0000 0000 0011 0110)。

　　a=01010100
　　b=00110110
　a&b=00010100

12.2.2　按位"或"运算

【任务提出】

任务 12.2:从键盘输入一个八进制数,实现其低四位对应的数全部置为1。

【任务分析】

本任务要求将一个整数的低四位数全部置为1,解题思路是:将一个低四位为1的数和要输入的整数进行"或"运算,这样就可以将输入整数的低四位对应的数全部置为1。因为二进制的0或1和1进行"或"运算得到1,根据这个特性可以将数据的某些位置为1。

【任务实现】

参考代码如下:

```
1    #include<stdio.h>
2    int main()
3    {
4        int a,b=15,c;
5        printf("请输入一个八进制数到a:");
6        scanf("%o",&a);
7        c=a|b;
8        printf("a=%o, c=%o\n",a,c);
9        return 0;
10   }
```

程序运行结果如图12.4所示。

```
请输入一个八进制数到a:25
a=25, c=37
Press any key to continue
```

图12.4 任务12.2程序运行结果

程序分析:程序中a的八进制值是25,即二进制的0001 0101;b=15,b的二进制表示是0000 0000 0000 1111,低四位都是1,第7行c=a|b,得到的是0000 0000 0001 1111,即八进制的37并赋值给c。第8行分别按八进制格式输出a和c的值。

【知识讲解】

按位"或"运算符"|"是双目运算符,其功能是参与运算的两个数按对应二进制位进行逻辑"或"运算,即当参与运算的两个数对应的二进制位有一个为1时,结果对应的二进制位为1,否则为0,如下所示。

0|0=0 0|1=1 1|0=1 1|1=1

例12.2 按位"或"运算。

参考代码如下:

```
1    #include<stdio.h>
2    main()
3    {
4        int a=3,b=5,c;
5        c=a|b;
6        printf("a=%d,b=%d,c=%d\n",a,b,c);
7    }
```

程序运行结果如图 12.5 所示。

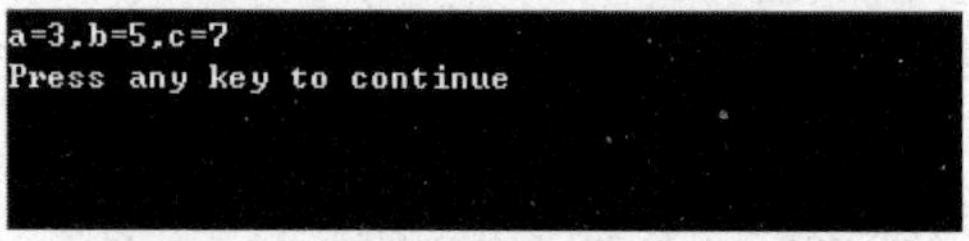

图 12.5　例 12.2 程序运行结果

程序分析：程序中 a、b 均为整数，占 2 字节，对应的二进制形式分别为 0000 0000 0000 1001 和 0000 0000 0000 0101，则 a&b 的结果如下。

　　a＝ 0000 0000 0000 0011　　（3 的二进制补码）
　　b＝ 0000 0000 0000 0101　　（5 的二进制补码）
　a|b＝ 0000 0000 0000 0111　　（7 的二进制补码）

因此，3|5 的值等于 7。

【知识小结】

由于一个二进制位与 0 进行"或"运算结果为原二进制位值，与 1 进行"或"运算结果为 1，所以，按位"或"运算通常用来对操作数的某些位置 1。例如把 a 的低三位置为 1，其他位保持不变，可作 a|7 运算（7 的二进制数为 0000 0000 0000 0111）。

12.2.3　按位"异或"运算

【任务提出】

任务 12.3：从键盘输入一个八进制数，实现其低四位对应的数翻转，即 0 变为 1，1 变为 0，并输出结果。

【任务分析】

本任务要求将一个整数的低四位数翻转，解题思路是：将一个低四位为 1 的数和要输入的整数进行"异或"运算，这样就可以将输入整数的低四位对应的数全部翻转。因为二进制的 0 和 1 进行"异或"运算得到 1，二进制的 1 和 1 进行"异或"运算得到 0，根据这个特性可以将数据的某些位进行翻转。

【任务实现】

参考代码如下：

```
1    # include < stdio.h >
2    int main()
3    {
4        int a,b = 15,c;
5        printf("请输入一个八进制数到 a:");
6        scanf("%o", &a);
7        c = a^b;
8        printf("a = %o, c = %o\n",a,c);
9        return 0;
10   }
```

程序运行结果如图 12.6 所示。

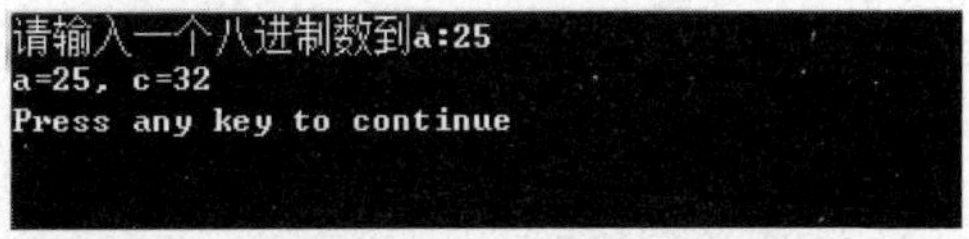

图 12.6 任务 12.3 程序运行结果

程序分析：程序中 a 的八进制值是 25，即二进制的 0001 0101；b=15，b 的二进制表示是 0000 0000 0000 1111，低四位都是 1，第 7 行 c＝a^b 得到的是 0000 0000 0001 1010，即八进制的 32 并赋值给 c。第 8 行分别按八进制格式输出 a 和 c 的值。

【知识讲解】

按位"异或"运算符"^"是双目运算符，其功能是参与运算的两个数按对应二进位进行逻辑"异或"运算，即当参与运算的两个数对应的二进位一个为 0 另一个为 1 时，结果对应的二进制位为 1，否则为 0。即相异即为真，而相同即为假，如下所示。

0^0=0　0^1=1　1^0=1　1^1=0

例 12.3　按位"异或"运算。

参考代码如下：

```
1    #include<stdio.h>
2    main()
3    {
4      int a=3,b=5,c;
5      c=a^b;
6      printf("a=%d,b=%d,c=%d\n",a,b,c);
7    }
```

程序运行结果如图 12.7 所示。

图 12.7　例 12.3 程序运行结果

程序分析：程序中 a、b 均为整数，占 2 字节，对应的二进制形式分别为 0000 0000 0000 1001 和 0000 0000 0000 0101，则 a&b 的结果如下。

　　a＝ 0000 0000 0000 0011　　（3 的二进制补码）
　　b＝ 0000 0000 0000 0101　　（5 的二进制补码）
　a^b＝ 0000 0000 0000 0110　　（6 的二进制补码）

因此，3^5 的值等于 6。

【知识拓展】

拓展任务 12.1：不引入第三变量，交换两个变量的值。

参考代码如下：

```
1    #include<stdio.h>
2    int main()
```

```
 3    {
 4        int a = 7, b = 8;
 5        a = a^b;
 6        b = b^a;
 7        a = a^b;
 8        printf("a = %d,b = %d\n", a, b);
 9        return 0;
10    }
```

程序运行结果如图12.8所示。

```
a=8,b=7
Press any key to continue
```

图12.8 拓展任务12.1程序运行结果

程序分析：在本程序中，第5行的赋值语句为"a=a^b"，因而第6行的赋值语句相当于：
b = b^(a^b) = b^a^b = a^b^b = a^0 = a
所以,b=7。

因为a=a^b,b = b^a^b,第7行的赋值语句相当于：
a = a^b = (a^b)^(b^a^b) = a^b^b^a^b = a^a^b^b = 0^0^b = 0^b = b
所以,a=8。

此处注意：a^a = 0,b^b = 0,0^0 = 0。

【知识小结】

(1) 一个二进制位与0进行"异或"运算结果为原二进制位值，所以，若想保留某二进制位的值，可将该位与0进行"异或"运算。例如，对于数 a=(01010100)$_2$，若想保留其中的第1、2、4、5位，可作 a^0 运算(0的二进制数为00000000)。

   a=01010100
   b=00000000
   ―――――――
   a^b=01010100

(2) 一个二进制位与1进行"异或"运算，结果翻转，即0变为1,1变为0，所以，按位"异或"运算通常用来对操作数的某些位的值进行翻转。例如，对于数 a=(01111010)$_2$，若想使其低四位翻转，可作 a^15 运算(15的二进制数为00001111)。

   a=01111010
   b=00001111
   ―――――――
   a^b=01110101

(3) 按位"异或"运算还可用于交换两个变量的值而不用引入第三个变量。如本节拓展任务12.1。

12.2.4 按位"取反"运算

【知识讲解】

按位取反运算符"~"为单目运算符，它将参与运算的数的各位取反。即将1变0、0变1。

如下所示。

~0=1 ~1=0

例 12.4 按位"取反"运算。

参考代码如下：

```
1    #include<stdio.h>
2    main()
3    {
4        int a=9,c;
5        c=~a;
6        printf("a=%d,c=%d\n",a,c);
7    }
```

程序运行结果如图 12.9 所示。

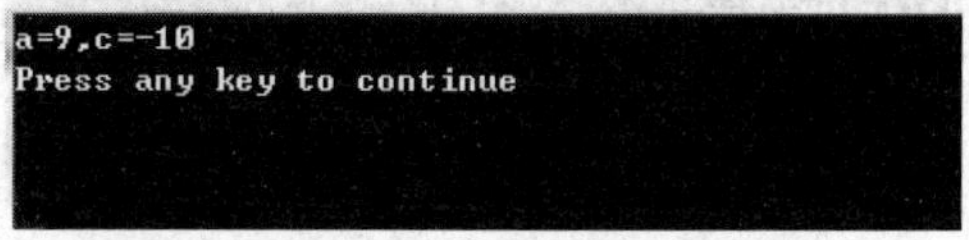

图 12.9 例 12.4 程序运行结果

程序分析：程序中 a、c 均为整数，占 2 字节，~a 的结果如下。

　a＝0000 0000 0000 1001　　（9 的二进制补码）

~a ＝ 1111 1111 1111 0110　　（－10 的二进制补码）

题中，~9 是对 9 按位取反。因此，~9 的值等于－10。

注意：

(1)"~"运算符与负号运算符的区别，如对于 2 字节存储的整数 1。

1 的补码：0000 0000 0000 0001

~1 的补码：1111 1111 1111 1110

－1 的补码：1111 1111 1111 1111

(2)"~"运算符的优先级比算术运算符、关系运算符、逻辑运算符和其他运算符都高，在做混合运算时应特别注意。

12.2.5 左移运算

【任务提出】

任务 12.4： 从键盘输入一个二进制数（无符号数），编写程序将其转换为十进制数，并输出结果。

【任务分析】

本任务要求从键盘输入一个二进制数，编写程序将其转换为十进制数并输出。解题思路是：输入一个二进制值 0 或 1，将其左移，再与后面输入的数字 0 或 1 进行或运算，如此循环直到输入结束，得到该二进制数的二进制表达式，再以整数形式输出。因为二进制位左移一位相当于运算数乘以 2，循环输入相当于二进制数按位权展开，得到该数的十进制形式。

【任务实现】

参考代码如下：

```
1    #include<stdio.h>
2    int main()
3    {
4        int n=0,c;
5        while((c=getchar())!='\n')
6        n=n<<1|c-'0';            //输入的数当无符号数处理
7        printf("%d\n",n);
8        return 0;
9    }
```

程序运行结果如图 12.10 所示。

图 12.10　任务 12.4 程序运行结果

程序分析：程序中第 5 行是从键盘输入二进制数 0 或 1，直到输入回车换行符为止。程序中第 6 行相当于 n=(n<<1|c-'0')；其中，c-'0' 的结果是返回 c 与 0 的 ASCII 码值之差，这里是 0 或 1；n<<1 的意思是左移一位，n=n<<1|c-'0' 整个表达式的意思是 n 先左移一位再与 c-'0' 的结果进行"或"位运算，再存储到 n 中，形成输入数（无符号数）的二进制表达式。程序中第 7 行是对输入的 n 按 d 格式输出值。本任务输入 11111100，输出 252。

【知识讲解】

左移运算符"<<"是双目运算符，它的使用格式如下：

运算数<<左移位数

其功能是把"<<"左边的运算数的每个二进位全部左移右边指定的位数，从左边移出的高位部分被丢弃，空出的低位部分补 0。

例 12.5　左移运算。

参考代码如下：

```
1    #include<stdio.h>
2    main()
3    {
4        int a=3,b;
5        b=a<<4;
6        printf("a=%d,b=%d\n",a,b);
7    }
```

程序运行结果如图 12.11 所示。

图 12.11　例 12.5 程序运行结果

程序分析：程序中 a、b 均为整数，占 2 字节，a＝3 对应的二进制形式为 0000 0000 0000 0011，则 a<<4 的结果如下。

    a＝0000 0000 0000 0011 （3 的二进制补码）
a<<4 ＝0000 0000 0011 0000 （48 的二进制补码）

左移 1 位相当于运算数乘以 2，左移 2 位相当于运算数乘以 2^2，则 a<<4 的值等于 $a×2^4$。因此，3<<4 的值等于 48。

【知识拓展】

拓展任务 12.2：利用数组将二进制数转换成十进制数输出。

参考代码如下：

```
1    #include<stdio.h>
2    #include<string.h>
3    int main()
4    {
5        char a[33];
6        int i, num =0;
7        scanf("%s",a);                  //输入一个二进制串
                                         //输出该二进制串
8        for(i= strlen(a)-1; i>=0; i--)
                //如输入是 1011,则二进制数是 1101,反过来
9            printf("%c",a[i]);
10       printf("\n");
                //将该二进制串转换成十进制数形式
11       for(i= strlen(a)-1; i>=0; i--)
12       {
13           num = num << 1;             // 相当于 num *= 2
14           num += a[i] - '0';
15       }
16       printf("%d\n", num);
17       return 0;
18   }
```

程序运行结果如图 12.12 所示。

```
1011
1101
13
Press any key to continue
```

图 12.12 拓展任务 12.2 程序运行结果

【知识小结】

（1）左移一位相当于该数乘以 2，左移 n 位相当于该数乘以 2^n，该结论只适用于该数左移时溢出舍弃的位不包含 1 的情况。例如，对于十进制数 a＝64，其二进制形式为 01000000，左移 1 位时溢出的是 0，左移 2 位时溢出的是 01 包含 1，从而导致数据的有效位丢失。

  a＝01000000   a＝01000000
a<<1 ＝10000000   a<<2 ＝00000000

(2) 左移运算比乘法运算快得多,一些 C 编译器自动将乘以 2^n 的幂运算处理为左移 n 位运算。

12.2.6 右移运算

【任务提出】

任务 12.5:运用右移运算编写程序求一个整数的绝对值,并输出结果。

【任务分析】

本任务要求利用右移运算求一个整数的绝对值并输出。在计算机中,数值是以补码形式存放的,正数的补码是其本身,负数的补码是其反码加 1。对于任何数,与 0 异或都会保持不变,与 −1(其补码为 0xffffffff)异或就相当于按位取反。因此,对于负数,我们可以通过其补码求出其原码。本题解题思路是:对于输入的正整数 n,不做处理;对于输入的负整数 n,通过对其补码求反再加 1,得出其绝对值。以上两类处理过程都可统一到表达式(n^(n>>31))−(n>>31)。

【任务实现】

参考代码如下:

```
1    #include<stdio.h>
2    int main()
3    {
4        int a,n;
5        printf("请输入一个十进制数到 n:");
6        scanf("%d", &n);
7        a = (n^(n>>31)) - (n>>31);
8        printf("输入的 n = %d, n 的绝对值 a = %d\n",n,a);
9        return 0;
10   }
```

程序运行结果如图 12.13 所示。

图 12.13 任务 12.5 程序运行结果

程序分析:程序中第 7 行通过右移和异或运算实现求变量 n 的绝对值功能。设 int 类型数据以 4 字节存储。对于正整数,n>>31 就是 0x00000000,对于负整数,n>>31 就是 0xffffffff,因此,n>>31 的值要么是 0 要么是 −1。n^(n>>31)得到 n 的反码,(n^(n>>31))−(n>>31)相当于(n^(n>>31))−0 或(n^(n>>31))+1。程序中第 8 行是按 d 格式输出 n 和 a 的值。

注意:若 sizeof(int)=4,则本任务变量 n 的适用范围为 −2147483647≤n≤2147483647。

第12章 位运算

【知识讲解】

右移运算符">>"是双目运算符，它的使用格式如下：

运算数>>右移位数

其功能是把">>"左边的运算数的每个二进位全部右移右边指定的位数，从右边移出的低位部分被丢弃，对于无符号数，左边空出的高位部分补0；对于有符号数，左边空出的高位部分用符号位填补。

例12.6 右移运算。

参考代码如下：

```
1    #include<stdio.h>
2    main()
3    {
4        int a=-9;
5        unsigned b=5;
6        printf("%d,%d\n",a>>2,b>>1);
7    }
```

程序运行结果如图12.14所示。

```
-3,2
Press any key to continue
```

图12.14 例12.6程序运行结果

程序分析：程序中a、b均为整数占2字节，a=-9，则a对应的二进制补码形式为1111 1111 1111 0111，a>>2，则低2位丢弃，最高位补负数的符号1，结果如下。

  a=1111 1111 1111 0111 (-9的二进制补码)

a>>2 =1111 1111 1111 1101 (-3的二进制补码)

b=5且b是unsigned无符号整数，则b对应的二进制形式为0000 0000 0000 0101，b>>1，则低1位丢弃，最高位补正数的符号0，结果如下。

  b=0000 0000 0000 0101 (5的二进制补码)

b>>1 =0000 0000 0000 0010 (2的二进制补码)

右移1位相当于运算数除以2，再向下取整。右移2位相当于运算数除以2^2，再向下取整。则a>>2的值等于$a\div 2^2=-3$，b>>1的值等于$b\div 2=2$。

【知识拓展】

拓展任务12.3：运用右移运算编写程序求两个整数的平均值，并输出结果。

参考代码如下：

```
1    #include<stdio.h>
2    int main()
3    {
4        int a,b,c;
5        printf("请输入两个十进制整数到a和b:");
```

```
6        scanf("%d,%d",&a,&b);
7        c = (a&b) + ((a^b)>>1);
8        printf("输入的 a = %d,b = %d,平均值(a + b)/2 = %d\n",a,b,c);
9        return 0;
10   }
```

程序运行结果如图 12.15 所示。

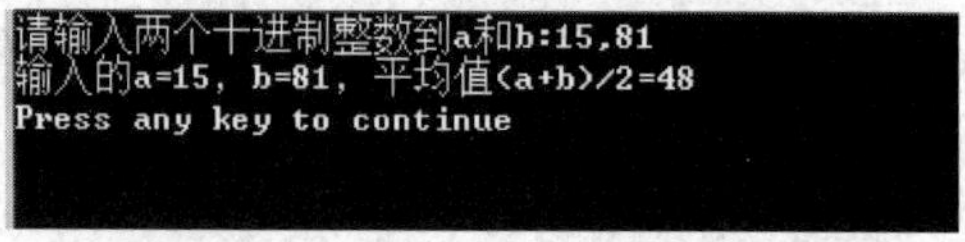

图 12.15 拓展任务 12.3 程序运行结果

程序分析：对于整数 a 和 b，可以把 a 和 b 里对应的每一位（指二进制位）都分成三类，每一类分别计算平均值，最后汇总。其中，一类是 a、b 对应位都是 1，相加后再除以 2 还是原来的数，用 a&b 计算其平均值；另一类是 a、b 中对应位有且只有一位是 1，用 (a^b)>>1 计算其平均值（右移 1 位相当于除以 2）；还有一类是 a、b 中对应位均为 0，无须计算。三类汇总之后 (a+b)/2 就是 (a&b)+((a^b)>>1)。

【知识小结】

(1) 右移一位相当于该数除以 2，右移 n 位相当于该数除以 2^n。

(2) 右移时，需注意符号位问题。

- 对于无符号数，右移时左边高位移入 0。
- 对于有符号数，若为正数，右移时左边高位移入 0；若为负数，大多数编译系统右移时左边高位移入 1（算术右移），少数编译系统右移时左边高位移入 0（逻辑右移）。

(3) 位运算符也可以与赋值运算符（=）结合形成复合赋值运算符，如：&=、>>= 等。例如 a&=b 相当于 a=a&b，而 a>>=4 相当于 a=a>>4。

12.3 位　　段

有些信息在存储时，并不需要占用一个完整的字节，而只需占几个或一个二进制位。例如在存放一个开关量时，只有 0 和 1 两种状态，用一位二进制位即可。为了节省存储空间并使处理简便，C 语言提供了一种数据结构，称为"位域"或"位段"。

"位段"是把一个字节中的二进位划分为几个不同的区域，并说明每个区域的位数。每个区域有一个域名，允许在程序中按域名进行操作。这样就可以把几个不同的对象用一个字节的二进制位域来表示。

本节学习目标：

- 了解位段的定义、位段变量的说明。
- 掌握位段的定义、位段变量的使用。

【任务提出】

任务 12.6：给定十六进制数 dat2=0x01234567，利用位段变量提取其第 13～15 位的二进制值并输出。

【任务分析】

本任务要求提取一个整数的指定二进制位值，解题思路是：定义一个位段结构类型变量，通过合理划分其成员变量即位段名变量长度，一个位段名变量可包含该数的第 13～15 位二进制位，然后直接引用该位段名变量的值即可。

【任务实现】

参考代码如下：

```
1    #include <stdio.h>
2    struct bits                    //定义位段结构类型 bits
3    {
4        unsigned int a:13;
5        unsigned int b:3;
6        unsigned int c:16;
7    };
8
9    unsigned char get_bits(unsigned dat)/*此函数采用移位方式实现取指定数据的第 13～15 位*/
10   {
11       dat& = 0x0000e000;                    //屏蔽第 13～15 位以外的位
12       return (unsigned char)(dat >> 13);    //右移 13 位
13   }
14
15   int main()
16   {
17       int dat2 = 0X01234567,m,n,p,q;    /*dat2 = 0b 0000 0001 0010 0011 0100  0101 0110
                                              0111*/
18       m = get_bits(dat2);               //调用函数 get_bits()
19       printf("m = %x\n",m);
20       n = ((struct bits *)(&dat2))->a;  /*dat2 从右到左由低位到高位分配给位段变量 a、b、
                                              c,dat2 的低 13 位(第 0～12 位)分配给 a*/
21       p = ((struct bits *)(&dat2))->b;  /*dat2 的第 13～15 位分配给 b*/
22       q = ((struct bits *)(&dat2))->c;  /*dat2 的第 16～31 位分配给 c*/
23       printf("n = %x,p = %x,q = %x\n",n,p,q);
24       return 0;
25   }
```

程序运行结果如图 12.16 所示。

图 12.16 任务 12.6 程序运行结果

程序分析：为便于比较，程序中第 9～13 行定义了 get_bits()函数，其功能是采用移位方式实现取指定数据的第 13～15 位。主函数 main()中采用位段取指定数据的第 13～15 位数据。第 20～22 行将 dat2 数据从右到左由低位到高位分配给位段变量 a、b、c,详见代码中的注释。

由程序运行结果可看出，通过调用 get_bits()函数，将 dat2 数据的第 13～15 位取出，并按%x 格式输出为 2。main()函数中通过位段指针变量提取位段 b 的值赋给 p，即"p =

((struct bits *)(&dat2))->b;",按%x输出,也是2。

【知识讲解】

1. 位段结构类型定义

位段是一种构造类型,其类型定义的格式如下:

struct 位段结构名
{位段列表};

其中,位段列表的定义形式如下:

类型说明符 位段名:位段长度;

2. 位段变量的定义

定义了位段结构类型后,就可以定义相应的位段结构类型变量了。其定义的方法和结构体变量定义方法一样。例如:

```
struct bs
{   unsigned a:8;
    unsigned b:2;
    unsigned c:6;
}data;
```

其中,位段结构名为 bs;data 定义为结构类型 bs 的位段变量;a、b、c 为位段结构 bs 的成员变量,也称位段,或位段名,或位段名变量。data 共占 2 字节,其中位段 a 占 8 位,位段 b 占 2 位,位段 c 占 6 位。

3. 位段的使用

位段的使用和结构体成员的使用相同,其一般形式如下:

位段变量名.位段名

例如:

```
struct bytedata
{   unsigned a:2;
    unsigned b:6;
}data;
data.a=2;
```

应注意位段的最大取值范围不要超出定义该位段时长度所限制的二进制数的范围,否则超出部分会丢弃。比如,上例中若 data.a=10,则 a 就超出范围(a 占 2 位,最大取值为二进制的 11,即十进制数 3)。

位段可以以%d、%o、%x 格式输出。位段若出现在表达式中,将被系统自动转换成整数。

例 12.7 位段运算。

参考代码如下:

```
1    #include<stdio.h>
```

```
2    main()
3    {
4        struct bs
5        {
6            unsigned a:1;
7            unsigned b:3;
8            unsigned c:4;
9        } bit,*pbit;
10
11       bit.a=1;
12       bit.b=7;
13       bit.c=15;
14       printf("%d,%d,%d\n",bit.a,bit.b,bit.c);
15       pbit=&bit;
16       pbit->a=0;
17       pbit->b&=3;
18       pbit->c|=1;
19       printf("%d,%d,%d\n",pbit->a,pbit->b,pbit->c);
20   }
```

程序运行结果如图12.17所示。

图12.17 例12.7程序运行结果

程序分析：程序中定义了位段结构bs，三个位段为a、b、c。说明了bs类型的变量bit和指向bs类型的指针变量pbit。程序的第11~13行分别给三个位段赋值（应注意赋值不能超过该位段的允许范围）。程序第14行以整型格式输出三个位段的内容。第15行把位段变量bit的地址赋给指针变量pbit。第16行用指针方式给位段a重新赋值，赋为0。第17行使用了复合的位运算符"&=",该行相当于：

pbit->b=pbit->b&3;

位段b中原有值为7，与3作按位与运算的结果为3(111&011=011,十进制值为3)。同样，程序第18行中使用了复合位运算符"|=",相当于：

pbit->c=pbit->c|1;

其结果为15。程序第19行用指针方式输出了这三个位段的值。

【知识拓展】

拓展任务12.4：在一台精密仪器中，需要记录年、月、日，且希望尽可能地节省存储空间，因此，选择位段来表示年、月、日，请编写程序实现。

参考代码如下：

```
1    #include <stdio.h>
2    int main()
3    {
```

```
4        struct date
5        {
6            unsigned day:5;      //存放 1～31
7            unsigned month:4;    //存放 1～12
8            unsigned:0;
9            unsigned year:14;    //存放 0～9999
10       };
11       struct date stDate;
12       stDate.day = 1;
13       stDate.month = 1;
14       stDate.year = 2019;
15       printf("%d年 %d月 %d日\n",stDate.year,stDate.month,stDate.day);
16       return 0;
17   }
```

程序运行结果如图 12.18 所示。

图 12.18　拓展任务 12.4 程序运行结果

【知识小结】

1. 定义位段时需要注意的事项

（1）位段的类型只能是 int、unsigned int、signed int 三种类型，不能是 char 型或者浮点型。

（2）位段占的二进制位数不能超过该基本类型所能表示的最大位数，比如在 VC 6.0 中，int 是占 4 字节，那么定义为 int 类型的位段长度最多只能是 32 位。

（3）可以定义无名位段，起着位段之间的分隔作用。例如：

```
struct bs
{
    unsigned a:4
    unsigned b:4
    unsigned:2      /*无名位段*/
    unsigned c:2
};
```

其中，第三个位段是无名位段，占 2 个二进制位，其作用是将 b 和 c 两个位段分隔开。无名位段不能被访问，但是会占据空间。

（4）一个位段必须存储在同一个存储单元中，不能跨两个存储单元。如一个存储单元所剩空间不能容纳一个位段时，则该空间不用，而从下一个存储单元起存放该位段。例如：

```
struct bs
{
    unsigned a:4
    unsigned:0          /*空域*/
    unsigned b:4        /*从下一字节单元开始存放*/
    unsigned c:4
};
```

其中,第二个位段是无名位段,长度为 0,表示第一个存储单元剩余的二进制位不使用,第三个位段 b 从第二个存储单元开始存放。

2. 使用位段时需要注意的事项

(1) 位段无地址,不能对位段进行取地址操作。
(2) 若位段出现在表达式中,则会自动进行整型转换,自动转换为 int 型或者 unsigned int 型。
(3) 对位段赋值时,最好不要超过位段所能表示的最大范围,否则可能会造成意想不到的结果。
(4) 不能定义位段数组,也不能定义返回值为位段的函数。

本 章 总 结

本章重点介绍了位运算的定义及使用。位运算是 C 语言的一种特殊运算功能,它是对运算对象按二进制位进行操作的运算。位运算不允许只操作其中的某一位,而是对整个数据按二进制位进行运算。位运算的对象只能是整型数据(包括字符型),运算结果仍然是整型数据。

位段在本质上是结构体类型,其成员按二进制位分配内存,其定义、说明及使用的方式都与结构体相同。位段提供了一种手段,使得可在高级语言中实现数据的压缩,节省了存储空间,同时也提高了程序的效率。

习 题 12

1. 选择题

(1) 表达式 i<j||~a&b 的运算顺序是( )。
  A. <,~,&,|| B. ~,&,||,<   C. ~,||,&,<   D. ~,<,&,||
(2) 以下叙述不正确的是( )。
  A. 表达式 i&=j 等价于 i=i&j   B. 表达式 i|=j 等价于 i=i|j
  C. 表达式 i!=j 等价于 i=i!j   D. 表达式 i^=j 等价于 i=i^j
(3) 表达式 0x13^0x17 的值是( )。
  A. 0x04   B. 0x13   C. 0xE8   D. 0x17
(4) 设有语句"char x=3,y=6,z; z=x^y<<2;",则 z 的二进制值是( )。
  A. 00010100   B. 00011011   C. 00011100   D. 00011000
(5) 在位运算中,操作数左移一位,其结果相当于( )。
  A. 操作数乘以 2   B. 操作数除以 2   C. 操作数除以 4   D. 操作数乘以 4
(6) 已知 int a=1,b=3 则 a^b 的值为( )。
  A. 3   B. 1   C. 2   D. 4
(7) 以下程序的输出结果是( )。

```
main()
{   char x = 040;
```

```
printf("%o\n",x<<1);
}
```

A. 100　　　　B. 80　　　　C. 64　　　　D. 32

(8) 下面程序段的输出为（　　）。

```
#include "stdio.h"
main()
{printf("%d\n",12<<2);}
```

A. 0　　　　B. 47　　　　C. 48　　　　D. 24

(9) 下面程序段的输出为（　　）。

```
#include "stdio.h"
main()
{int a=8,b; b=a|1;b>>=1;printf("%d,%d\n",a,b);}
```

A. 4,4　　　　B. 4,0　　　　C. 8,4　　　　D. 8,0

(10) 以下程序的运行结果是（　　）。

```
main()
{ char a=0x95,b,c;
  b=(a&0xf)<<4; c=(a&0xf0)>>4; a=b|c; printf("%x\n",a);}
```

A. 50　　　　B. 09　　　　C. 95　　　　D. 59

(11) 设有定义语句"char c1=92,char c2=92;"，则以下表达式中值为 0 的是（　　）。

A. c1^c2　　　B. c1&c2　　　C. ~c2　　　D. c1|c2

(12) 已知小写字母 a 的 ASCII 码为 97，以下程序段的结果是（　　）。

```
unsigned int a=32,b=68;
printf("%c",a|b);
```

A. b　　　　B. 98　　　　C. d　　　　D. 100

(13) 下面程序段的输出为（　　）。

```
char a=111;
a=a^0;
printf("%d,%o",a,a);
```

A. 20,24　　　B. 7,7　　　C. 0,0　　　D. 111,157

(14) 执行以下程序段后，a 和 b 的值分别为（　　）。

```
int a=5,b=6;
a=a^b; b=b^a; a=a^b;
```

A. a=6,b=6　　B. a=5,b=5　　C. a=5,b=6　　D. a=6,b=5

(15) 以下程序的运行结果是（　　）。

```
main()
{  int a=35; char b='A';
   printf("%d\n",(a&15)&&(b<'a'));
}
```

A. 15　　　　B. 2　　　　C. 1　　　　D. 0

2．填空题

（1）在 C 语言中，& 运算符作为单目运算符时表示的是_____运算；作为双目运算符时表示的是_____。

（2）测试 char 型变量 ch 的第 5 位是否为 1 的表达式是_____（设最右位是第 0 位）。

（3）设二进制数 i 的值 1100 1101，若想通过 i&j 的运算使 i 中的低 4 位不变，高 4 位清零，则 j 的二进制数是_____。

（4）设 i1＝10100011，若要通过 i1^i2 使 i1 的高 4 位取反，低 4 位不变，则 i2 的二进制数是_____。

（5）设 x 是八进制数 0765，能将变量 x 的各二进制位均置 1 的表达式是_____。

（6）运用位运算，能将字符变量 ch 中的大写字母转换为小写字母的表达式是_____。

3．程序设计题

（1）编写程序运用位运算实现将一个十进制整数以二进制形式输出。

（2）编写一个函数 int get_bits (int value, int begin, int end)，将一个 16 位的两字节数中的某几位取反，其余位为 0。其中形参 value 是被处理的数，begin 是开始位置，end 是结束位置，函数返回处理后的数。

参 考 文 献

[1] 谭浩强.C语言程序设计[M].3版.北京:清华大学出版社,2014.
[2] 周雅静.C语言程序设计实用教程[M].北京:清华大学出版社,2009.
[3] 蒋腾旭,黄怡旋.C语言程序设计教程[M].北京:北京航空航天大学出版社,2009.
[4] 杨治明.C语言程序设计教程[M].北京:人民邮电出版社,2012.
[5] 唐国民,王智群.C语言程序设计[M].北京:科学出版社,2014.
[6] 郝玉秀.C语言程序设计任务教程[M].北京:中国铁道出版社,2015.
[7] 何钦铭,颜晖.C语言程序设计[M].3版.北京:高等教育出版社,2015.
[8] 吴宏瑜.C语言程序设计[M].北京:高等教育出版社,2016.
[9] 刘宇容,张文梅.C语言程序设计任务驱动式教程[M].北京:电子工业出版社,2016.

附录 A

常用字符与 7 位 ASCII 码对照表

Appendix A

ASCII 值	字符	ASCII 值	字符	ASCII 值	字符	ASCII 值	字符
0	NUL	32	Space	64	@	96	`
1	SOH	33	!	65	A	97	a
2	STX	34	"	66	B	98	b
3	ETX	35	#	67	C	99	c
4	EOT	36	$	68	D	100	d
5	ENO	37	%	69	E	101	e
6	ACK	38	&	70	F	102	f
7	BEL	39	'	71	G	103	g
8	BS	40	)	72	H	104	h
9	HT	41	(	73	I	105	i
10	LF	42	*	74	J	106	j
11	VT	43	+	75	K	107	k
12	FF	44	,	76	L	108	l
13	CR	45	—	77	M	109	m
14	SO	46	.	78	N	110	n
15	SI	47	/	79	O	111	o
16	DLE	48	0	80	P	112	p
17	DCI	49	1	81	Q	113	q
18	DC2	50	2	82	R	114	r
19	DC3	51	3	83	S	115	s
20	DC4	52	4	84	T	116	t
21	NAK	53	5	85	U	117	u
22	SYN	54	6	86	V	118	v
23	ETB	55	7	87	W	119	w
24	CAN	56	8	88	X	120	x
25	EM	57	9	89	Y	121	y
26	SUB	58	:	90	Z	122	z
27	ESC	59	;	91	[	123	{
28	FS	60	<	92	\	124	|
29	GS	61	=	93	]	125	}
30	RS	62	>	94	^	126	~
31	US	63	?	95	_	127	DEL

附录 B
运算符的优先级和结合性

Appendix B

优先级	运算符	含义	要求运算对象个数	结合方向
1	() [] -> .	圆括号 下标运算符 指向结构体成员运算符 结构体成员运算符		自左向右
2	! ~ ++ -- - (类型) * & sizeof	逻辑非常运算符 按位取反运算符 自增运算符 自减运算符 负运算符 类型转换运算符 指针运算符 地址运算符 长度运算符	1(单目运算)	自右向左
3	* / %	乘法运算符 除法运算符 求余运算符	2(双目运算)	自左向右
4	+ -	加法运算符 减法运算符	2(双目运算)	自左向右
5	<< >>	左移运算符 右移运算符	2(双目运算)	自左向右
6	<,<=,>,>=	关系运算符	2(双目运算符)	自左向右
7	== !=	等于运算符 不等于运算符	2(双目运算符)	自左向右
8	&	按位与运算符	2(双目运算符)	自左向右
9	^	按位异或运算符	2(双目运算符)	自左向右
10	|	按位或运算符	2(双目运算符)	自左向右
11	&&	逻辑与运算符	2(双目运算符)	自左向右
12	||	逻辑或运算符	2(双目运算符)	自左向右
13	?:	条件运算符	3(三目运算符)	自右向左

续表

优先级	运算符	含义	要求运算对象个数	结合方向
14	=、+=、-=、*=、/=、%=、^=、&=、>>=、<<=、!=	赋值运算值	2（双目运算符）	自右向左
15	,	逗号运算符		自左向右

附录 C

常用库函数

Appendix C

C语言提供了大量的库函数,这里给出了一些常用函数,并从应用的角度进行了分类。

1. 输入/输出函数

使用下列库函数时要求在源文件中包含头文件"stdio.h"。

函数名	函数与形参类型	功　　能	说　　明
clearerr	void clearerr(FILE * fp);	清除文件指针错误	
close	int close(FILE * fp);	关闭文件指针 fp 指向的文件。成功返回 0,不成功返回－1	非 ANSI 标准
creat	int creat(char filename, int mode);	以 mode 所指定的方式建立文件。成功返回正数,否则返回－1	非 ANSI 标准
eof	int eof(int fd);	检查文件是否结束。遇文件结束返回 1,否则返回 0	非 ANSI 标准
fclose	int fclose(FILE * fp);	关闭文件指针 fp 所指向的文件,释放缓冲区。有错误返回非 0,否则返回 0	
feof	int feof(FILE * fp);	检查文件是否结束。遇文件结束符返回非零值,否则返回 0	
fgetc	int fgetc(FILE * fp);	返回所得到的字符。若读入出错返回 EOF	
fgets	char * fgets(char * buf,int n,FILE * fp);	从 fp 指向的文件读取一个长度为"n－1"的字符串,存放起始地址为 buf 的空间。成功返回地址 buf,若遇文件结束或出错返回 NULL	
fopen	FILE * fopen (char * filename,char * mode);	以 mode 指定的方式打开名为 filename 的文件。成功时返回一个文件指针,否则返回 NULL	
fprintf	int fprintf(FILE * fp,char * format,args,…);	把 args 的值以 format 指定的格式输出到 fp 指向的文件中	
fputc	int fputc(char ch, FILE * fp);	将字符 ch 输出到 fp 指向的文件中。成功返回该字符,否则返回非 0	
fputs	int fputs(char * str,FILE * fp);	将 str 指向的字符串输出到 fp 指向的文件中。成功返回 0,否则返回非 0	
fread	int fread (char * pt, unsigned size, unsigned n, FILE * fp);	从 fp 指向的文件中读取长度为 size 的 n 个数据项到 pt 指向的内存区。成功返回所读的数据项个数,否则返回 0	
fscanf	int fscanf(FILE * fp,char * format,args,…);	从 fp 指向的文件中按 format 给定的格式将输入数据送到 args 所指向的内存单元	

续表

函数名	函数与形参类型	功　　能	说　　明
fseek	int fseek(FILE * fp, long offset,int base);	将 fp 指向的文件的位置指针移到以 base 所指出的位置为基准以 offset 为位移量的位置。成功返回当前位置,否则返回-1	
ftell	long ftell(FILE * fp);	返回 fp 所指向的文件中的当前读/写位置	
getc	int getc(FILE * fp);	从 fp 所指向的文件中读入一个字符。返回所读的字符,若文件结束或出错返回 EOF	
getchar	int getchar(void);	从标准输入设备读取下一个字符。返回所读字符,若文件结束或出错返回-1	
gets	char * gets(char * str);	从标准输入设备读取字符串由 str 指向的字符数组中。返回字符数组起始地址	
getw	int getw(FILE * fp);	从 fp 指向的文件读取下一个字(整数)。返回输入的整数,若遇文件结束或出错返回-1	非 ANSI 标准
open	int open(char * filename, int mode);	以 mode 指出的方式打开已存在的名为 filename 的文件。返回文件号(正数),如打开失败返回-1	非 ANSI 标准
printf	int printf(char * format, args,…);	按 format 指向的格式字符串所规定的格式,将输出表列 args 的值输出到标准输出设备。返回输出字符的个数,出错返回负数	format 是一个字符串或字符数组
putc	int putc(int ch,FILE * fp);	将一个字符 ch 输出到 fp 所指的文件中。返回输出的字符 ch,出错返回 EOF	
putchar	int putchar(char ch);	将字符 ch 输出到标准输出设备。返回输出的字符 ch,出错返回 EOF	
puts	int puts(char * str);	把 str 指向的字符串输出到标准输出设备,将'\0'转换为回车换行。返回换行符,失败返回 EOF	
putw	int putw(int w,FILE * fp);	将一个整数 w(即一个字)写入 fp 指向的文件中。返回输出的整数,出错返回 EOF	非 ANSI 标准
read	int read(int fd,char * buf, unsigned count);	从文件说明符 fd 所指示的文件中读取 count 个字节到由 buf 指示的缓冲区中。返回真正读入的字节个数。如遇文件结束返回 0,出错返回-1	非 ANSI 标准
rename	int rename(char * oldname, char * newname);	把由 oldname 所指的文件名改为由 newname 所指的文件名。成功时返回 0,出错返回-1	
rewind	void rewind(FILE * fp);	将 fp 指向的文件中的位置指针移到文件开头位置,并清除文件结束标志和错误标志	
scanf	int scanf(char * format, args,…);	从标准输入设备按 format 指向的格式字符串规定的格式,输入数据给 args 所指向的存储单元。成功时返回赋给 args 的数据个数,出错时返回 0	args 为指针
write	int write(int fd,char * buf, unsigned count);	从 buf 指示的缓冲区输出 count 个字符到 fd 所标志的文件中。返回实际输出的字节数。如出错返回-1	非 ANSI 标准

2. 数学函数

使用下列库函数要求在源文件中包含头文件"math.h"。

函数名	函数与形参类型	功　　能	说　　明
abs	int abs(int x);	计算并返回整数 x 的绝对值	
acos	double acos(double x);	计算并返回 $\arccos(x)$ 的值	x 在 -1 和 1 之间
asin	double asin(double x);	计算并返回 $\arcsin(x)$ 的值	x 在 -1 和 1 之间
atan	double atan(double x);	计算并返回 $\arctan(x)$ 的值	
atan2	double atan2 (double x, double y);	计算并返回 $\arctan(x/y)$ 的值	
atof	double atof(char * nptr);	将字符串转化为浮点数	
atoi	int atoi(char * nptr);	将字符串转化为整数	
atol	long atol(char * nptr);	将字符串转化为长整型数	
cos	double cos(double x);	计算 $\cos(x)$ 的值	x 为单位弧度
cosh	double cosh(double x);	计算双曲余弦 $\cosh(x)$ 的值	
exp	double exp(double x);	计算 e^x 的值	
fabs	double fabs(double x);	计算 x 的绝对值	x 为双精度数
floor	double floor(double x);	求不大于 x 的最大双精度整数	
fmod	double fmod (double x, double y);	计算 x/y 后的余数	
frexp	double frexp (double val, double * eptr);	将 val 分解为尾数 x 以 2 为底的指数 n，即 $\mathrm{val}=x\times 2^n$，n 存放到 eptr 所指向的变量中返回尾数 x	x 在 0.5 与 1 之间
labs	long labs(long x);	计算并返回长整型数 x 的绝对值	
log	double log(double x);	计算并返回自然对数值 $\ln(x)$	$x>0$
log10	double log10(double x);	计算并返回常用对数值 $\log_{10}(x)$	$x>0$
modf	double modf (double val, double * iptr);	将双精度数分解为整数部分和小数部分。小数部分作为函数值返回；整数部分存放在 iptr 指向的双精度型变量中	
pow	double pow (double x, double y);	计算并返回 x^y 的值	
pow10	double pow10(int x);	计算并返回 10^x 的值	
rand	int rand(void);	产生 $-90\sim 32767$ 的随机整数	
random	int random(int x);	在 $0\sim x$ 范围内随机产生一个整数	使用前必须用 randomize 函数
randomize	void randomize(void);	初始化随机数发生器	
sin	double sin(double x);	计算并返回正弦函数 $\sin(x)$ 的值	x 为单位弧度
sinh	double sinh(double x);	计算并返回双曲正弦函数 $\sinh(x)$ 的值	
sqrt	double sqrt(double x);	计算并返回 x 的平方根	x 要大于等于 0
tan	double tan(double x);	计算并返回正切值 $\tan(x)$	x 为单位弧度
tanh	double tanh(double x);	计算并返回双正切值 $\tanh(x)$	

3. 字符判别和转换函数

使用下列库函数要求在源文件中包含头文件"ctype.h"。

函数名	函数与形参类型	功　　能	说　　明
isalnum	int isalnum(int ch);	检查 ch 是否为字母或数字	是则返回 1,否则返回 0
isalpha	int isalpha(int ch);	检查 ch 是否为字母	是则返回 1,否则返回 0
isascii	int isascii(int ch);	检查 ch 是否为 ASCII 字符	是则返回 1,否则返回 0
iscntrl	int iscntrl(int ch);	检查 ch 是否为控制字符	是则返回 1,否则返回 0
isdigit	int isdigit(int ch);	检查 ch 是否为数字	是则返回 1,否则返回 0
isgraph	int isgraph(int ch);	检查 ch 是否为可打印字符,即不包括控制字符和空格	是则返回 1,否则返回 0
islower	int islower(int ch);	检查 ch 是否为小写字母	是则返回 1,否则返回 0
isprint	int isprint(int ch);	检查 ch 是否为可打印字符(含空格)	是则返回 1,否则返回 0
ispunch	int ispunch(int ch);	检查 ch 是否为标点符号	是则返回 1,否则返回 0
isspace	int isspace(int ch);	检查 ch 是否为空格水平制表符('\t')、回车符('\r')、走纸换行('\f')、垂直制表符('\v')、换行符('\n')	是则返回 1,否则返回 0
isupper	int isupper(int ch);	检查 ch 是否为大写字母	是则返回 1,否则返回 0
isxdigit	int isxdigit(int ch);	检查 ch 是否为十六进制数字	是则返回 1,否则返回 0
tolower	int tolower(int ch);	将 ch 中的字母转换为小写字母	返回小写字母
toupper	int toupper(int ch);	将 ch 中的字母转换为大写字母	返回大写字母
atof	double atof(const char * nptr);	将字符串转换成浮点数	返回浮点数(double 型)
atoi	int atoi(const char * nptr);	将字符串转换成整型数	返回整数
atol	long atol(const char * nptr);	将字符串转换成长整型数	返回长整型数

4. 字符串函数

使用下列库函数要求在源文件中包含头文件"string.h"。

函数名	函数与形参类型	功　　能	说　　明
strcat	char * strcat(char * str1,const char * str2);	将字符串 str2 连接到 str1 后面	返回 str1 的地址
strchr	char * strchr(const char * str,int ch);	找出 ch 字符在字符串 str 中第一次出现的位置	返回 ch 的地址,若找不到返回 NULL

续表

函数名	函数与形参类型	功　能	说　明
strcmp	int strcmp(const char * str1,const char * str2);	比较字符串 str1 和 str2	str1＜str2 返回负数 str1＝str2 返回 0 str1＞str2 返回正数
strcpy	char * strcpy(char * str1,const char * str2);	将字符串 str2 复制到 str1 中	返回 str1 的地址
strlen	int strlen(const char * str);	求字符串 str 的长度	返回 str1 包含的字符数(不含'\0')
strlwr	char * strlwr(char * str);	将字符串 str 中的字母转换为小写字母	返回 str 的地址
strncat	char * strncat(char * str1, const char * str2, size_t count);	将字符串 str2 中的前 count 个字符连接到 str1 后面	返回 str1 的地址
strncpy	char * strncpy(char * dest,const char * source, size_t count);	将字符串 str2 中的前 count 个字符复制到 str1 中	返回 str1 的地址
strstr	char * strstr(const char * str1,const char * str2);	找出字符串 str2 的字符串 str 中第一次出现的位置	返回 str2 的地址，找不到返回 NULL
strupr	char * strupr(char * str);	将字符串 str 中的字母转换为大写字母	返回 str 的地址

5. 动态存储分配函数

使用下列库函数要求在源文件中包含头文件"stdlib.h"。

函数名	函数与形参类型	功　能	说　明
calloc	void * calloc(size_t num, size_t size);	为 num 个数据项分配内存,每个数据项大小为 size 个字节	返回分配的内存空间起始地址,分配不成功返回 0
free	void * free(void * ptr);	释放 ptr 指向的内存单元	
malloc	void * malloc(size_t size);	分配 size 个字节的内存	返回分配的内存空间起始地址,分配不成功返回 0
realloc	void * realloc(void ptr, size_t newsize);	将 ptr 指向的内存空间改为 newsize 字节	返回新分配的内存空间起始地址,分配不成功返回 0
ecvt	char ecvt(double value,int ndigit, int * decpt, int sign);	将一个浮点数转换为字符串	
fcvt	char * fcvt(double value, int ndigit, int * decpt, int * sign);	将一个浮点数转换为字符串	
gcvt	char * gcvt(double value, int ndigit,char * buf);	将浮点数转换成字符串	
itoa	char * itoa(int value,char * string,int radix);	将一整型数转换为字符串	

续表

函数名	函数与形参类型	功 能	说 明
strtod	double strtod(char * str, char ** endptr);	将字符串转换为 double 型	
strtol	long strtol(char * str, char ** endptr, int base);	将字符串转换为长整型数	
ultoa	char * ultoa(unsigned long value, char * string, int radix);	将无符号长整型数转换为字符串	